EDA 精品智汇馆

基于 Xilinx Vivado 的数字逻辑实验教程

廉玉欣　侯博雅　王　猛　侯云鹏　编著

电子工业出版社
Publishing House of Electronics Industry
北京·BEIJING

内 容 简 介

本书以 Xilinx 公司的 Vivado FPGA 设计套件为基础，以 Xilinx 大学计划（Xilinx University Program，XUP）的 Artix-7 板卡为硬件平台，将数字逻辑设计与硬件描述语言 Verilog HDL 相结合，循序渐进地介绍了基于 Xilinx Vivado 的数字逻辑实验的基本过程和方法。

本书主要内容包括硬件开发平台介绍、软件平台介绍、FPGA 设计实例、组合逻辑电路实验、时序逻辑电路实验、数字逻辑设计和接口实验及数字逻辑综合实验。书中包含大量的设计实例，内容翔实、系统、全面。

本书不仅可作为高等学校电气工程等电类专业和机械设计等非电类专业的实验教材，也可作为数字电路设计工程师和技术人员的参考书。

未经许可，不得以任何方式复制或抄袭本书之部分或全部内容。
版权所有，侵权必究。

图书在版编目（CIP）数据

基于 Xilinx Vivado 的数字逻辑实验教程 / 廉玉欣等编著. —北京：电子工业出版社，2016.8
（EDA 精品智汇馆）
ISBN 978-7-121-29495-2

Ⅰ. ①基… Ⅱ. ①廉… Ⅲ. ①现场可编程门阵列－系统设计－教材②数字电路－逻辑设计－实验－教材 Ⅳ. ①TP331.2②TN79-33

中国版本图书馆 CIP 数据核字（2016）第 174826 号

策划编辑：王敬栋
责任编辑：张　京
印　　刷：北京捷迅佳彩印刷有限公司
装　　订：北京捷迅佳彩印刷有限公司
出版发行：电子工业出版社
　　　　　北京市海淀区万寿路 173 信箱　邮编　100036
开　　本：787×1092　1/16　印张：23.25　字数：595.2 千字
版　　次：2016 年 8 月第 1 版
印　　次：2024 年 1 月第 6 次印刷
定　　价：59.00 元

凡所购买电子工业出版社图书有缺损问题，请向购买书店调换。若书店售缺，请与本社发行部联系，联系及邮购电话：(010) 88254888，88258888。
质量投诉请发邮件至 zlts@phei.com.cn，盗版侵权举报请发邮件至 dbqq@phei.com.cn。
本书咨询联系方式：(010) 88254590，wangjd@phei.com.cn。

前 言

在过去的几十年中，随着半导体工艺和处理器技术的高速发展，数字电路设计经历了革命性的发展。作为全球领先的可编程逻辑器件及完整解决方案的供应商，美国的 Xilinx 公司于 2012 年发布了新一代 FPGA 设计套件 Vivado，其设计环境和设计方法与上一代 ISE 设计套件相比发生了重大变化。Vivado 侧重基于知识产权（Intellectual Property，IP）核的设计方法，允许用户根据需要选择不同的设计策略，大大提高了 FPGA 的设计效率。

随着全开放、自主实验教学模式的改革，传统的拘泥于实验室里的数字逻辑实验面临巨大的挑战。目前，国内外很多著名高校不断跟进技术的发展，基于新型的 FPGA 实验平台开展数字逻辑等课程的教学和实验。Xilinx 大学计划（Xilinx University Program，XUP）针对高校师生推出一系列入门级的 FPGA 板卡，其中 XUP A7 板卡专门针对 Vivado Design Suite 而设计，具有 Xilinx Artix-7 FPGA 架构，也称为"口袋实验室"。每位学生都可以拥有一套低成本的 FPGA 板卡，能够随时随地地验证理论课程的教学内容，并将自己的设计或创意在板卡上运行，有利于培养学生的自学能力、实践能力和创新能力。

本书内容是基于 Vivado 设计套件和 XUP A7 板卡进行安排的，利用 85 个例程，详细介绍了数字逻辑实验的基本设计方法。内容由浅入深，循序渐进，学生易于接受，不仅有利于学生对理论知识的消化吸收，而且对实践操作具有直接指导意义。每章内容要点如下。

（1）第 1 章主要介绍 Xilinx 公司的 FPGA 器件系列，以及 XUP A7 板卡的主电路和外围接口电路。

（2）第 2 章通过对比原来采用的 ISE 设计套件，介绍了 Vivado 设计套件的功能和特性、Vivado 软件安装流程和启动方法、Vivado 设计套件的界面、标准化 XDC 约束文件等内容。在此基础上，介绍了 FPGA 的设计流程，包括设计综合和设计实现流程。最后介绍了 VHDL 和 Verilog HDL 两种常见的硬件描述语言。

（3）第 3 章通过设计实例介绍基于 Vivado 进行 FPGA 设计的三种基本方法，分别是基于原理图的设计实例、基于 Verilog HDL 语言的设计实例和 74 系列 IP 封装设计实例。

（4）第 4 章主要介绍了基于 Vivado 的组合逻辑电路实验，包括逻辑门电路、多路选择器、比较器、译码器、编码器、编码转换器、加法器、减法器、乘法器和除法器等实验内容。

（5）第 5 章主要介绍了基于 Vivado 的时序逻辑电路实验，包括锁存器、触发器、寄存器、计数器、脉冲宽度调制及时序逻辑电路综合设计等实验内容。

（6）第 6 章主要介绍了数字逻辑电路和接口实验，包括有限状态机、最大公约数、整数平方根、存储器、VGA 控制器、键盘和鼠标接口等实验内容。

（7）第 7 章主要介绍了数字逻辑综合实验，包括数字钟、数字频率计、电梯控制器、波形发生电路、超声波测距仪和手机电池保护板。

本书吸取了哈尔滨工业大学电工电子实验教学中心教师的实践教学经验，并在大家的支持与指导下完成，廉玉欣负责全书的统筹规划和文字润饰。第 1 章、第 2 章、第 3 章由廉玉欣完成，第 4 章、第 5 章、6.1 节~6.5 节由侯博雅完成，第 7 章由王猛完成，侯云鹏完成了 6.6 节、附录及部分实验验证内容。

本书的撰写得到了 Xilinx 大学计划亚太区经理陆佳华先生和依元素科技有限公司陈俊彦经理及仝信、黄磊、于勇等多位工程师的大力支持和帮助，他们为本书的编写提供了大量的资料和硬件平台，向各位致以衷心的谢意！

由于 FPGA 技术发展迅速，编者水平有限，书中难免有错误和不妥之处，敬请读者提出宝贵意见，以便于本书的修订和完善。

编著者

2016 年 3 月于哈尔滨工业大学

目 录

第1章 硬件开发平台介绍 ... 1
- 1.1 Xilinx FPGA 器件 ... 1
  - 1.1.1 Xilinx 公司简介 ... 1
  - 1.1.2 Xilinx 的 FPGA 器件系列 ... 2
- 1.2 Xilinx 大学计划板卡 ... 5
- 1.3 主电路及外围接口电路 ... 6
- 1.4 XUP 板卡测试 ... 21

第2章 软件平台介绍 ... 23
- 2.1 Vivado 设计套件 ... 23
  - 2.1.1 Vivado 软件安装流程 ... 24
  - 2.1.2 IP 封装器、集成器和目录 ... 28
  - 2.1.3 标准化 XDC 约束文件 ... 29
  - 2.1.4 工程命令语言 ... 29
  - 2.1.5 Vivado 设计套件的启动方法 ... 30
  - 2.1.6 Vivado 设计套件的界面 ... 31
- 2.2 FPGA 设计流程 ... 37
  - 2.2.1 Vivado 套件的设计流程 ... 37
  - 2.2.2 设计综合流程 ... 39
  - 2.2.3 设计实现流程 ... 42
- 2.3 硬件描述语言 ... 45
  - 2.3.1 VHDL 简介 ... 46
  - 2.3.2 Verilog HDL 简介 ... 49

第3章 FPGA 设计实例 ... 56
- 3.1 基于原理图的设计实例 ... 56
  - 3.1.1 简易数字钟实验原理 ... 56
  - 3.1.2 实验流程 ... 57
- 3.2 基于 Verilog HDL 的设计实例 ... 80
  - 3.2.1 设计要求 ... 80

3.2.2 实验操作步骤 81
3.3 74 系列 IP 封装设计实例 91
3.3.1 IP 核分类 91
3.3.2 IP 封装实验流程 92
3.3.3 调用封装后的 IP 100

第 4 章 组合逻辑电路实验 104

4.1 逻辑门电路 104
4.1.1 基本及常用的逻辑门 104
4.1.2 与非门电路的简单应用 110
4.2 多路选择器 112
4.2.1 2 选 1 多路选择器 113
4.2.2 4 选 1 多路选择器 114
4.2.3 4 位 2 选 1 多路选择器 117
4.2.4 74LS253 的 IP 核设计及应用 119
4.2.5 74LS151 的 IP 核设计 122
4.3 比较器 123
4.3.1 4 位比较器 124
4.3.2 74LS85 的 IP 核设计及应用 127
4.3.3 利用数据选择器 74LS151 设计 2 位比较器 130
4.4 译码器 131
4.4.1 3 线-8 线译码器 131
4.4.2 74LS138 的 IP 核设计及应用 133
4.4.3 数码管显示 135
4.5 编码器 142
4.5.1 二进制普通编码器 142
4.5.2 二进制优先编码器 144
4.5.3 74LS148 的 IP 核设计 145
4.6 编码转换器 147
4.6.1 二进制-BCD 码转换器 147
4.6.2 格雷码转换器 151
4.7 加法器 152
4.7.1 半加器 152
4.7.2 全加器 153
4.7.3 4 位加法器 153
4.8 减法器 157
4.8.1 半减器 157

  4.8.2 全减器 ··· 157

4.9 乘法器 ··· 159

4.10 除法器 ··· 163

第5章 时序逻辑电路实验 ··· 169

5.1 锁存器和触发器 ··· 169

  5.1.1 锁存器 ··· 169

  5.1.2 触发器 ··· 170

  5.1.3 74LS74 的 IP 核设计及应用 ·· 176

5.2 寄存器 ··· 178

  5.2.1 基本寄存器 ··· 178

  5.2.2 移位寄存器 ··· 182

  5.2.3 74LS194 的 IP 核设计及应用 ·· 189

5.3 计数器 ··· 191

  5.3.1 二进制计数器 ··· 192

  5.3.2 N 进制计数器 ·· 195

  5.3.3 任意波形的实现 ·· 201

  5.3.4 74LS161 的 IP 核设计及应用 ·· 202

5.4 脉冲宽度调制 ··· 208

5.5 时序逻辑电路综合设计 ··· 210

第6章 数字逻辑设计和接口实验 ·· 221

6.1 有限状态机 ··· 221

  6.1.1 Moore 状态机和 Mealy 状态机 ··· 221

  6.1.2 有限状态机设计例程 ··· 221

6.2 最大公约数 ··· 234

  6.2.1 GCD 算法 ··· 235

  6.2.2 改进的 GCD 算法 ·· 243

6.3 整数平方根 ··· 247

  6.3.1 整数平方根算法 ·· 248

  6.3.2 改进的整数平方根算法 ·· 255

6.4 存储器 ··· 259

  6.4.1 只读存储器（ROM）·· 259

  6.4.2 分布式的存储器 ·· 262

  6.4.3 块存储器 ·· 266

6.5 VGA 控制器 ··· 269

  6.5.1 VGA 的时序 ··· 271

		6.5.2 VGA 控制器实例	272
	6.6	键盘和鼠标接口	292
		6.6.1 键盘	293
		6.6.2 鼠标	297

第 7 章 数字逻辑综合实验 306

	7.1	数字钟	306
	7.2	数字频率计	310
	7.3	电梯控制器	314
	7.4	波形发生电路	320
	7.5	超声波测距仪	332
	7.6	手机电池保护板	337

附录 A	Basys3 电路图	349
附录 B	引脚约束	356

第1章 硬件开发平台介绍

1.1 Xilinx FPGA 器件

1.1.1 Xilinx 公司简介

Xilinx 公司成立于 1984 年，总部设在美国加利福尼亚圣何塞市（San Jose），是全球领先的现场可编程逻辑阵列（FPGA）、片上系统（SoC）和 3D IC 供应商。这些行业领先的器件与新一代设计环境及 IP 完美地整合在一起，可满足客户对可编程逻辑乃至可编程系统集成的广泛需求。

Xilinx 首创了 FPGA 这一创新性的技术，并于 1985 年首次推出商业化产品。凭借 3500 项专利和 60 项行业第一，Xilinx 取得了一系列历史性成就，包括开启无工厂代工模式（Fabless）等。Xilinx 产品线还包括复杂可编程逻辑器件（CPLD），Xilinx 可编程逻辑解决方案缩短了电子设备制造商开发产品的时间并加快了产品面市的速度，从而减小了制造商的风险。与传统设计方法相比，如固定逻辑门阵列，利用 Xilinx 可编程器件，客户可以更快地设计和验证电路。而且，由于 Xilinx 器件是只需要进行编程的标准部件，客户不需要像采用固定逻辑芯片那样等待样品或付出巨额成本。

Xilinx 最近的创新让其从传统的可编程逻辑公司转型为"All Programmable"的公司，把各种形式的硬件、软件、数字和模拟可编程技术创建并整合到 All Programmable FPGA、SoC 和 3D IC 中。这些器件将可编程系统的高集成度、嵌入式智能和灵活性集于一身，支持高度可编程智能系统的快速开发。此外，Xilinx 器件还能大幅提高系统级性能、降低功耗、节约材料成本，相对于其他解决方案，可提供领先一代的价值。通过结合全球最佳制造工艺、突破性架构、高级电路、出色的设计软件及无与伦比的执行力，实现了最高质量，从而创造出上述价值。

Vivado Design Suite 经过彻底的全新设计，可面向今后 10 年的设计要求，满足软硬件 All Programmable 产品要求。Vivado 包括基于 C 和 IP 的高级设计抽象及最先进的实现算法，工作效率可提高 15 倍。

Xilinx 器件广泛应用于火星探测器、机器人外科手术系统、有线和无线网络基础架构、高清视频摄像头和显示器，以及工业制造和自动化设备等众多领域。未来，Xilinx All Programmable 器件可以打造出具有实时数据和图形分析功能、智能连接控制功能、促进稀缺资源的更优化利用及更高安全性的新一代智能系统。Xilinx All Programmable 器件未来还可应用于有线电信运营商和数据中心的软件定义网络（SDN）、无线基础设施的自组织网络（SON）、可再生能源的智能电网和风力涡轮、结合 M2M 通信推动智能工厂发展的机器视觉与控制技术、超高清（4K/2K）视频基础设施及新一代智能汽车的驾驶员辅助和增强现实平台等。

1.1.2 Xilinx 的 FPGA 器件系列

Xilinx 公司在推出 7 系列 FPGA 之前，它的 FPGA 器件系列主要包括高性能的 Virtex 系列和大批量的 Spartan 系列。在 20 世纪 90 年代晚期推出这两个器件系列时，Virtex 和 Spartan 二者采用的是完全不同的架构。从用户的角度来看，这两个系列的器件之间存在着显著的差别，包括每种器件对应的 IP 和使用时的设计体验都存在差异。如果想把终端产品的设计从 Spartan 设计扩展到 Virtex 设计，架构、IP 和引脚数量方面的差异就会非常明显，反之亦然。

1. Spartan 系列

Spartan 系列适用于普通的工业、商业等领域，目前主流的芯片包括 Spartan-2、Spartan-2E、Spartan-3、Spartan-3A 及 Spartan-3E 等。其中 Spartan-2 最高可达 20 万系统门，Spartan-2E 最高可达 60 万系统门，Spartan-3 最高可达 500 万系统门，Spartan-3A 和 Spartan-3E 不仅系统门数更多，还增强了大量的内嵌专用乘法器和专用块 RAM 资源，具备实现复杂数字信号处理和片上可编程系统的能力。

Spartan-3E 是在 Spartan-3 成功的基础上进一步改进的产品，提供了比 Spartan-3 更多的 I/O 端口和更低的单位成本，是 Xilinx 公司性价比较高的 FPGA 芯片，具有系统门数从 10 万到 160 万的多款芯片。由于更好地利用了 90nm 技术，在单位成本上实现了更多的功能和处理带宽，是 Xilinx 公司新的低成本产品代表，主要面向消费电子应用，如宽带无线接入、家庭网络接入及数字电视设备等。其主要特点如下：

- 采用 90nm 工艺；
- 大量用户 I/O 端口，最多可支持 376 个 I/O 端口或 156 对差分端口；
- 端口电压为 3.3V、2.5V、1.8V、1.5V、1.2V；
- 单端端口的传输速率可以达到 622Mbit/s，支持 DDR 接口；
- 最多可达 36 个专用乘法器、648 块 RAM、231 分布式 RAM；
- 宽的时钟频率以及多个专用片上数字时钟管理（DCM）模块。

Spartan-3E 系列产品的主要技术特征如表 1.1 所示。

表 1.1 Spartan-3E 系列产品的主要技术特征

型号	系统门数	SLICE 数目	分布式 RAM 容量	块 RAM 容量	专用乘法器数	DCM 数目	最大可用 I/O 数	最大差分 I/O 对数
XC3S100E	100k	960	15KB	72KB	4	2	108	40
XC3S250E	250k	2448	38KB	216KB	12	4	172	68
XC3S500E	500k	4656	73KB	360KB	20	4	232	92
XC3S1200E	1200k	8672	136KB	504KB	28	8	304	124
XC3S1600E	1500k	14752	231KB	648KB	36	8	376	156

2. Virtex 系列

Virtex 系列是 Xilinx 的高端产品，也是业界的顶级产品，主要面向电信基础设施、汽车工业、高端消费电子等应用。目前主流芯片包括 Virtex-2、Virtex-2 Pro、Virtex-4 和 Virtex-5 等。

Virtex-5 系列提供 4 种新型平台，每种平台都在高性能逻辑、串行连接功能、信号处理和嵌入式处理性能方面实现了最佳平衡。现有的 3 款平台为 LX、LXT 及 SXT。LX 针对高性能逻辑进行了优化，LXT 针对具有低功耗串行连接功能的高性能逻辑进行了优化，SXT 针对具有低功耗串行连接功能的 DSP 和存储器密集型应用进行了优化。其主要特点如下：

- 采用 65nm 工艺，结合低功耗 IP 块将动态功耗降低了 35%；此外，还利用 65nm 三栅极氧化层技术保持低静态功耗；
- 利用 65nm Express Fabric 技术，实现了真正的 6 输入 LUT，并将性能提高了两个速度级别；
- 内置有用于构建更大型阵列的 FIFO 逻辑和 ECC 的增强型 36kbit Block RAM，并带有低功耗电路，可以关闭未使用的存储器；
- 逻辑单元多达 330 000 个，可以实现更高的性能；
- I/O 引脚多达 1200 个，可以实现高带宽存储器/网络接口，1.25Gbit/s LVDS；
- 低功耗收发器多达 24 个，可以实现 100Mbit/s～3.75Gbit/s 高速串行接口；
- 核电压为 1V，550MHz 系统时钟；
- 550MHz DSP48E slice 内置有 25×18MAC，提供 352GMACs 的性能，能够在将资源利用率降低 50%的情况下实现单精度浮点运算；
- 内置式 PCIe 端点和以太网 MAC 模块提高面积效率；
- 更加灵活的时钟管理管道（Clock Management Tile）结合了用于进行精确时钟相位控制与抖动滤除的新型锁相环（Phase Locked Loop，PLL）和用于各种时钟综合的数字时钟管理器（DCM）；
- 采用了第二代 Sparse Chevron 封装，改善了信号完整性，并降低了系统成本；
- 增强了器件配置，支持商用 Flash 存储器，从而降低了成本。

Virtex-5 系列产品的主要技术特征如表 1.2 所示。

表 1.2 Virtex-5 系列产品的主要技术特征

型号	SLICE 数目	分布式 RAM 容量	块 RAM 容量	以太网 MAC	DSP48E Slice	Rocket I/O	I/O bank 数目	最大可用 I/O 数
XC5VLX30	4800	320KB	1152KB	0	32	0	13	400
XC5VLX50	7200	480KB	1728KB	0	48	0	17	560
XC5VLX85	12950	840KB	3456KB	0	48	0	17	560
XC5VLX110	17280	1120KB	4608KB	0	64	0	23	800
XC5VLX220	34560	2280KB	6912KB	0	128	0	23	800
XC5VLX330	51840	3520KB	10368KB	0	192	0	23	1200
XC5VLX30T	4800	320KB	1296KB	4	32	8	12	360
XC5VLX50T	7200	480KB	2160KB	4	48	12	15	450
XC5VLX85T	12960	840KB	3888KB	4	48	12	15	450
XC5VLX110T	17280	1120KB	5328KB	4	64	16	20	680
XC5VLX220T	34560	2280KB	7632KB	4	128	16	20	680

续表

型号	SLICE数目	分布式RAM容量	块RAM容量	以太网MAC	DSP48E Slice	Rocket I/O	I/O bank数目	最大可用I/O数
XC5VLX330T	51840	3420KB	11664KB	4	192	24	27	980
XC5VSX35T	5440	520KB	3024KB	4	192	8	12	360
XC5VSX50T	8160	760KB	4750KB	4	288	12	15	480
XC5VSX95T	14720	1520KB	8784KB	4	640	16	18	640

3. 7系列FPGA

2010年2月，Xilinx公司宣布将采用高K金属栅（HKMG）高性能、低功耗工艺（HPL）生产下一代28nm的FPGA，而且新的器件将应用一个全新的、统一的高级硅模组块（Advanced Silincon Modular Block，ASMBL）架构。HKMG和Xilinx ASMBL架构的结合，使Xilinx能够迅速而低成本地打造具有更多功能组合的多个领域优化平台。7系列产品包含几个新的FPGA系列，在功耗、性能和设计可移植性方面都取得了更大的进展。28nm工艺和设计将功耗降低了50%，统一的架构使得客户能够更加方便地在系列间移植设计，让其IP投资发挥出更大的成效。这些FPGA系列是Xilinx新一代、领域优化和特定市场专用目标设计平台的基础。

Artix-7 FPGA系列——针对最低功耗和最低成本而优化，特征如下：
- 利用基于Virtex架构的FPGA满足成本敏感型、大批量市场的要求；
- 与上一代FPGA相比，其功耗降低了50%，成本降低了35%；
- 利用内置式Gen 1×4 PCI Express®技术实现了3.75Gbit/s串行连接功能；
- 丝焊芯片级BGA封装，实现了小型化和低成本化；
- 尺寸、重量和功耗特性都特别符合手持式应用的要求，如便携式超声波、数字照相机控制和软件定义无线电。

Kintex-7 FPGA系列——针对更低功耗的经济型信号处理而优化，特征如下：
- 一类全新的FPGA提供了Virtex FPGA级别的性能，并且将性价比提高了2倍；
- 与上一代FPGA相比，其功耗降低了50%；
- 10.3125Gbit/s串行连接功能和内置式Gen2×8 PCI Express技术；
- 丰富的块存储器和DSP资源，是无线通信基础设施设备、LED背光和3D数字视频显示器、医学成像与航空电子成像系统的理想之选。

Virtex-7 FPGA系列——为低功耗和最高系统性能而优化，特征如下：
- 多达2百万个逻辑单元实现了突破性容量；
- 利用高达2.4Tbit/s的I/O带宽和4.7TMACS的DSP性能实现了2倍以上的系统性能；
- 实现了新一代100GE线卡、300G桥接器、太比特级交换机结构、100吉比特OTN波长转换器、雷达和ASIC仿真；
- 与EasyPath™_7 FPGA一起提供灵活的、无风险的成本削减方法，专门针对Virtex-7 FPGA设计。

1.2 Xilinx 大学计划板卡

Xilinx 大学计划（Xilinx University Program，XUP）针对高校师生推出一系列入门级的 FPGA 实验板。Basys3 是 XUP A7 板卡之一，专门针对 Vivado Design Suite 而设计，具有 Xilinx Artix-7 FPGA 架构，包含了所有 Basys 系列板卡的标准功能：完备的硬件规格、大量的板载 I/O 设备、所有需要 FPGA 支持的电路、免费的开发工具，以及学生能承受的价格，上手即用。

Basys3 板卡增强的硬件特性为学生提供了能更好实现专业级设计的平台。这些增强的硬件特性如下。

（1）更多的 I/O 数量

用户拨码开关数量增加一倍，板载输出接口增加一倍，扩展接口数量增加（从单排 6 脚 Pmod 扩展口升级为双排 12 脚 Pmod 扩展口），以及首次在 Basys 级别产品提供 USB 型串口。

（2）现代的 FPGA 架构

由于 Basys 系列产品从 Spartan3E 级别器件升级为 Artix-7 系列器件，板卡提供了比以往要多得多的硬件资源。新的 Artix-7 FPGA 的逻辑单元数量是原来的 15 倍（从 2160 增加到 33 280），从乘法器变为真正的 DSP 单元，内部 RAM 的容量也增加了 26 倍。

（3）业界第一个 SOC 层级的设计套件

该板卡最重要的改变就是升级为 Xilinx Vivado 设计套件，Vivado 设计套件是全世界工程师使用的最新工具。Vivado 提供了比 ISE 更好的用户体验和增强的功能。例如：集成化的 IP 工具 Vivado IP Integrator，10 倍加速的高层级综合工具 Vivado High Level Synthesis 和基于模块化的 DSP 集成设计工具 System Generator for DSP。

Basys3 板卡是围绕着一个 Xilinx Artix®-7 FPGA 芯片 XC7A35T-1CPG236C 搭建的，它提供了完整、随时可以使用的硬件平台。Artix-7 FPGA 的特性如下：

- XC7A35T-1CPG236C；
- 5200 个 slice 资源，相当于 33 280 个逻辑单元（每个 slice 包含 4 个 6 输入查找表、8 个触发器）；
- 容量为 1800kbit 的块状 RAM；
- 5 个时钟管理单元，每个单元都带有一个锁相环；
- 90 个 DSP Slice；
- 内部时钟速率超过 450MHz；
- 片内模数转换器（XADC）。

此外，板卡还提供了一系列接口和外设，支持实现系统级的设计：

- 16 个拨码开关；
- 16 个 LED 指示灯；
- 5 个按键；
- 4 位 7 段数码显示；
- 4 个 Pmod 连接端，其中，3 个标准 12 脚 Pmod 扩展口，1 个 XADC 扩展口，亦可作为标准 12 脚 Pmod 扩展口使用；

- 12 位色 VGA 显示输出；
- USB 转 UART；
- 串行 Flash；
- USB-JTAG 下载口，支持 FPGA 编程和数据传输；
- USB HID Host 接口，支持鼠标、键盘和 U 盘。

Basys3 板卡实物图如图 1.1 所示，实物图中每一部分对应的功能描述如表 1.3 所示。

图 1.1 Basys3 板卡实物图

表 1.3 板卡各部分功能描述表

序 号	描 述	序 号	描 述
1	电源指示灯	9	FPGA 配置复位按键
2	Pmod 连接口	10	编程模式跳线柱
3	专用模拟信号 Pmod 连接口	11	USB 连接口
4	4 位 7 段数码管	12	VGA 连接口
5	16 个按键开关	13	UART/JTAG 共用 USB 接口
6	16 个 LED	14	外部电源接口
7	5 个按键开关	15	电源开关
8	FPGA 编程指示灯	16	电源选择跳线柱

1.3 主电路及外围接口电路

Basys3 板卡主电路的电路原理图请见附录，下面针对板卡上的简单外围电路进行介绍。

1. 电源电路

板卡可以通过两种方式进行供电：一种是通过 J4 的 USB 端口供电；另一种是通过 J6 的接线柱进行供电（5V）。通过 JP2 跳线帽的不同选择进行供电方式的选择。电源开关通过 SW16 进行控制，LD20 为电源开关的指示灯。板卡的电源电路如图 1.2 所示。

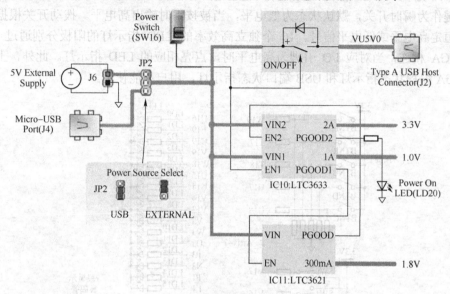

图 1.2　板卡电源电路

对于大多数的设计，利用 USB 端口供电都能够满足要求。只有在一些特殊应用场合，USB 端口不能满足供电要求，如板卡连接了很多外围设备或电路板，这时需要采用外部电源供电或电池组供电。

采用外部电源供电时，需要将外部电源接头与板卡外部电源接线柱（J6）相连，同时将跳线 J2 设置为"EXT"状态。外部电源电压应为 4.5~5.5V，并且至少能提供 1A 的电流。

采用外部电池组供电时，需要将电池的正极端子与 J6 的排针"EXT"相连，负极端子与 J6 的排针"GND"相连。外部电池组的最大电压为 5.5VDC，电池组的最小电压取决于实际的应用。如果 USB 主机功能（J2）使用，至少需要 4.6V 的供电电压；在其他情况下，最小电压为 3.6V。

注意：只有在特别情况下电源电压才可以为 3.6V 电压。

板卡上使用的电源电压为 3.3V、1.8V 和 1.0V，分别通过线性稳压芯片从主电源输入电路中获得。板卡电源如表 1.4 所示。

表 1.4　板卡电源

电源	供 电 电 路	稳 压 芯 片	电流（最大值/典型值）
3.3V	FPGA I/O、USB 端口、时钟、Flash、PMODs	IC10：LTC3633	2A/0.1~1.5A
1.0V	FPGA 内核	IC10：LTC3633	2A/0.2~1.3A
1.8V	FPGA 辅助电路和 RAM	IC11：LTC3621	300mA/0.05~0.15A

2. Artix-7 FPGA 引脚分配

板卡包含 16 个拨动开关、5 个按键、16 个独立的 LED 指示灯和 4 位 7 段数码管,如图 1.3 所示。实际应用中,如果误把分配给按键或拨动开关的 FPGA 引脚定义为输出,那么容易出现短路现象。因此,按键和拨动开关通过电阻与 FPGA 相连,以防止短路损坏 FPGA。5 个按键作为瞬时开关,默认状态为低电平,当被按下时输出高电平。拨动开关根据拨动位置产生恒定高电平或低电平信号。16 个独立高效率的 LED 指示灯的阳极分别通过 330Ω电阻与 FPGA 相连,当对应 I/O 引脚为高电平时,点亮相应的 LED 指示灯。此外,上电指示灯、FPGA 编程状态指示灯和 USB 端口状态指示灯,用户不能使用。

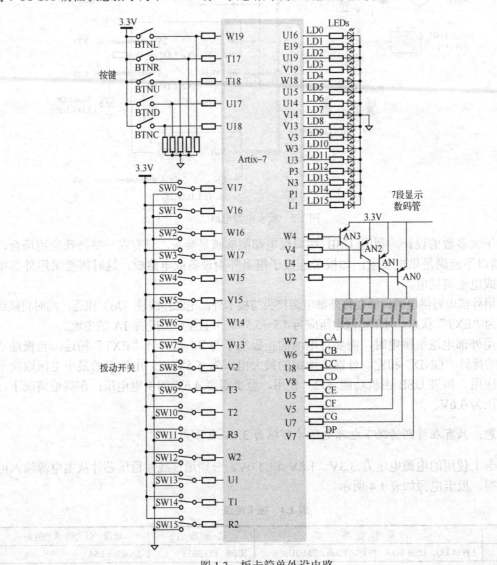

图 1.3 板卡简单外设电路

板卡上 Artix-7 FPGA 的引脚分配如表 1.5 和表 1.6 所示,表中给出了用户 I/O 信号、VGA 及键盘接口信号、Pmod 子板信号及 7 段数码管显示等信号与 FPGA 引脚的对应关系。

详细内容请查看板卡用户手册。

表1.5 板卡 I/O 信号与 Artix-7 FPGA 引脚分配表

LED信号	FPGA引脚	数码管信号	FPGA引脚	SW信号	FPGA引脚	其他I/O信号	FPGA引脚
LD0	U16	AN0	U2	SW0	V17	BTNU	T18
LD1	E19	AN1	U4	SW1	V16	BTNR	T17
LD2	U19	AN2	V4	SW2	W16	BTND	U17
LD3	V19	AN3	W4	SW3	W17	BTNL	W19
LD4	W18	CA	W7	SW4	W15	BTNC	U18
LD5	U15	CB	W6	SW5	V15		
LD6	U14	CC	U8	SW6	W14	时钟	引脚
LD7	V14	CD	V8	SW7	W13	MRCC	W5
LD8	V13	CE	U5	SW8	V2	USB(J2)	引脚
LD9	V3	CF	V5	SW9	T3	PS2_CLK	C17
LD10	W3	CG	U7	SW10	T2	PS2_DAT	B17
LD11	U3	DP	V7	SW11	R3		
LD12	P3			SW12	W2		
LD13	N3			SW13	U1		
LD14	P1			SW14	T1		
LD15	L1			SW15	R2		

表1.6 板卡 VGA 信号、Pmod 子板信号与 Artix-7 FPGA 引脚分配表

VGA信号	引脚	JA	引脚	JB	引脚	JC	引脚	JXADC	引脚
RED0	G19	JA0	J1	JB0	A14	JC0	K17	JXADC0	J3
RED1	H19	JA1	L2	JB1	A16	JC1	M18	JXADC1	L3
RED2	J19	JA2	J2	JB2	B15	JC2	N17	JXADC2	M2
RED3	N19	JA3	G2	JB3	B16	JC3	P18	JXADC3	N2
GRN0	J17	JA4	H1	JB4	A15	JC4	L17	JXADC4	K3
GRN1	H17	JA5	K2	JB5	A17	JC5	M19	JXADC5	M3
GRN2	G17	JA6	H2	JB6	C15	JC6	P17	JXADC6	M1
GRN3	D17	JA7	G3	JB7	C16	JC7	R18	JXADC7	N1
BLU0	N18								
BLU1	L18								
BLU2	K18								
BLU3	J18								
HSYNC	P19								
VSYNC	R19								

3. LED 灯电路

LED 灯电路如图 1.4 所示。当 FPGA 输出为高电平时，相应的 LED 点亮；否则，LED 熄灭。板上配有 16 个 LED，在实验中灵活应用，可用作标志显示或代码调试的结果显示，既直观明了又简单方便。

4. 拨码开关电路

拨码开关电路如图 1.5 所示。使用该 16 位拨码开关时需要注意：当开关拨到下挡时，表示 FPGA 的输入为低电平。

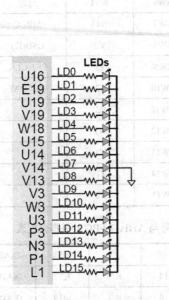

图 1.4 LED 灯电路

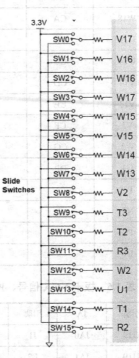

图 1.5 拨码开关电路

5. 按键电路

按键电路如图 1.6 所示。板上配有 5 个按键，当按键按下时，表示 FPGA 的相应输入脚为高电平。在开发学习过程中，建议每个工程项目都有一个复位输入，这样有利于代码调试。

6. 数码管电路

数码管电路如图 1.7 所示。板卡使用的是一个 4 位带小数点的七段共阳数码管，每一位都由七段 LED 组成。每一段 LED 都可以单独描述，当相应的输出脚为低电平时，该段位的 LED 点亮。虽然

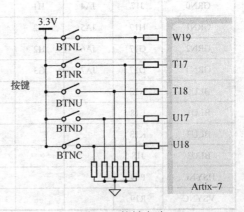

图 1.6 按键电路

每一位数码管都有 128 种状态,但是实际中常用的是十进制数。位选位也是低电平选通。

每一位数码管的七段 LED 的阳极都连接在一起,形成共阳极节点,七段 LED 的阴极都是彼此独立的,如图 1.8 所示。共阳极信号用于 4 位数码管的输入信号使能端,4 位数码管中相同段位的阴极连接到一起,分别命名为 CA~CG。例如,4 个数码管的 D 段 LED 的阴极都连接在一起,形成一个单独的电路节点,命名为 CD。这些七段 LED 的阴极信号用于 4 位数码管显示,这种信号连接方式会产生多路显示,用户必须根据数码管的阳极使能信号来分别点亮相应数码管的段位。

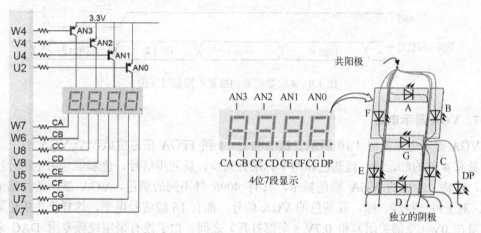

图 1.7 数码管电路   图 1.8 共阳极电路节点

为了点亮一段 LED,阳极应为高电平,阴极为低电平。然而,板卡使用晶体管驱动共阳极节点,使得共阳极的使能反向。因此 AN0~AN3 和 CA~CG/DP 信号都是低电平有效。当 AN0~AN3 为高电平时,4 个数码管均不亮;AN0~AN3 为低电平时,对应的数码管的共阳极端为高电平,如果该数码管的阴极信号 CA~CG 和小数点 DP 为低电平,则对应 LED 段点亮。如果 AN0~AN3 同时为低电平,则 4 个数码管会显示同样的内容。

实际应用中,经常需要多个数码管显示,一般采取动态扫描显示方式。这种方式利用了人眼的滞留现象,即多个发光管轮流交替点亮。板卡上的 4 个数码管,只要在刷新周期 1~16ms(对应刷新频率为 1kHz~60Hz)期间使 4 个数码管轮流点亮一次(每个数码管的点亮时间就是刷新周期的 1/4),则人眼感觉不到闪烁,宏观上仍可看到 4 位 LED 同时显示的效果。例如,刷新频率为 62.5Hz,4 个数码管的刷新周期为 16ms,每一位数码管应该点亮 1/4 刷新周期,即 4ms。

4 位数码管的扫描显示控制时序图如图 1.9 所示,当数码管对应的阳极信号为高电平时,控制器必须按照正确的方式驱动相应数码管的阴极为低电平。例如,如果 AN1 为低电平且保持 4ms,7 段信号 CA、CA 和 CC 为低电平,则对应数码管显示为 "7";若 AN1 无效,AN0 低电平有效且保持 4ms,7 段信号 CB 和 CC 为低电平,对应数码管显示为 "1",这样周而复始,则两个高位数码管始终显示 "71"。

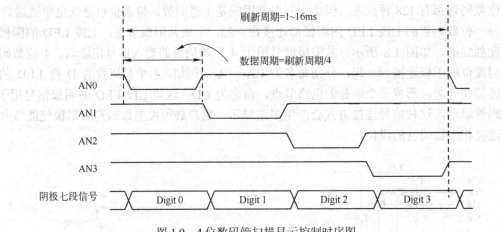

图1.9　4位数码管扫描显示控制时序图

7. VGA显示电路

VGA显示电路如图1.10所示。板卡利用14路FPGA信号生成一个VGA端口，VGA端口具有4位的红、绿、蓝基色和两个标准行同步、场同步信号。色彩信号由电阻分压电路产生，支持12位的VGA彩色显示，具有4096种不同的颜色，VGA显示的终端电阻为75Ω。对于每一种红、绿、蓝基色的VGA信号，都有16级信号电平，这样产生的色彩信号的增量在0V（全部关闭）和0.7V（全部打开）之间。由于没有采用视频专用DAC芯片，所以色彩过渡表现不是十分完美。

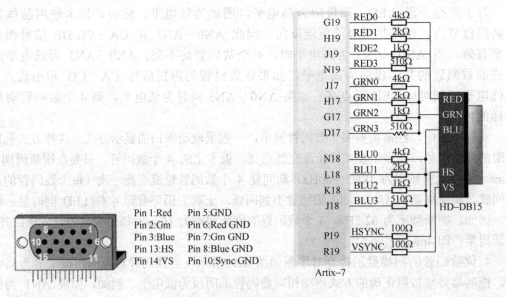

图1.10　VGA显示电路

实际应用中，利用FPGA设计视频控制器电路驱动同步信号和色彩信号时，一定要确保正确的时序，否则VGA显示电路不能正常工作。

8. I/O 扩展电路

4 个标准的扩展连接器如图 1.11 所示，其中一个为专用 AD 信号 Pmod 接口。通过扩展接口可以使用面包板、用户设计的电路或 Pmod 模块扩展板卡。Pmod 是价格便宜的模拟和数字 I/O 模块，能提供一个 A/D&D/A 转换、电机驱动器、传感器等许多其他功能。8 针连接器上的信号免受 ESD 损害和短路损害，从而确保了在任何环境中的使用寿命更长。

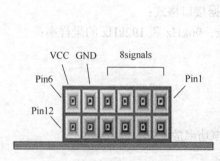

Pmod JA	Pmod JB	Pmod JC	Pmod XDAC
JA1: J1	JB1: A14	JC1: K17	JXADC1: J3
JA2: L2	JB2: A16	JC2: M18	JXADC2: L3
JA3: J2	JB3: B15	JC3: N17	JXADC3: M2
JA4: G2	JB4: B16	JC4: P18	JXADC4: N2
JA7: H1	JB7: A15	JC7: L17	JXADC7: K3
JA8: K2	JB8: A17	JC8: M19	JXADC8: M3
JA9: H2	JB9: C15	JC9: P17	JXADC9: M1
JA10: G3	JB10: C16	JC10: R18	JXADC10: N1

图 1.11 I/O 扩展电路

板卡上标有"JXADC"字样的 Pmod 扩展连接器与 FPGA 的辅助模拟输入引脚相连。通过 JXADC 连接器，可以将差分模拟信号输入到 Artix-7（XADC）内部的模拟-数字转换器。

Artix-7 内部的 XADC 模块是一个双通道、12 位的模数转换器，转换速率为 1MSPS。通过动态配置端口（Dynamic Reconfiguration Port，DRP）可以控制和读取 XADC 模块。XADC 模块也包括一定数量的片上传感器，用来测量片上的供电电压和芯片温度。

9. Pmod 模块

Xilinx 大学计划提供了各种各样低成本、简单 I/O Pmod 外围接口模块，是扩展其各种 FPGA 板卡性能的理想方案。XUP 提供的 Pmod 外围接口模块包括传感器、I/O、数据采集和转换、接插件、扩展存储器等模块，下面介绍一些常用的 Pmod 模块，按照模块功能划分如下。

（1）输入/输出

1）PmodKYPD：16-Button Keypad，16 键键盘。
- 4×4 矩阵键盘，16 个带有标示的按键；
- 上拉电阻与每行相连，每行和每列都在 Pmod 接口里有专用的引脚。

2）PmodBTN：Push Buttons，按键开关。

4 个消抖触摸式按键开关。

3）PmodSWT：Slide Switches，滑动开关。

4 个滑动开关。

4）PmodLED：High Bright LEDs，高亮度 LED 指示灯。

4 个逻辑级输入，4 个高亮度红色 LED 指示灯。

5）Pmod8LD：8 High Bright LEDs，8 个高亮度 LED 指示灯。
8 个输入逻辑电平、8 个高亮度绿色 LED 灯。

6）PmodSSD：Seven-segment Display，七段数码显示器。
- 两个高亮度七段数码管显示器；
- 做工小巧，尺寸为 0.80 英寸×0.80 英寸；
- 套件中附带两个 6 英寸 6 针下载线和两个 6 针接口。

7）PmodI^{2}S：Stereo Audio Output，立体声音频输出模块。
- 立体声数模转换器，支持所有的主流音频数据接口格式；
- 支持 16～24 位的多采样率音频，包括 48kHz、96kHz 和 192kHz 的采样率；
- 3～5V 工作电压，0.80 英寸×1.15 英寸。

8）PmodAMP2：Audio Amplifier，音频放大器。
- 无滤波、高效率、单声道 D 类功率放大器；
- 数字增益选择。

9）PmodAMP3：Stereo Power Amplifier，立体声功率放大器。
- 数字输入、立体声、D 类音频功率放大器；
- 支持常见的 I^{2}S 音频格式；
- 独立的左右声道，并且能够单独控制每个声道音量；
- 工作电压为 3.3 V。

10）PmodRS232：Serial Converter & Interface，串行转换器及接口。
- 具有发送和接收数据的功能；
- 可选 RTS 和 CTS 同步交换功能（REV. B）；
- 做工精巧，1.00 英寸×1.30 英寸；
- 可以将逻辑电平转换成串行通信所需的 RS 232 电平。

11）PmodUSBUART：USB to UART Interface，USB 转 UART 连接器。

12）PmodSD：SD Card Slot，SD 卡插槽。
为 Xilinx 大学计划系统和微控制器板卡提供一个 SD 卡接口。

13）PmodCLP：Character LCD w/parallel Interface，字符 LCD w/并行接口。
- 16×2 字符显示，带背光功能的液晶屏；
- 尺寸大小：3.3 英寸×2.3 英寸，并行数据接口。

14）PmodCLS：Character LCD w/serial Interface，字符 LCD w/串行接口。
- 16×2 字符显示，带背光功能的液晶屏；
- 通过使用 UART、SPI 或 TWI 接口来灵活连接；
- 尺寸大小：3.75 英寸×1.75 英寸。

15）PmodNIC100：Network Interface Controller，网络接口控制器。
- 标准 SPI 接口；
- IEEE 802.3 兼容的以太网控制器；
- 10/100 Mbit/s 数据传输率；
- 集成 MAC；集成 10BASE-T PHY；集成 100BASE-TX PHY。

16）PmodBT2：Bluetooth Interface，蓝牙接口。
- 兼容蓝牙 2.1/2.0/1.2/1.1；
- 具有多种模式，包括从模式、主模式、触发主模式、自动连接主模式、自动连接 DTR 模式、自动连接 ANY 模式；
- 简单的 UART 接口，小尺寸。

17）PmodWiFi：802.11b/g/n WiFi Interface，802.11b/g/n WiFi 接口模块。
- IEEE 802.11 兼容的射频收发器；
- 序列化的专有 MAC 地址；
- 1/2 Mbit/s 数据率；IEEE 802.11b/g/n 兼容；
- 集成 PCB 天线；传输距离远达 400m（1300 英尺）；
- 通过美国 FCC、加拿大 IC、欧盟 ETSI 及日本 ARIB 无线电监管认证；
- 通过 WiFi 认证（WFA ID：WFA7150）。

18）PmodOLED：Organic LED Graphic Display，有机 LED 图形显示。
- 128×32 像素、0.9 毫米 OLED 显示屏；
- 标准 SPI 接口；
- 最高 10MHz 时钟频率；
- 含内部显示缓冲区。

19）PmodIOXP：I/O Expansion Module，I/O 扩展模块。
- 通过 I²C 接口与主机通信的 I/O 端口扩展模块；
- 用于事件记录的 16 单元的 FIFO；
- 19 个可配置 I/O 接口；
- 可支持最大 11×8 矩阵的按键解码；
- PWM 生成器，集电极开路的中断输出；
- 两个可编程的逻辑块，去抖动的 I/O 引脚。

20）PmodENC：Rotary Encoder，旋转编码器。
- 旋轴按键编码器；
- 串联电阻的滑动开关。

21）PmodJSTK：Two Axis Joystick，两轴操纵杆。
- 两轴电阻操纵杆（CTS 252A103B60NB），操纵杆也具备一个按键的功能；
- 两个附加的用户按键。

22）PmodRF2：IEEE 802.15 RF Transceiver，射频收发器。
- 满足 IEEE 802.15 标准；
- 支持 ZigBee、MiWi™、MIWI P2P 等无线网络协议；
- 工作在 ISM 频段 2.405～2.48GHz；
- 简单的 SPI 通信接口。

23）PmodGPS：GPS Receiver，GPS 接收器。
- 标准 UART 接口；
- 输入电压：3～3.6V；

- 最大更新率 10Hz（默认更新率 1Hz）；
- 超低功耗、超高灵敏度。

（2）数据转换

1）PmodR2R：Resistor Ladder D/A Converter，梯形电阻 D/A 转换器。
- 频率高达 25MHz 的 8 位数字到模拟转换器；
- 由示波器的简单附件来说明数据转换的过程；
- 利用一个工程设计领域应用数十年的经典电路实现数模的转换。

2）PmodDA1：Four 8-bit D/A Outputs，四路 8 位 D/A 输出接口。
- 4 个 D/A 转换通道；
- 超低功耗。

3）Pmod-DA2：Two 12-bit D/A Outputs，两路 12 位 D/A 输出接口。
- 两个 National Semiconductor DAC121S101，12 位 D/A 转换器；
- 两个同步 D/A 转换通道；
- 做工精细、超低功耗。

4）PmodAD1：Two 12-bit D/A Outputs，两路 12 位 A/D 输入接口。
- 两个两级 Sallen-Key 抗干扰滤波器；
- 两个同步 A/D 转换通道，每通道可高达 1MSa；
- 超低功耗。

5）PmodAD2：Four Channel 12-bit A/D converter，4 通道 12 位 A/D 转换器。
- 最高可用 4 个模拟转数字通道；
- 分辨率高达 12 bit，I^2C 接口；
- 板上提供 2.048V 参考电压，参考电压可变。

（3）连接器

1）PmodCON4：RCA Audio Jacks，RCA 音频接口。
可灵活配置针头接口和 RCA 接口。

2）PmodPS2：Keyboard/Mouse Connector，键盘/鼠标接口。
- 电源通路跳线；
- 做工精巧。

（4）传感器/执行器

1）PmodOD1：Open Drain Output，漏极开路输出。
- 4.1A 最大输出电流（$t<5s$）；
- 3.0A 恒电流（25℃），2.2A 恒电流（85℃）；
- 一个 6 针接口用来输入；
- 两个输出螺丝接线端；
- 该模块使用 On-Semiconductor 的 NTHD4508NT 功率 FET 输出晶体管，可以驱动高电流设备。该输出晶体管由一个系统级板卡的逻辑信号来驱动。

2）PmodOC1：Open Collector Output，集电极开路输出。
- 4 个输出钳位二极管；

- 最大工作电压为 40V；
- 做工精细、精致小巧，0.75 英寸×0.80 英寸；
- 该模块使用 MMBT3904 输出晶体管来驱动高电流器件。该输出晶体管由一个系统级板卡的逻辑信号来驱动。该晶体管可以作为一个开关，并可以驱动继电器和启动 LED 灯、电动机及其他外部设备。

3）PmodACL2：3-Axis MEMS Accelerometer，3 轴 MEMS 加速度计。
基于 ADI 公司的 ADXL362 3 轴 MEMS 加速度计。

4）PmodGYRO：3-Axis Digital Gyroscope，3 轴数字陀螺仪。
- 便准 SPI 和 I2C 接口；
- 250/500/2000dps 可选分辨率；
- 两个可定制中断引脚；
- 支持断电和睡眠模式；
- 用户可配置信号滤波。

5）PmodSTEP：Stepper Motor Driver，步进电动机驱动器。
- 可用于连接 4 脚或 6 脚步进电动机；
- 可以通过外部供电，或主板供电；
- 包含信号状态指示灯。

6）PmodMAXSONAR：Ultrasonic Range Finder，超声波测距仪。
- 有效检测范围：6～255 英寸（相当于 0.15～6.5m），精度为 1 英尺；
- 工作频率为 42 kHz，测量间隔为 50ms。
- 连续测量工作模式，采样率为 20 Hz，三种测量方式：
- 5 字节的串行数据；
- 模拟电压输出，VCC/512 表示 1 英寸；
- 脉冲宽度输出，147μs 表示 1 英寸。
- 工作电压范围：2.5～5.5V，拖动电流典型值为 2mA。

7）PmodCMPS：3-Axis Digital Compass，三轴数字罗盘。
- ±8 高斯场检测；
- I^2C 通信接口，最大数据输出率为 160Hz。

8）PmodALS：Ambient Light Sensor，环境光传感器。
- 通过一个独立的环境光强传感器示范光强数字传感；
- 3 线 SPI™ 通信接口；
- 8 比特分辨率。

9）PmodLS1：Infrared Light Detector，红外线探测器。
- 具有 4 个 4 针接口的反射或透射光探测器；
- 板载灵敏度调节仪；
- 4 个对输入状态监测的板载 LED 指示灯。

10）PmodTMP2：Thermometer/Thermostat，温度计/恒温器。
- 一个以 ADT7420 为核心的温度传感器和恒温控制板；

- 支持最高 16 位的分辨率；
- 标准精度优于 0.25℃；
- 拥有 4 个可选择地址的 I²C 接口；
- 240ms 连续转换时间；
- 可编程的温度阈值控制引脚；
- 支持 3.3V 和 5V 接口；
- 无须校准，附带一根 10" 4 针 MTE 线。

11）PmodMIC：Microphone w/Digital Interface，数字麦克风。
- OnSemi 公司的 SA575 低电压语音压扩器；
- National Semiconductor 公司的 ADCS7476AIM 12 位 A/D 转换器；
- 3～5V 的工作电压；
- 做工精巧（0.80 英寸×1.10 英寸）。

（5）其他

1）PmodBB：Wire Wrap/Bread Board，绕接/面包板。

2）PmodRTCC：Real-time Clock/Calendar，实时时钟/日历。
- 可支持一个纽扣型电池的实时时钟/日历；
- I²C 接口；
- 可产生方波输出的多功能引脚；
- 两个可使用的闹钟；
- 128B 的 EEPROM；
- 64B 的静态随机存储器（Static Random Access Memory，SRAM），附带一根 10" 4 针 MTE 线。

10．存储器

板卡包含一块 32Mbit 闪存，通过 4（quad-mode，x4）串行外围接口（SPI）模式与 Artix-7 FPGA 相连。FPGA 与闪存之间的连接和引脚排列如图 1.12 所示。

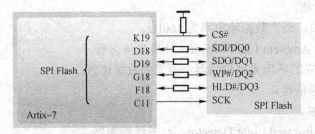

图 1.12 板卡外部存储器

FPGA 配置文件可以写入 Quad SPI 闪存，并且能够通过设置 FPGA 模式使得板卡上电时自动读取 FPGA 配置文件。Artix-7 35T 配置文件大约需要 2MB 的存储空间，因此用户可以使用的闪存空间约占 48%。

11. 时钟

板卡有一个100MHz有源晶振，与引脚W5相连。输入的时钟信号驱动混合模式时钟管理器（Mixed-mode Clock Manager，MMCM）和锁相环（Phase-Locked Loop，PLL），能够产生工程项目需要的各种频率和相位关系的时钟信号。然而，如果使用100MHz的输入时钟信号来驱动MMCMs和PLLs，Artix-7有一些限制条件。对于Artix-7时钟资源和限制条件，用户可以参见Xilinx官网提供的文档——"7 Series FPGAs Clocking Resources User Guide"。

Xilinx提供了LogiCORE™时钟IP向导，用于帮助用户生成设计所需要的不同时钟信号。根据用户指定的期望频率和相位关系，该向导能够正确地例化所需要的MMCMs和PLLs，然后生成容易使用的组件，可以添加到用户的设计项目中。进入Vivado集成设计套件流程向导，找到工程管理器窗口界面下的IP目录，即可选择时钟向导。

12. USB-UART桥接（串口）

板卡含有一个USB-UART桥接芯片FTDI FT2232HQ（与J4端子相邻），用户可以通过PC应用程序，使用标准的Windows串口指令与板卡通信。从网址www.ftdichip.com下载USB转串口驱动程序，即可将USB数据包转换为UART或串口数据。串口数据与FPGA之间的收发通过两线串口实现（TXD/RXD）。如果安装了驱动程序，从PC端利用I/O指令可以直接与串口通信，收发串行数据到FPGA的引脚B18和A18。芯片FT2232HQ和Artix-7 FPGA之间的连接如图1.13所示。

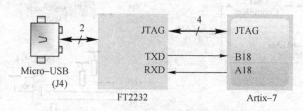

图1.13 板卡FT2232HQ连接示意图

板卡上有两个指示灯，用于显示数据收发状态，分别是发送指示灯（LD18）和接收指示灯（LD17）。

芯片FT2232HQ同样用于USB-JTAG电路的控制器，然而USB-UART和USB-JTAG两种功能彼此完全独立，互不影响。如果用户使用FT2232的UART功能，JTAG电路根本不会影响UART数据的传输，反之亦然。利用一个芯片将上述两种功能进行整合的目的是：板卡只需一根Micro USB连接线即可实现编程、UART通信和供电。

13. FPGA调试及配置电路

上电后，必须配置FPGA，然后才能执行任何有用的功能。存储FPGA配置数据的文件为比特流（bitstream）文件，扩展名为.bit。借助Xilinx的Vivado软件可以通过VHDL、Verilog HDL或基于原理图的源文件创建".bit"文件。在配置过程中，将该".bit"的文件转移到FPGA内存单元中实现逻辑功能和电路互连。

比特流文件存放于FPGA内部的基于静态随机存储器（SRAM）的存储单元，定义了

FPGA 的逻辑功能和电路连接。如果关闭板卡电源、按下复位按键或通过 JTAG 端口写入新的配置文件，原有比特流文件也随之丢失。

典型的 Artix-7 35T 比特流文件为 17 536 096bits，需要花费很长时间传送。在编程下载到板卡之前，通过压缩比特流文件可以减少传送时间，然后允许 FPGA 在配置过程中自行解压比特流文件。根据设计的复杂程度，利用 Vivado 集成设计套件在生成比特流文件时进行压缩，可以实现 10 倍的压缩比。

下载程序有如下 3 种方式：
- 用 Vivado 通过 USB-JTAG 方式（J4 端口，标有"PROG"字样）下载".bit"文件到 FPGA 芯片；
- 用 Vivado 通过 Quad-SPI 方式下载".bit"文件到 Flash 芯片，实现掉电不易失；
- 用 U 盘或移动硬盘通过 J2 的 USB 端口下载".bit"文件到 FPGA 芯片（建议将".bit"文件放到 U 盘根目录下，且只放 1 个），该 U 盘应该是 FAT32 文件系统。

注意：① 下载方式通过 JP1 的短路帽进行选择；
② 系统默认主频率为 100MHz。

编程模式选择由板卡最右上角的蓝色跳线 JP1（标有"MODE"）确定，M1M2 跳线和配置方式的对应如图 1.14 所示，通过更改"Mode"跳线 JP1 的位置选择下载模式。

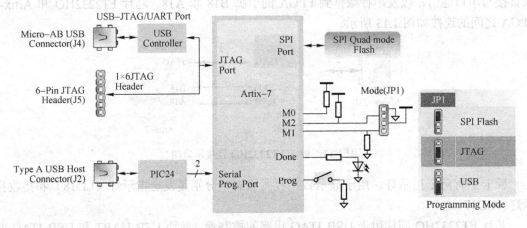

图 1.14 板卡配置选项

编程下载成功后，点亮"DONE"指示灯（LD19）。任何时候按下"PROG"按键，FPGA 内部的配置存储器都会重新复位。此时，无论选择哪种编程下载方式，FPGA 复位后都会立即尝试重新编程下载。

Adept 是 Xilinx 大学计划板卡与 PC 之间的接口软件，其功能如下：
- 使用户通过计算机配置板卡上的 FPGA 等逻辑器件；
- 使计算机与开关板进行数据传送，读写指定的寄存器，扩展 I/O；
- 自动检测与计算机相连的板卡，并对硬件平台进行诊断和测试。

Adept 软件可以在 Xilinx 大学计划网站进行下载。安装前先不连接板卡，执行安装文件，安装完成后，即可连接板卡并使用 Adept 软件。不同版本的 Adept 软件及连接的板卡不同，使得执行 Adept 软件后的界面也略有不同。

运行 Adept 软件，软件界面如图 1.15 所示。在图中的"Config"选项卡中，单击"Browse"按钮，选择设计产生的比特流文件（.bit 文件），然后单击"Program"按钮，软件开始对 FPGA 直接编程。

注意：这样加载的程序是直接下载到 FPGA 中的。

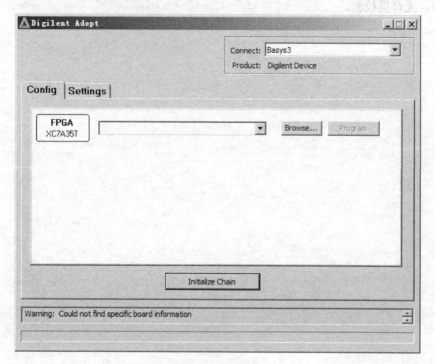

图 1.15 Adept 软件界面

1.4 XUP 板卡测试

使用板卡前，需要先进行测试，以明确 FPGA 板卡的好坏。各种 Xilinx 大学计划板卡的硬件平台在出厂时板卡上配置的 Flash 中都存储有相应的测试文件，当板卡上电后会自动执行测试文件并在简单显示设备上显示一些信息，说明板卡正常。

Basys3 板卡出厂时，在 SPI Flash 存储了示范配置测试程序。该测试工程文件的源代码和预置比特流文件也可以在 Xilinx 大学计划网站下载。如果该演示配置程序预先存储到 SPI Flash 中，并且板卡工作在 SPI 模式，那么演示工程项目将进行基本的硬件检测。下面介绍演示工程项目如何配置板卡上的组件。

- 拨动 SW0～SW15 之间的任意拨动开关，对应的 LED 指示灯点亮或关闭。
- VGA 端口能够显示 USB 鼠标的反馈信号。
- 在 USB-HID 鼠标端口连接一个鼠标，能够控制 VGA 显示器上的鼠标指针。

- 上电后，4位七段数码管循环显示数字 0~9，间隔时间为 1s。
- 按下 BTNU、BTNL、BTNR 或 BTND 按键，将会有一位七段数码管的显示全部熄灭。
- 按下 BTNC 按键，将会使整个工程项目复位。
- 上电后，板卡会通过 UART 发出信息。然后，每次按下按键都会发出一条信息。运行串口调试助手可以连接 UART，需要设置波特率为 9600，8 位数据位，1 位停止位，无奇偶校验。

第 2 章 软件平台介绍

2.1 Vivado 设计套件

Xilinx 公司前一代的软件平台基于 ISE 集成开发环境，如 Xilinx ISE Design Suite 13.x，这是在早期的 Foundation 系列基础上发展并不断升级换代的一个开发软件，包含集设计输入、仿真、逻辑综合、布局布线与实现、时序分析、功率分析、下载与配置等几乎所有 FPGA 开发工具于一体的集成化环境。

Xilinx 公司于 2012 年发布了新一代的 Vivado 设计套件，改变了传统的设计环境和设计方法，打造了一个最先进的设计实现流程，可以让用户更快地实现设计收敛。Vivado 设计套件不仅包含传统上寄存器传输级（RTL）到比特流的 FPGA 设计流程，而且提供了系统级的设计流程，全新的系统级设计的中心思想是基于知识产权（Intellectual Property，IP）核的设计。与前一代的 ISE 设计平台相比，Vivado 设计套件在各方面的性能都有了明显的提升，如表 2.1 所示。

表 2.1 Vivado 与 ISE 对比

Vivado	ISE
流程是一系列 Tcl 指令，运行在单个存储器中的数据库上，灵活性和交互性更大	流程由一系列程序组成，利用多个文件运行和通信
在存储器中的单个共用数据模型可以贯穿整个流程运行，允许做交互诊断、修正时序等许多事情： (1) 模型改善速度； (2) 减少存储量； (3) 交互的 IP 即插即用环境 AXI4，IP_XACT	流程的每个步骤都要求不同的数据模型（NGC、NGD、NCD、NGM）： (1) 固定的约束和数据交换； (2) 运行时间和存储量恶化； (3) 影响使用的方便性
共用的约束语言（XDC）贯穿整个流程： (1) 约束适用于流程任何级别； (2) 实时诊断	实现后的时序不能改变，对于交互诊断没有反向兼容性
在流程各个级别产生报告——Robust Tcl API	RTL 通过位文件控制： (1) 利用编制脚本，灵活的非项目潜能； (2) 专门的指令行选项
在流程的任何级别保存 checkpoint 设计： (1) 网表文件； (2) 约束文件； (3) 布局和布线结果	在流程的各个级别只利用独立的工具。 (1) 系统设计：Platform Studio，System Generator。 (2) RTL：CORE Generator，ISim，PlanAhead。 (3) NGC/EDIF：PlanAhead tool。 (4) NCD：FPGA Editor，Power Analyzer，ISim，PlanAhead (5) Bit file：ChipScope，iMPACT

2.1.1 Vivado 软件安装流程

1. 安装 Xilinx FPGA 设计套件——Vivado

进入 Xilinx 中国网站，网址为 http://china.xilinx.com/，单击网站主页的"技术支持"选项，选择"下载和许可"，即可找到 Vivado 软件进行下载（本书例程基于 Vivado 2014.4 版本，64 位的 Windows 7 操作系统）。根据 Xilinx 官方网站发布的 Vivado 支持的操作系统示意图，如图 2.1 所示，建议 Vivado 软件安装在 64 位的 Windows 7 或 Windows 8.1 操作系统下，建议安装内存大于 4GB，建议硬盘空间大于 20GB。

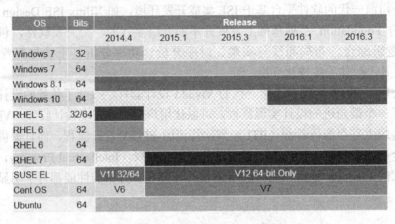

图 2.1　Vivado 不同版本软件支持的操作系统

注意：Vivado 2014.4 下载后的文件约为 6GB，安装软件时，由于临时解压文件比较多，C 盘需要有足够的空间，Vivado 2014.4 安装后占用约 13GB 的空间。

Xilinx 的官方网站上不仅提供软件下载，还提供一些软件说明、硬件更新、参考设计、经常遇到的问题及解决方法、丰富的视频教程等参考资料供读者学习。

下载安装后，解压缩，运行 xsetup.exe，进入安装程序。如果系统弹出可用的 Vivado 新版本提示对话框，如图 2.2 所示，则直接单击"Continue"按钮进入下一步。

图 2.2　可用的 Vivado 新版本提示对话框

软件会提示 Vivado 2014.4 支持的操作系统等信息，如图 2.3 所示，单击"Next"按钮，进入下一步。

第 2 章 软件平台介绍

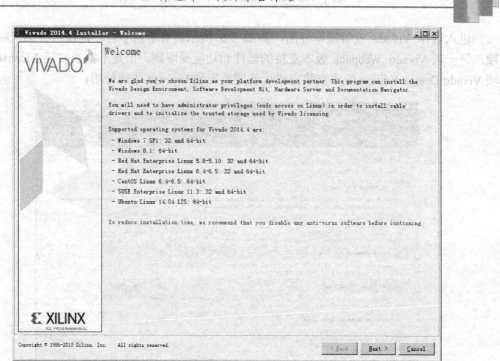

图 2.3 Vivado 2014.4 支持的操作系统

软件提示是否接受许可证管理，如图 2.4 所示，勾选"I agree"复选框，单击"Next"按钮。

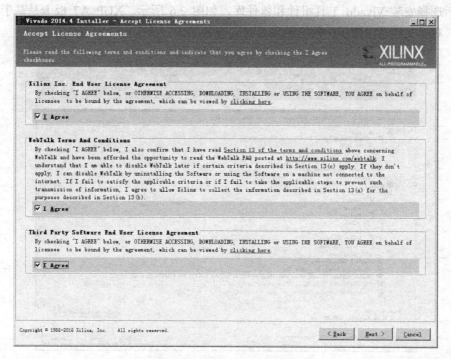

图 2.4 软件许可证管理界面

进入选择 Vivado 安装版本界面，如图 2.5 所示。对于初学者，建议选择第一项或第二项，第一项 Vivado Webpack 版本支持的器件和功能受限制，但是不需要安装 License。第二项 Vivado Design Edition 版本安装完成后还需要安装 License 才能使用。

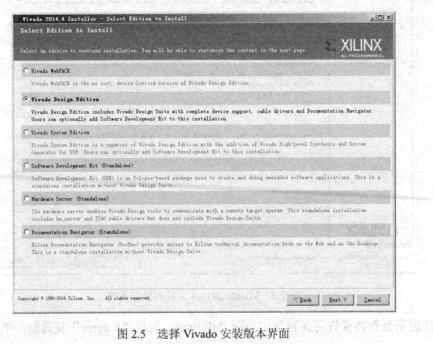

图 2.5 选择 Vivado 安装版本界面

然后选择安装 Vivado 工具组件和器件库，如图 2.6 所示，XUP A7 板卡是基于 Artix-7 架构的，对于初学者，图示中勾选的项是必须安装的。

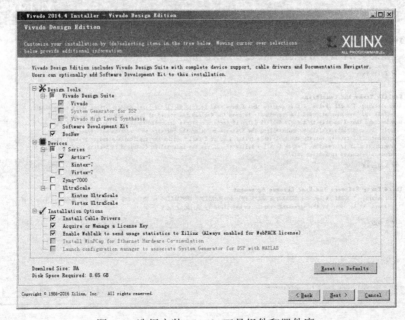

图 2.6 选择安装 Vivado 工具组件和器件库

进入设置安装路径界面,如图 2.7 所示。Xilinx 全部软件都不能安装在带空格和中文字符的目录下,即不能安装在"Program Files"目录下。建议所有软件都安装在某个盘的根目录下。

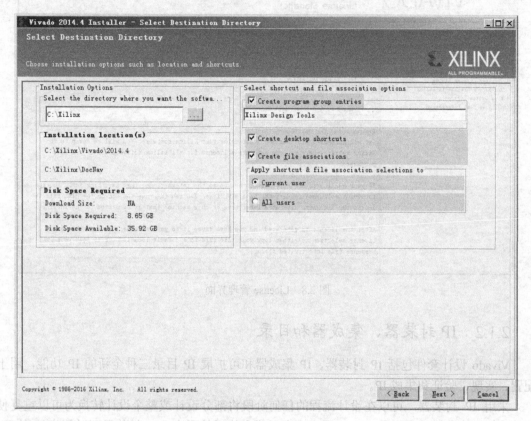

图 2.7 设置安装路径界面

Vivado 设计套件的安装时间视计算机性能而定,为 10~30min,安装过程中弹出的附属工具/软件对话框一律选择确定。

2. 添加 License 文件

软件安装完毕后会弹出 License 管理界面,如图 2.8 所示。注意:如果是 Vivado Webpack 版本,不会弹出该界面。

(1)添加本地 License 文件

如果已经有 License 文件,选择"Load License"选项,然后单击"Copy License"按钮,选择准备好的 License 文件。

(2)在 Xilinx 官方网站获取 License 文件

勾选"Get My Purchase License(s)"选项,单击"Connect Now"按钮,链接到 Xilinx 官方网站。按照网站提示进行登录或注册新用户,然后进入 License 文件下载界面,选择 License 版本。最后生成的 License 文件会发送到注册时使用的邮箱里,下载 License 文件,剩余步骤与添加本地 License 文件的方式一样。

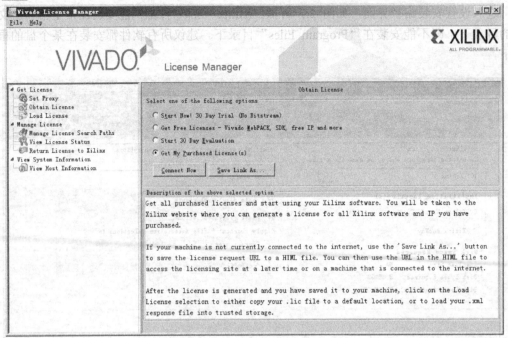

图 2.8　License 管理界面

2.1.2　IP 封装器、集成器和目录

Vivado 设计套件包括 IP 封装器、IP 集成器和可扩展 IP 目录三种全新的 IP 功能，用于配置、实现、验证和集成 IP。

采用 IP 封装器，可以在设计流程的任何阶段将部分设计或整个设计转换为可以重复使用的内核，这些设计可以是 RTL、网表、布局或布线后的网表。IP 封装器可以创建 IP 的 IP-XACT 描述，使之符合 IP-XACT 协议，并在 XML 文件中设定了每个 IP 的数据。一旦 IP 封装完成，利用 IP 集成器功能就可以将 IP 集成到系统设计中。

Vivado 设计套件包含即插即用型 IP 集成设计环境，并且具有 IP 集成器特性，用于实现 IP 智能集成，从而解决了 RTL 设计生产力的问题。Vivado IP 集成器提供基于 Tcl 脚本编写和图形化设计的开发流程，通过 IP 集成器提供的器件和平台层面的互动环境，能够保证实现最大化的系统带宽，并支持关键 IP 接口的智能自动连接、一键式 IP 子系统生成、实时设计规则检查（DRC）等功能。

Vivado IP 集成器采用业界标准的 AX14 互连协议，能够将不同的 IP 组合在一起。在 IP 之间建立连接时，设计者工作在"接口"而不是"信号"的抽象层面上，并且可以像绘制原理图一样，通过 DRC 正确的连接，很容易地将不同的 IP 接口连接在一起。组合后的 IP 可以重新进行封装，作为单个设计源，在单个设计工程或多个工程之间进行共享。通过接口层面上的 IP 连接，能够快速组装复杂系统，加快系统实现，大幅提高生产力。

Vivado 可扩展 IP 目录允许设计者使用自己创建的 IP 及 Xilinx 和第三方厂商许可的 IP 创建自己的标准 IP 库。Xilinx 按照 IP-XACT 标准要求创建的该目录能够让设计者更好地组织 IP，用于整个机构共享。Xilinx 系统生成器（System Generator）和 IP 集成器已经与 Vivado 的可扩展 IP 目录集成，设计者可以很容易地访问已经编好的 IP 目录，并将其集成到自己的设计项目中。

2.1.3 标准化 XDC 约束文件

Xilinx Vivado 设计套件基于目前最流行的一种约束方法——Synopsys 设计约束（Synopsys Design Constraints，SDC）格式，并增加了对 FPGA 的 I/O 引脚分配，从而构成了新的 Xilinx 设计约束（Xilinx Design Constraints，XDC）文件。Vivado 不再支持以前设计套件 ISE 的用户约束文件（User Constraints File，UCF）格式。

1. XDC 约束文件的特点

1）基于业界标准的 Synopsys 设计约束，并增加 Xilinx 专有的物理约束。

2）XDC 文件基于 TCL 的格式，不是简单的字符串。通过 Vivado TCL 翻译器，可以像其他 TCL 命令一样读取 XDC 文件，并按顺序从语法上进行分析。

3）设计者可以在设计流程的不同阶段添加 XDC 约束：一种方式是将约束保存在一个或多个 XDC 文件中，另一种方式是通过 TCL 脚本生成约束。

2. XDC 与 UCF 对比

Vivado 的 XDC 与 ISE 的 UCF 存在很大的区别，主要表现在以下几点。

1）XDC 是顺序语言，并带有明确的优先级规则。

2）XDC 通常应用于寄存器、时钟、端口、引脚和网线等设计对象，而 UCF 应用于网络。

3）默认状态下，对于 UCF 来说，在异步时钟组之间无时序关系；对于 XDC 来说，所有时钟之间都是有联系的，存在时序关系。

4）在 XDC 中，在相同的对象中存在多个时钟。

为了便于读者理解 XDC 与 UCF 两者之间的区别，表 2.2 给出了 Vivado 与 ISE 设计套件中约束文件的比较。

表 2.2 Vivado 与 ISE 中约束文件的比较

Vivado——XDC	ISE——UCF
从整个系统的角度进行约束	只限于 FPGA 的约束
可适应大型设计项目	约束定位在较小的设计项目
可以在指定的层次进行搜索	可以搜索整个设计层次
网线名称保持不变，在任何设计阶段都能找到	不同的设计阶段网线的名称会改变
分别对 clk0、clk1 等时钟进行定义	不能利用一套 UCF 约束不同的 clk 时钟
综合和布局布线两者之间互不影响	综合和布局布线要用两套约束

2.1.4 工程命令语言

工程命令语言（Tool Command Language，TCL）在 Vivado 设计套件中起着不可或缺的作用，Tcl 不仅能对设计项目进行约束，还支持设计分析、工具控制和模块构建。此外，利用 Tcl 指令可以运行设计程序、添加时序约束、生成时序报告和查询设计网表等操作。

Tcl 在 Vivado 设计套件中支持：

1）Synopsys 设计约束，包括设计单元和整个设计的约束；
2）XDC 设计约束的专门指令为设计项目、程序编辑和报告结果等；
3）网表文件、目标器件、静态时序和设计项目等包含的设计对象；
4）通用的 Tcl 指令中，可以方便地直接使用支持主要对象的相关指令清单。

Tcl 脚本支持两种设计模式：基于项目的模式和非项目批作业模式。对于非项目的批作业设计流程，可以最小化存储器的使用，但是要求设计者自行编写 checkpoint，人工执行其他项目管理功能。两种流程都能从 Vivado 设计套件中存取结果。如表 2.3 所示，通过几种不同的方式，Tcl 指令可以输入到 Vivado 设计套件中进行交互的设计。

表 2.3 Vivado 设计套件的不同工作方式

方　式	基于项目模式	非项目批作业模式
设计项目打开进入 Tcl 控制台	自动管理设计进程	利用 Tcl 指令或脚本
设计项目外部进入 Tcl 控制台	不打开 GUI 的设计项目；选择基于脚本的编译方式管理源文件和设计进程	
利用 Tcl Shell	不启动 GUI 直接运行 Tcl 指令或脚本；利用 start GUI 指令直接从 Tcl Shell 打开 Vivado IDE	
启动 Vivado	在 Vivado IDE 中交互运行设计项目	利用 Tcl 脚本批作业模式运行

Vivado IDE 利用 Tcl 指令具有以下优点：

1）设计约束文件 XDC 可以利用 Tcl 进行综合和实现，而时序约束是改善设计性能的关键；
2）强大的设计诊断和分析的能力，利用 Tcl 指令进行静态时序分析 STA 要优于其他方式，具有快速构建设计和定制时序报告的能力，进行增量 STA 的 what-if 假设分析；
3）工业标准的工具控制，包括 Synplify、Precision 和所有 ASIC 综合和布局布线，第三方的 EDA 工具利用相同的接口；
4）包括 Linux 和 Windows 的跨平台脚本方式。

2.1.5 Vivado 设计套件的启动方法

常见的启动 Vivado 设计套件的方法有以下两种。

1）在 Windows 7 操作系统主界面下，执行菜单命令【开始】→【所有程序】→【Xilinx Design Tools】→【Vivado 2014.4】→【Vivado 2014.4】。

2）在 Windows 7 操作系统的桌面，单击标示为"Vivado 2014.4"的图标，如图 2.9 所示。

3）在 Windows 7 操作系统的主界面左下角的命令行（默认为"搜索程序和文件"）中输入"Vivado"，然后按回车键，系统会启动 Vivado 设计套件。

图 2.9 Vivado 桌面图标

2.1.6　Vivado 设计套件的界面

Vivado 设计套件的界面包括 Vivado 2014.4 的主界面和 Vivado 设计主界面。其中 Vivado 设计主界面包括流程处理界面、工程管理器界面、工作区窗口和设计运行窗口。

1. Vivado 2014.4 的主界面

当启动 Vivado 设计套件后，进入 Vivado 2014.4 主界面，如图 2.10 所示，该界面的所有功能图标按组分类。

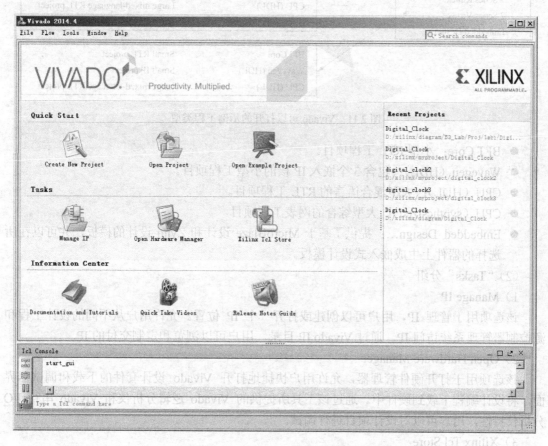

图 2.10　Vivado 2014.4 主界面

（1）"Quick Start"分组

1）Create New Project

该选项用于启动新设计工程项目的向导，指导用户创建不同类型的工程项目。

2）Open Project

该选项用于打开工程项目。打开浏览器，用户可以打开 Vivado 工程项目文件（.xpr 扩展名），PlanAhead 工具创建的工程文件（.ppr 扩展名）和 ISE 设计套件所创建的工程项目文件（.xise 扩展名）。

3）Open Example Project

该选项用于打开示例工程项目，Vivado 可以打开的示例工程类型如图 2.11 所示。

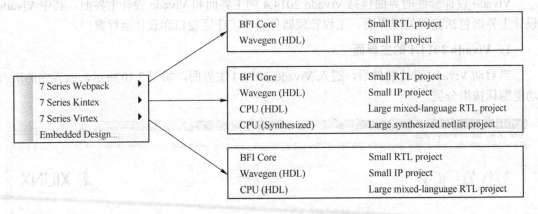

图 2.11　Vivado 可以打开的示例工程类型

- BFT Core：小型 RTL 工程项目。
- Wavegen（HDL）：包含 3 个嵌入 IP 核的小型工程项目。
- CPU（HDL）：大型混合语言的 RTL 工程项目。
- CPU（synthesized）：大型综合的网表工程项目。
- Embedded Design…：提供了基于 MicroBlaze 设计和 Zynq 设计的模板，并可以在所选择的器件上生成嵌入式设计模板。

（2）"Tasks" 分组

1）Manage IP

该选项用于管理 IP，用户可以创建或打开一个 IP 位置。允许用户从不同的设计工程和源控制器管理系统访问 IP，通过 Vivado IP 目录，用户可以浏览和定制交付的 IP。

2）Open Hardware Manager

该选项用于打开硬件管理器，允许用户快捷地打开 Vivado 设计套件的下载和调试器界面，将设计编程下载到硬件中。通过该工具所提供的 Vivado 逻辑分析仪和 Vivado 串行 I/O 分析仪特性，用户可以对设计项目进行调试。

3）Xilinx Tcl Store

该选项是 Xilinx Tcl 开源代码商店，用于在 Vivado 设计套件中进行 FPGA 的设计。第一次选中该选项，会弹出如图 2.12 所示的对话框，提示用户即将从 Xilinx Tcl 商店安装第三方的 Tcl 脚本，单击 "OK" 按钮即可。通过 Tcl 商店，能够访问多个不同来源的多个脚本和工具，用于解决不同的问题和提高设计效率。用户可以安装 Tcl 脚本，也可以与其他用户分享自己的 Tcl 脚本。

（3）"Information Center" 分组

该分组是 Vivado 集成设计套件的信息中心，提供了学习文档、教程、视频等资源。

1）Documentation and Tutorials

该选项用于打开 Xilinx 的文档教程和支持设计数据。

第 2 章 软件平台介绍

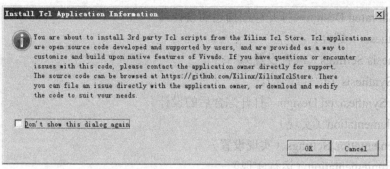

图 2.12　Vivado 提示安装第三方 Tcl 脚本

2) Quick Take Video

该选项用于快速打开 Xilinx 视频教程。

3) Release Note Guide

该选项用于发布注释向导，如打开 Vivado Design Suite Release Notes，Installation，and Licensing Guide 文档。

2. Vivado 流程处理主界面

Vivado 流程处理主界面如图 2.13 所示，在 Vivado 设计主界面左侧的"Flow Navigator（流程向导）"界面中给出了工程项目的主要处理流程。

（1）Project Manager（工程项目管理器）

1) Project Settings（工程项目设置）：配置设计合成、设计仿真、设计实现及和 IP 有关的选项。

2) Add Sources（添加源文件）：在工程项目中添加或创建源文件。

3) Language（语言模板）：显示语言模板窗口。

4) IP Catalog（IP 目录）：浏览、自定义和生成 IP 核。

（2）IP Integrator（IP 集成器）

1) Create Block Design（创建模块设计）。

2) Open Block Design（打开模块设计）。

3) Generate Block Design（生成模块设计）：生成输出需要的仿真、综合、实现设计。

（3）Simulation（仿真）

1) Simulation Setting（仿真设置）。

2) Run Simulation（运行仿真）。

（4）RTL Analysis（RTL 分析）

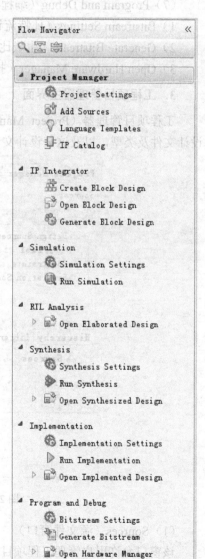

图 2.13　Vivado 流程处理主界面

Open Elaborated Design(打开详细描述的设计)。

(5) Synthesis(综合)

1) Synthesis Settings(综合设置)。

2) Run Synthesis(运行综合)。

3) Open Synthesized Design(打开综合后的设计)。

(6) Implementation(实现)

1) Implementation Settings(实现设置)

2) Run Implementation(运行实现)

3) Open Implementation Design(打开实现后的设计)

(7) Program and Debug(编程和调试)

1) Bitstream Settings(比特流设置)。

2) Generate Bitstream(生成比特流)。

3) Open Hardware Manager(打开硬件管理器)。

3. 工程项目管理器主界面

工程项目管理器(Project Manager)窗口界面如图 2.14 所示,在该界面窗口下显示所有设计文件及类型,以及这些设计文件之间的关系。

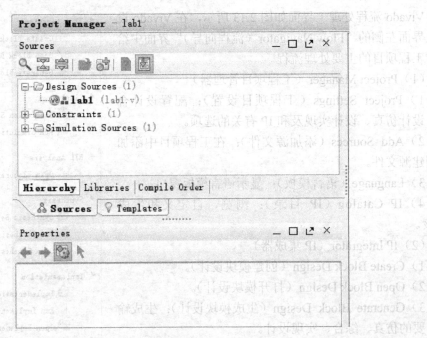

图 2.14 工程项目管理器窗口界面

(1) Sources(源文件窗口)

该窗口允许用户管理工程项目的源文件,包括添加文件、删除文件和对源文件进行重新排序,用于满足指定的设计要求。源文件窗口包含以下几部分。

1）Design Sources（设计使用的源文件）：显示设计中使用的源文件类型，这些源文件类型包括 Verilog、VHDL、NGC/NGO、EDIF、IP 核、数字信号处理（DSP）模块、嵌入式处理器和 XDC/SDC 约束文件。

2）Constraints（约束文件）：显示用于对设计进行约束的约束文件。

3）Simulation Sources（仿真源文件）：显示用于仿真的源文件。

（2）源文件窗口视图

源文件窗口提供了以下视图，用于显示不同的源文件。

1）Hierarchy（层次视图）。

层次视图用于显示设计模块和例化的层次。顶层模块定义了用于编译、综合和实现的设计层次。Vivado 设计套件自动检测顶层的模块，此外用户可以对某个设计源文件，通过单击鼠标右键使用"Set as Top"命令手工定义顶层模块。

2）Library（库视图）。

库视图显示了保存到各种库的源文件。

3）Compile Order（编译顺序）。

该视图显示了所有需要编译的源文件顺序。顶层模块通常是编译的最后文件。基于定义的顶层模块和精细的设计，用户允许 Vivado 设计套件自动确定编译的顺序。此外，用户通过右击设计源文件，使用"Hierarchy Update"命令，可以人工控制设计的编译顺序，即重新安排源文件的编译顺序。

（3）源文件窗口工具栏命令

1）图标。

鼠标左键单击该图标，打开查找工具条，允许快速定位源文件窗口内的对象。

2）图标。

鼠标左键单击该图标，在源文件窗口展开层次设计中的所有设计源文件。

3）图标。

鼠标左键单击该图标，将所有的设计源文件都折叠回去，只显示顶层对象。

4）图标。

鼠标左键单击该图标，打开所选定的源文件。

5）图标。

鼠标左键单击该图标，添加或创建 RTL 源文件、仿真源文件、约束文件、DSP 模块或嵌入式处理器，以及已经存在的 IP 核。

4．工作区窗口

工作区窗口如图 2.15 所示，在该窗口下，给出了设计报告总结、综合、实现设计输入、查看设计、功耗等信息。

5．设计运行窗口

设计运行窗口如图 2.16 所示，可以切换 Tcl Console、Messages、Log、Reports 和 Design Runs 界面。

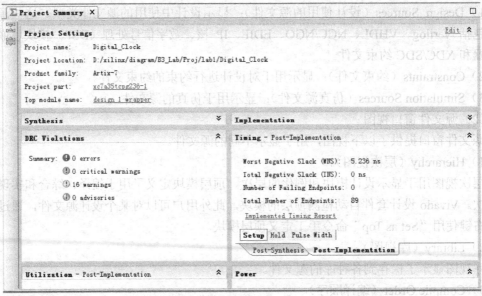

图 2.15 工作区窗口

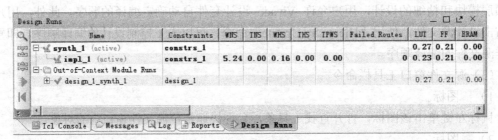

图 2.16 设计运行窗口

（1）Tcl Console

Tcl 控制台界面。可以在该界面下输出 Tcl 命令或预先写好的 Tcl 脚本，控制设计流程的每一步。

（2）Messages

消息窗口显示了工程项目的设计和报告信息，如图 2.17 所示。通过选择 warnings、infos 和 status 的状态，实现对消息的分组显示，以便用户可以在不同的工具或处理过程中快速地定位消息。

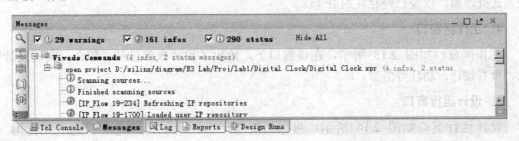

图 2.17 消息窗口

(3) Log

日志窗口用来显示对设计进行编译命令活动的输出状态,这些命令用于综合、实现和仿真。输出显示是连续滚动格式的,当运行新的命令时,就会覆盖输出显示。

(4) Reports

该窗口用于显示当前状态运行的报告。当完成不同的操作步骤后,对报告进行更新。当执行完不同的步骤时,能够对报告进行分组,以便快速定位查找。双击某一项报告,可以在文本编辑器中打开报告文件。

2.2 FPGA 设计流程

2.2.1 Vivado 套件的设计流程

随着 FPGA 器件规模的不断增长,FPGA 器件的设计技术也日趋复杂,设计工具的设计流程也随之不断发展,而且越来越像专用集成电路(Application Specific Integrated Circuits,ASIC)芯片的设计流程。

20 世纪 90 年代,FPGA 的设计流程与当时的简易 ASIC 设计流程一样,如图 2.18 所示。最初的设计流程以 RTL 级的设计描述为基础,在对设计功能进行仿真的基础上,采用综合及布局布线工具,在 FPGA 中以硬件的方式实现设计要求。寄存器传输级(Register Transfer Level,RTL)向电子系统级(Electronic System Level,ESL)解决方案转移。

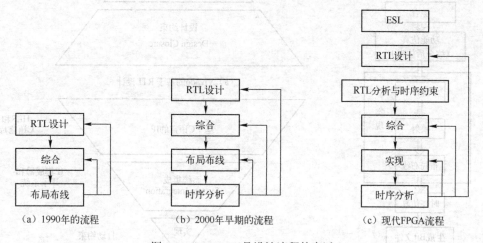

图 2.18 FPGA 工具设计流程的变迁

随着 FPGA 设计逐步趋于复杂化,软件开发平台增加了时序分析功能,确保设计项目能够按照指定的频率运行。目前的 FPGA 已经发展为庞大的系统级设计平台,设计团队通常要通过 RTL 分析来最小化设计迭代,并确保设计能够实现相应的性能目标。借鉴 ASIC 的设计方法,在整个设计流程中贯穿约束机制。首先添加比较完善的约束条件,然后通过 RTL 仿真、时序分析、后仿真来解决问题,尽量避免在 FPGA 电路板上进行调试。Vivado 设计套件支持当下最流行的一种约束方法——Synopsys 设计约束(SDC)格式。

基于 Xilinx 前一代 ISE 开发环境的 FPGA 设计流程如图 2.19 所示，主要过程包括：设计规划、设计输入、仿真验证、综合、实现、FPGA 配置等。设计输入主要有原理图和硬件描述语言两种方式。通常原理图方法只适合设计简单的逻辑电路，硬件描述语言非常适用于复杂的数字系统设计。综合前仿真属于功能仿真，是针对 RTL 代码的功能和性能仿真和验证。综合后仿真主要验证综合后的逻辑功能是否正确，以及综合时序约束是否正确。布局布线后的仿真属于时序仿真，由于不同的器件、不同的布局布线会造成不同的延时，通过时序仿真可以验证芯片时序约束是否添加正确，以及是否存在竞争冒险。

Vivado 设计套件不仅支持传统的寄存器传输级（RTL）到比特流的 FPGA 设计流程，而且支持基于 C 和 IP 核的系统级设计流程，如图 2.20 所示。系统级设计流程的核心是基于 IP 核的设计。利用 Vivado 套件进行基于 RTL 的设计，如果设计阶段占用了 20%的研发时间，那么需要花费 80%的研发时间用于调试，使其正常工作。利用 Vivado 套件进行基于 C 和 IP 核的设计，第一次设计阶段会提高 10~15 倍效率，后续设计阶段将提高约 40 倍。

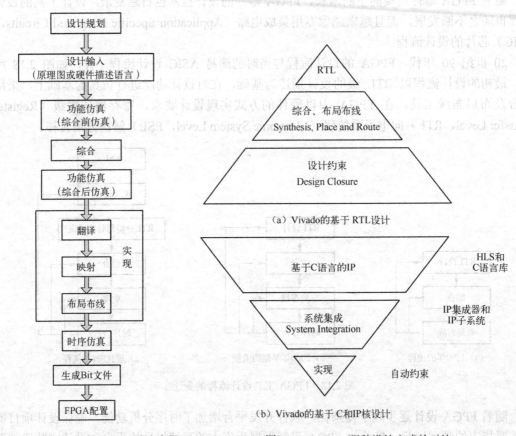

图 2.19 基于 ISE 的 FPGA 设计流程　　　　图 2.20 Vivado 两种设计方式的对比

Vivado 设计套件中的高级综合工具（High-Level Synthesis，HLS）、C/C++语言库和 IP 集成器，可以加速开发进度和实现系统集成，如图 2.21 所示。用户根据自己的项目需求，可以选择基于 IP 核的设计方式、基于硬件描述语言的设计方式或利用 HLS 工具实现。对于一些简单的数字逻辑实验，不建议使用 HLS 工具。

第 2 章 软件平台介绍

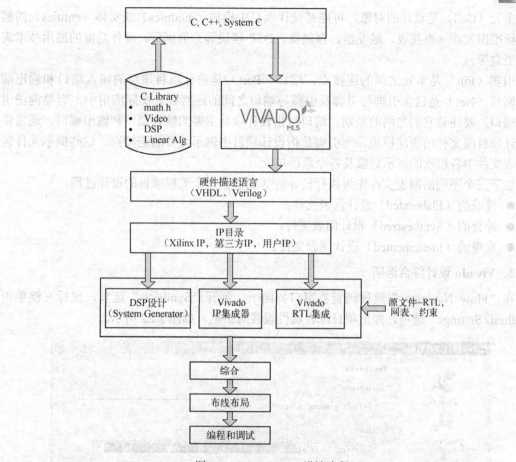

图 2.21 Vivado HLS 设计流程

2.2.2 设计综合流程

1. 设计综合

综合的过程是将行为级或 RTL 级的设计描述和原理图等设计输入转换成由与门、或门、非门、RAM 和触发器等基本逻辑单元组成的逻辑连接的过程，并将 RTL 级推演的网表文件映射到 FPGA 器件的原语，生成综合的网表文件，这个过程有时也称为工艺映射。综合过程包括两个内容：一是对硬件语言源代码输入进行翻译与逻辑层次上的优化；二是对翻译结果进行逻辑映射与结构层次上的优化，最后生成逻辑网表。

Vivado 设计套件不仅支持 VHDL 和 Verilog HDL，同时能全面支持 System Verilog。Vivado 支持基于电路行业标准综合设计约束，约束文件由 UCF 转为 XDC 文件，并且不再支持 UCF 文件。在综合的过程中，综合工具使用 XDC 约束文件进行综合优化，因此必须存在 XDC 文件。

网表文件是对创建的设计项目进行的完整描述，网表文件由单元（Cell）、引脚（Pin）、端口（Port）和网线（Nets）四个基本元素构成。

单元（Cell）是设计的对象，可能是设计项目中模块（modules）或实体（entities）的例示、标准库元件（查找表、触发器、存储器、DSP 模块等）的例示、硬件功能的通用技术表示及黑盒等。

引脚（Pin）是单元之间的连接点，端口（Port）是设计项目顶层的输入端口和输出端口，网线（Net）是包含引脚与引脚及引脚与端口之间的连接线。实际应用中，容易混淆引脚和端口，要注意它们之间的差别。端口是指设计项目主要的输入端口和输出端口，通常位于设计项目源文件的顶层模块，而引脚是指设计项目中例示元件的连接点，这些例示元件包括网表文件中各层次的例示对象及各个原语单元。

以下三个不同的网表文件作为执行设计的基础贯穿整个工程项目的设计过程：
- 推演的（Elaborated）设计网表文件；
- 综合的（Synthesized）设计网表文件；
- 实现的（Implemented）设计网表文件。

2. Vivado 设计综合选项

在"Flow Navigator"流程浏览器窗口界面下，展开"Synthesis"选项，鼠标左键单击"Synthesis Settings"选项，弹出项目综合属性设置对话框，如图 2.22 所示。

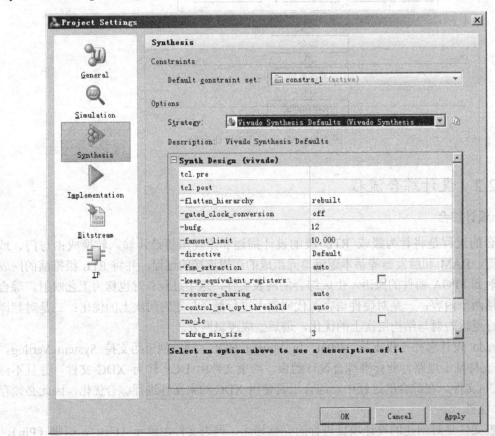

图 2.22　综合属性设置对话框

第 2 章 软件平台介绍

(1) 默认约束集合 (Default Constraint Set)

在默认约束集合右侧,通过下拉列表框中,可以选择用于综合的多个不同的设计约束集合。一个约束集合是多个文件的集合,包含了 XDC 文件中用于工程项目的设计约束条件。有两种类型的设计约束,通过选择不同的约束,可以得到不同的综合结果。

物理约束:定义了引脚的位置和内部单元的绝对或相对位置。内部单元包括块 RAM、查找表、触发器和器件配置设置。

时序约束:定义了设计要求的频率。如果没有时序约束,Vivado 设计套件仅对布线长度和布局阻塞进行优化。

(2) 运行策略 (Strategy)

在 "Option" 区域下的运行策略右侧的下拉列表框中选择用于运行综合的预定义策略,用户也可以自己定义运行策略。运行策略选项和默认设置如表 2.4 所示。

表 2.4 运行策略选项和默认设置

运行策略选项	Vivado Synthesis Defaults	Flow_RuntimeOptimized	Flow_AreaOptimized_High	Flow_PerfOptimized_High
-flatten_hierarchy	rebuilt	none	rebuilt	rebuilt
-gate_clock_conversion	off	off	off	off
-bufg	12	12	12	12
-fanout_limit	10 000	10 000	10 000	400
-directive	Defult	RuntimeOptimized	Default	Default
-fsm_extraction	auto	off	auto	one_hot
-keep_equivalent_registers	不选中	不选中	不选中	选中
-resource_sharing	auto	auto	auto	off
-control_set_opt_threshold	Auto	Auto	1	Auto
-no_lc	不选中	不选中	不选中	选中
-shreg_min_size	3	3	3	5
-max_bram	-1	-1	-1	-1
-max_dsp	-1	-1	-1	-1

1) tcl.pre 和 tcl.post:用户可以通过该选项加入自己的 Tcl 脚本,分别在综合前和综合后运行。

2) -flatten_hierarchy:用户可以按下面的选项进行设置。

- none:设置综合工具不要将层次设计展开,即综合的输出和最初的 RTL 具有相同的层次。
- full:设置综合工具将层次化设计,充分展开,只留下顶层。
- rebuilt:允许综合工具展开层次,执行综合,然后基于最初的 RTL 重新建立层次。这个值允许跨越边界进行优化。为了分析方便,最终的层次类似于 RTL。

3) -gate_clock_conversion:该选项用于打开或关闭综合工具对带有使能时钟逻辑的转换,门控时钟转换的使用也要求使用 RTL 属性。

4）–bufg：该选项用于控制综合工具推断设计中需要的全局缓冲（BUFG）的个数。在网表内，如果设计中使用的其他 BUFG 对综合过程是不可见的，使用该选项。

由"-bufg"后面的数字决定工具所能推断出的 BUFG 的个数。例如，如果"-bufg"选项设置为最多 12 个，在 RTL 例化了 4 个 BUFG，则工具还能推断出 8 个 BUFG。

5）-fanout_limit：该选项用于指定在开始复制逻辑之前信号必须驱动的负载个数。这个目标限制通常是引导性质的。该选项不影响控制信号，如置位、复位和时钟使能。如果需要，则使用 max_fanout 告诉工具扇出的寄存器和信号的限制。

6）–directive：该选项用于指定不同的优化策略运行 Vivado 综合过程。"-directive"的选项为"Default"和"RuntimeOptimized"时，更快地运行综合，以及进行较少的优化。

7）-fsm_extraction：该选项用于控制如何提取和映射有限状态机。当该选项为"off"时，将状态机综合为逻辑。用户也可以从"one-hot"、"sequential"、"johnson"、"jzaij"和"auto"选项中指定状态机的编码类型。

8）-keep_equivalent_registers：该选项用于阻止将带有相同逻辑输入的寄存器进行合并。

9）-resource_sharing：该选项用于在不同的信号间共享算数操作符。选项为"auto"时，表示根据设计要求的时序决定是否采用资源共享；选项为"on"时，表示总是进行资源共享；选项为"off"时，表示总是关闭资源共享。

10）-control_set_opt_threshold：该选项用于设置时钟使能优化的门限，以降低控制集的个数。给定的值是扇出的个数，Vivado 工具将把这些控制设置移动到一个 D 触发器的逻辑中。如果扇出比这个数值多，则工具尝试让信号驱动寄存器上的"control_set_pin"。

11）-no_lc：当选中该选项时，关闭 LUT 组合，即不允许将两个 LUT 组合在一起构成一个双输出的 LUTs。

12）-shreg_min_size：该选项用于推断将寄存器链接后映射到移位寄存器（SRL）的最小长度。

13）-max_bram：该选项指的是设计中允许块 RAM 的最大值，默认值"-1"表示让工具尽可能选择最大数量的块 RAM。

14）-max_dsp：该选项指的是设计中允许的块 DSP 的最大值，含义与"-max_bram"选项类似。

2.2.3 设计实现流程

1. 设计实现

实现是将综合输出的网表文件翻译成所选器件的底层模块与硬件原语，将设计映射到 FPGA 器件结构上，进行布局布线，达到利用选定器件实现设计的目的。

在 Xilinx ISE 设计套件中，FPGA 的设计实现过程分为三部分：翻译（Translate）、映射（Map）、布局布线（Place & Route），在其运行过程中，会与存储在硬盘的相关文件有大量的数据交换。翻译的主要作用是将综合输出的逻辑网表翻译为特定的 Xilinx 器件的底层结构和硬件原语；映射的主要作用是将设计映射到具体型号的 Xilinx 器件上（如 LUT、FF、Carry 等）；布局布线是调用布局布线器，根据用户约束和物理约束，对设计模块进行实际的

第 2 章 软件平台介绍

布局，并根据设计连接，对布局后的模块进行布线，产生 FPGA 配置文件。

而在 Vivado 中，实现的细节有很大的不同，Vivado 的实现流程是一系列运行于内存的数据库之上的 Tcl 命令，具有更大的灵活性和互动性，Vivado 与 ISE 设计实现比较如表 2.5 所示。

表 2.5 Vivado 与 ISE 设计实现对比

ISE 工具实现流程：可执行	Vivado 工具实现流程		基于项目	非项目批作业
	Tcl 指令			
ngcbuild	Link_design	对设计进行翻译，应用约束条件		
map	Opt_design	逻辑优化，使其更容易适配到目标器件	自动使能	可选，但推荐
	Power_opt_design	功率优化，降低目标器件的功耗要求	可选	可选
	Place_design	在目标器件上进行布局		
	Phys_opt_design	物理优化，即布局后时序驱动的优化	可选	可选
par	Route_design	在目标器件上进行布线	normal	Re-Entrant
trce	Report_timing_summary	分析时序，生成时序分析报告		
bitgen	Write_bitstream	生成比特流文件		

2. Vivado 设计实现选项

在 "Flow Navigator" 流程浏览器窗口界面下，展开 "Implementation" 选项，鼠标左键单击 "Implementation Settings" 选项，弹出项目实现属性设置对话框，如图 2.23 所示。

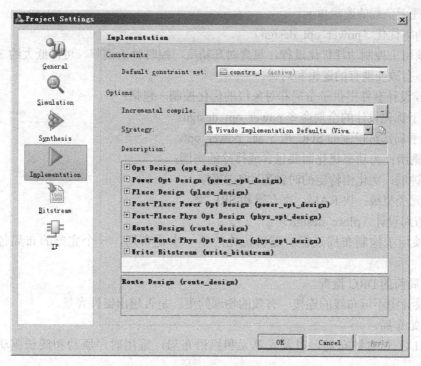

图 2.23 项目实现属性设置对话框

3. 策略选项

Vivado 设计套件包含多个预定义的综合策略,用户也可以根据自己的需求创建策略。根据策略的目的,将其分解为不同的类,类的名字作为策略的前缀。表 2.6 给出了综合策略类别和用途。

表 2.6 综合策略分类和用途

类 别	用 途
Performance	提高设计性能
Area	减少 LUT 个数
Power	添加功耗优化
Flow	修改流程步骤
Congestion	减少阻塞和相关的问题

4. 实现过程选项

(1) 网表优化(opt_design)

该选项用于控制逻辑优化过程,为布局提供优化的网表,对综合后的 RTL、IP 模块整合后的网表进行深度优化。

- 对输入的网表文件进行逻辑整理。
- 利用常数传播技术(propconst)移除不必要的静态逻辑。
- 重新映射 LUT 方程。
- 清理无负载的逻辑单元。

(2) 功率优化(power_opt_design)

该选项用于控制功耗优化过程,包含对高精度门控时钟的调整,可降低大约 30%功耗。这种优化不会改变现有的逻辑和时钟。

Vivado 设计套件提供了全局和对象级的优化控制,包括:

1) 用于优化设计的全局命令 power_opt_design;
2) 用于局部级控制的 SDC 指令 set_power_opt。

- 实例级:为功率优化而要包含或排除的实例;
- 时钟域:优化由特定的时钟驱动的实例;
- 单元类型级:块 RAM、寄存器和 SRL 等。

(3) 布局设计(place_design)

该选项用于控制布局过程。逻辑优化的下一步是布局,一个完整的布局包括以下主要阶段:

1) 布局前的 DRC 检查。

检查设计中不可布线的连接、有效的物理约束、是否超出器件容量。

2) 开始布局。

执行 I/O 和时钟布局,以及宏单元和原语布局,采用时序驱动和线长驱动及拥塞判别策略。

第 2 章 软件平台介绍

3）细节布局。

改善小的"形态"，触发器和 LUT 的位置，提交到位置点，即封装进 Slice。

4）提交后的优化。

（4）物理优化（phys_opt_design）

该选项用于布局后时序驱动的优化，对高扇出带负裕量网线的驱动进行复制和布局，如果改善时序只执行复制，裕量必须在临界范围内，接近最坏负裕量的 10%。

物理优化在布局设计和布线设计之间使用，在基于项目和非项目批作业流程中都是可用的，并可以在 GUI 的设置界面中关闭。

（5）布线设计（route_design）

该选项用于控制布线过程，布线器在全面布线阶段包含以下步骤。

1）执行特殊网线和时钟的布线。

2）进行时序驱动的布线。优先考虑建立/保持路径的关键性，交换 LUT 输入来改善关键路径，修复保持时间违反规则的布线。

布线有如下两种模式。

1）默认的正常布线模式：布线器开始已布局的设计，达到全部网线的布线。

2）只对非项目批作业流程的布线模式：布线器可以布线/不布线，以及锁定/不锁定指定的网线。

（6）生成比特流文件（write_bitstreanm）

该选项用于生成比特流文件。

2.3 硬件描述语言

硬件描述语言（Hardware Description Language，HDL）是一种用形式化方法来描述数字电路和系统的语言，类似于一般的计算机高级语言的语言形式和结构形式。数字电路系统的设计者利用 HDL 可以从上层到下层（从抽象到具体）逐层描述自己的设计思想，用一系列分层次的模块来表示极其复杂的数字电路系统。然后利用 EDA 工具逐层进行仿真验证，再利用自动综合工具把 HDL 描述的系统转换到门级电路网表。接下来使用 FPGA 自动布局布线工具把网表文件转换为具体电路布线结构的实现。硬件描述语言非常适合复杂的数字电路系统设计。

硬件描述语言已经有近 30 年的发展历史，并成功地应用于数字电路系统的设计、建模、仿真、验证和综合等各个阶段，使设计过程达到高度自动化。到 20 世纪 80 年代，已经出现了上百种硬件描述语言，它们曾极大地促进和推动了设计自动化的发展。然而，这些语言一般各自面向特定的设计领域和层次，而且众多的语言令使用者无所适从。因此，急需一种面向设计的多领域、多层次和普遍认同的标准硬件描述语言。最终，VHDL 和 Verilog HDL 语言适应了这种趋势的要求，先后成为 IEEE 标准。

VHDL 的全称为"超高速集成电路硬件描述语言"（Very-high-speed integrated circuit Hardware Description Language），1987 年被 IEEE 确认为标准硬件描述语言。与 Verilog HDL 相比，VHDL 语言具有更强的行为描述能力、丰富的仿真语句和库函数，语法严格，书写规则较烦琐，入门较难。

Verilog HDL 是目前应用最广泛的一种硬件描述语言，用于数字电路系统设计。该语言允许设计者进行各种级别的逻辑设计，进行数字逻辑系统的仿真验证、时序分析和逻辑综合。Verilog HDL 于 1995 年被 IEEE 确认为标准硬件描述语言，即 Verilog HDL1364—1995；2001 年 IEEE 发布了 Verilog HDL1364—2001 标准，加入了 Verilog HDL-A 标准，使 Verilog 有了模拟设计描述的能力。2005 年 System Verilog IEEE 1800—2005 标准的发布更使得 Verilog 语言在综合、仿真验证和模块的重用等性能方面都有大幅度的提高。Verilog HDL 具有 C 语言的描述风格，是一种比较容易掌握的语言，语言自由，但是初学者容易出错。

Verilog HDL 和 VHDL 作为描述硬件电路设计的语言，其共同的特点是：能抽象表示电路的行为和结构，支持逻辑设计中层次与范围的描述，可借用高级语言的精巧结构来简化电路行为的描述，具有电路仿真与验证机制以保证设计的正确性，支持电路描述由高层到低层的综合转换，硬件描述与实现工艺无关，便于文档管理，易于理解和移植等。VHDL 对大小写不敏感，Verilog HDL 对大小写敏感。VHDL 的注释为--，Verilog 的注释与 C 语言相同，为//或/**/。

2.3.1 VHDL 简介

一个完整的 VHDL 程序包括实体（entity）、结构体（architecture）、配置（configuration）、包集合（package）和库（library）5 个部分。在 VHDL 程序中，实体和结构体这两个基本结构是必需的，它们可以构成最简单的 VHDL 程序。实体用于描述电路器件的外部特性；结构体用于描述电路器件的内部逻辑功能或电路结构；包集合存放各设计模块都能共享的数据类型、常数和子程序等；配置用于从库中选取所需单元来组成系统设计的不同版本；库存放已经编译的实体、结构体、包集合和配置。

1. 实体

实体是 VHDL 程序设计的基本单元。实体声明是对设计实体与外部电路进行接口的描述，以及定义所有输入端口和输出端口的基本性质，是实体对外的一个通信界面。根据 IEEE STD 1076_1987 的语法，实体声明以关键词 entity 开始，由 end entity 或 end 结束，关键词不分大写和小写。实体声明语句结构如下：

```
entity 实体名 is
    [generic（类属参量）；]
    [port（端口说明）；]
end entity 实体名；
```

（1）实体名

实体名由用户自行定义，最好根据相应电路的功能来确定。例如 4 位二进制计数器，实体名可定义为 counter4b；8 位二进制加法器，实体名可定义为 adder8b 等。需要注意的是，一般不用数字或中文定义实体名，也不能将 EDA 工具库中已经定义好的元件名作为实体名，如 or2、latch 等。

(2) 类属参量

类属参量是实体声明中的可选项,放在端口说明之前。它是一种端口界面常数,常用来规定端口的大小、实体中子元件的数目及实体的定时特性等。类属参量的值可由实体的外部提供,用户可以从外面通过重新设定类属参量来改变一个实体或一个元件的内部电路结构和规模。

(3) 端口说明

端口为实体和其外部环境提供动态通信的通道,利用 port 语句可以描述设计电路的端口和端口模式。其一般书写格式为:

    port(端口名:端口模式 数据类型;
          端口名:端口模式 数据类型;
          ...);

1) 端口名

端口名是用户为实体的每一个对外通道所取的名字,通常为英文字母加数字的形式。名字的定义有一定的惯例,如 clk 表示时钟,D 开头的端口名表示数据,A 开头的端口名表示地址等。

2) 端口模式

可综合的端口模式有 4 种,分别为 IN、OUT、INOUT 和 BUFFER,用于定义端口上数据的流动方向和方式,具体描述如下:

IN 定义的通道为单向输入模式,规定数据只能通过此端口被读入实体中。

OUT 定义的通道为单向输出模式,规定数据只能通过此端口从实体向外流出,或者可以说将实体中的数据向此端口赋值。

INOUT 定义的通道为输入输出双向端口,即从端口的内部看,可以对此端口进行赋值,也可以通过该端口读入外部数据信息,如 RAM 的数据端口、单片机的 I/O 口。

BUFFER 定义的通道为缓冲模式,功能与 INOUT 类似,主要区别在于当需要输入数据时,只允许内部回读输出的信号,即允许反馈。缓冲模式用于在实体内部建立一个可读的输出端口。例如,计数器的设计,可以将计数器输出的计数信号回读,作为下一次计数的初值。与 INOUT 模式相比,BUFFER 回读(输入)的信号不是由外部输入的。

2. 结构体

结构体描述了实体的结构、行为、元件及内部连接关系,即定义了设计实体的功能,规定了实体的数据流程,制定了实体内部元件的连接关系。结构体是对实体功能的具体描述,一定要跟在实体的后面。

结构体一般分为两部分:第一部分是对数据类型、常数、信号、子程序和元件等因素进行说明的部分;第二部分是描述实体的逻辑行为,以各种不同的描述风格表达的功能描述语句,包括各种顺序语句和并行语句。结构体声明语句结构如下:

    architecture 结构体名 of 实体名 is
        [定义语句]

```
begin
    [功能描述语句]
end 结构体名;
```

(1) 结构体名

结构体名由用户自行定义,of 后面的实体名指明了该结构体所对应的是哪个实体,有些设计实体有多个结构体,但结构体名不可以相同,通常用 dataflow(数据流)、behavior(行为)、structural(结构)命名。上述三个名称体现了三种不同结构体的描述方式,便于阅读 VHDL 程序时直接了解设计者采用的描述方式。

(2) 结构体信号定义语句

结构体信号定义语句必须放在关键词 architecture 和 begin 之间,用于对结构体内部将要使用的信号、常数、数据类型、元件、函数和过程加以说明。结构体定义的信号为该结构体的内部信号,只能用于这个结构体中。

结构体中的信号定义和端口说明一样,应有信号名称和数据类型定义。由于结构体中的信号是内部连接用的信号,因此不需要方向说明。

(3) 结构体功能描述语句

结构体功能描述语句位于 begin 和 end 之间,具体描述了结构体的行为及其连接关系。结构体的功能描述语句可以含有 5 种不同类型的并行语句。每一语句结构内部可以使用并行语句,也可以使用顺序语句。

3. 库

库用来存储已经完成的程序包等 VHDL 设计和数据,包含各类包定义、实体、结构体等。在 VHDL 中,库的说明总是放在设计单元的最前面。这样,设计单元内的语句就可以使用库中的数据,便于用户共享已经编译过的设计结果。

(1) 库的语法

库的语法采用 use 语句,通常有以下两种格式:
- use 库名.程序包名.项目名;
- use 库名.程序包名.all;

第一种语句格式的作用是向本设计实体开放指定库中的特定程序包内的选定项目;第二种语句格式的作用是向本设计实体开放指定库中的特定程序包内的所有内容。

(2) 常见的库

1) IEEE 库

IEEE 库中包含以下 4 个包集合。
- STD_LOGIC_1164:标准逻辑类型和相应函数。
- STD_LOGIC_ARITH:数学函数。
- STD_LOGIC_SIGNED:符号数学函数。
- STD_LOGIC_UNSIGNED:无符号数学函数。

2) STD 库

STD 库是符合 VHDL 标准的库,使用时不需要显式声明。

3) ASIC 矢量库

各个公司提供的 ASIC 逻辑门库。

4) WORK 库

WORK 库为现行作业库，存放用户的 VHDL 程序，是用户自己的库。

此外，VHDL 语法比较规范，对任何一种数据对象（信号、变量、常数）必须严格限定其取值范围，即明确界定对其传输或存储的数据类型。在 VHDL 中，有多种预先定义好的数据类型，如整数数据类型 INTEGER、布尔数据类型 BOOLEAN、标准逻辑位数据类型 STD_LOGIC 和位数据类型 BIT 等。数据类型的定义包含在 VHDL 标准程序包 STANDARD 中，而程序包 STANDARD 包含于 VHDL 标准库 STD 中。

VHDL 要求赋值符"<="两边的信号数据类型必须一致。VHDL 共有七种基本逻辑操作符，分别为 AND（与）、OR（或）、NAND（与非）、NOR（或非）、XOR（异或）、XNOR（同或）和 NOT（取反）。信号在这些操作符的作用下，可构成组合电路。逻辑操作符所要求的操作对象的数据类型有三种，即 BIT、BOOLEAN 和 STD_LOGIC。

2.3.2 Verilog HDL 简介

Verilog HDL 是一种用于数字电路系统设计的语言，既是一种行为描述的语言，也是一种结构描述的语言。Verilog HDL 可以在系统级（system）、算法级（algorithm）、寄存器传输级（RTL）、逻辑级（logic）、门级（gate）和电路开关级（switch）等多种抽象设计层次上描述数字电路。

- 系统级：用语言提供的高级结构能够实现待设计模块的外部性能的模型。
- 算法级：采用类似于 C 语言一样的 if、case 和 loop 等语句，实现算法行为的模型。
- 寄存器传输级：采用布尔逻辑方程，描述数据在寄存器之间的流动和如何处理、控制这些数据流动的模型。
- 门级：描述逻辑门及逻辑门之间连接的模型。
- 电路开关级：描述器件中三极管和存储节点及它们之间连接的模型。

运用 Verilog HDL 设计一个系统时，一般采用自顶向下的层次化、结构化设计方法。自顶向下的设计是从系统级开始，把系统划分为基本单元，然后把每个基本单元划分为下一层次的基本单元，一直进行划分，直到可以直接用 EDA 元件库中的基本元件来实现为止。该设计方法的优点是，在设计周期开始之前进行系统分析，先从系统级设计入手，在顶层划分功能模块将系统设计分解成几个子设计模块，对每个子设计模块进行设计、调试和仿真。由于设计的仿真和调试主要是在顶层完成的，所以能够早期发现结构设计上的错误，避免设计工作上的浪费，同时减少了逻辑仿真的工作量。自顶向下的设计方法使几十万门其至几百万门规模的复杂数字电路的设计成为可能，同时避免了不必要的重复设计，提高了设计效率。

一个复杂数字电路系统的完整 Verilog HDL 模型是由若干个 Verilog HDL 模块构成的，每一个模块又可以由若干个子模块构成。因此模块（module）是 Verilog 的基本单元。

1. 模块

一个模块是由两部分组成的：一部分描述接口，另一部分描述逻辑功能，即定义输入是如何影响输出的。模块的结构如下：

  module 模块名（端口）；
   （端口列表及定义）；
   assign （描述电路器件的内部逻辑功能或电路结构）；
  endmodule

所有的 Verilog 程序都以 module 声明语句开始，模块名用于命名该模块，一般与实现的功能对应。每个 Verilog 程序包括 4 个主要部分：端口定义、I/O 说明、内部信号声明和功能定义。下面举例进行说明，一个简单的模块结构组成如图 2.24 所示，其中图 2.24（a）为逻辑电路图，图 2.24（b）为与之对应的程序模块。该实例中，模块名为 block，模块中的第二、第三行定义了接口的信号流向，输入端口为 a 和 b，输出端口为 c 和 d。模块的第四、第五行说明了模块的逻辑功能，分别实现了与门和或门的输出。

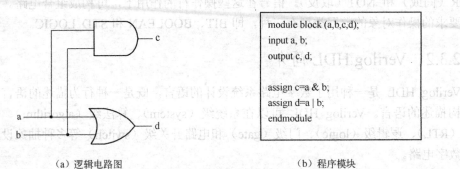

（a）逻辑电路图　　　　　　　　　　（b）程序模块

图 2.24　模块结构的组成

（1）模块的端口定义

模块的端口声明了模块的输入端口和输出端口，其格式为：

  module 模块名（端口名1，端口名2，端口名3...）；

（2）I/O 说明

I/O 说明指的是模块输入/输出说明，I/O 说明的格式为：

  输入端口：input [信号位宽-1:0] 端口名；
  输出端口：output [信号位宽-1:0] 端口名；
  输入输出口：inout [信号位宽-1:0] 端口名；

I/O 说明也可以写在端口声明语句里，其格式为：

  module 模块名（input 端口名1，input 端口名2，...
       output 端口名1，output 端口名2...）

（3）内部信号说明

内部信号说明指的是模块内部用到的和与端口有关的 wire 和 reg 类型变量的声明。

  例如：reg [7:0] out;　　//定义了 out 的数据类型为寄存器类型

(4) 功能定义

模块中最重要的部分是逻辑功能定义部分。有三种方法可以在模块中描述要实现的逻辑功能。

1) 使用 "assign" 声明语句

这种方法的句法很简单，只需写一个 "assign"，后面再添加一个方程式即可。

例如：assign a = b & c；描述了一个有两个输入的与门。

2) 使用实例元件

Verilog-HDL 提供了一些基本的逻辑门模块，如与门（and）、或门（or）等。采用实例元件的方法像在电路原理图输入方式下调入库元件一样，直接输入元件的名字和相连的引脚即可。使用实例元件的语句，就不必重新编写这些基本逻辑门的程序，简化了程序。使用实例元件的格式为：

门类型关键字　<实例名>　（<端口列表>）；

例如：and u1（c, a, b）；表示模块中使用了一个和与门（and）一样的名为 u1 的与门，其输入端为 a, b，输出端为 c。

3) 使用 "always" 块语句

例如：

```
always @（posedge clk）
begin
    q = a & b;
end
```

这段代码描述的逻辑功能为：当时钟信号的上升沿到来时，对输入信号 a 和 b 进行逻辑与操作，并将结果送给输出信号 q。

采用 "assign" 语句是描述组合逻辑最常用的方法之一。"always" 块语句既可用于描述组合逻辑，也可描述时序逻辑。always @（<敏感信号列表>）语句的括号内表示的是敏感信号或表达式，即当敏感信号或表达式发生变化时，执行 always 块内的语句。

(5) 模块要点总结

1) 在 Verilog 模块中所有过程块（如 always 块）、连续赋值语句、实例引用都是并行的。例如前述的三个例子分别使用了 "assign" 语句、实例元件和 "always" 块，如果把这三个例子写到一个 Verilog 模块文件中，它们的顺序不会影响实现的功能，因为这三项是同时执行的，也就是并发的。

2) 在 "always" 模块内，逻辑是按照指定的顺序执行的。"always" 块中的语句称为 "顺序语句"，因为它们是顺序执行的，所以 "always" 块也称为 "过程块"。注意：两个或更多的 "always" 模块都是同时执行的，而模块内部的语句是顺序执行的。

3) 只有连续赋值语句 "assign" 和实例引用语句可以独立于过程块而存在于模块的功能定义部分。

4) Verilog 注释之前用//，和 C 语言一样，也可以将注释放在/*...*/之间。Verilog 对大小写敏感,所有关键词都是小写。定义变量时要注意区分大小写。例如,B 和 b 被认为是两个不同的变量。

2. 模块的例化

一个模块可以由几个模块组成,一个模块也可以调用其他模块,形成层次结构。对低层次模块的调用称为模块的例化。

例如,利用模块例化语句描述图 2.25 所示的反相器级联逻辑电路图。

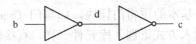

图 2.25 反相器级联逻辑电路图

Verilog 程序如下:

```
module inv1(a, e);
    input a;
    output e;
    assign e = ~a;
endmodule

module test1(b, c);
    input b;
    output c;
    inv1 G1(b, d);              //模块例化
    inv1 G2(.a(d), .e(c));      //模块例化
endmodule
```

模块例化语句的格式为:

例化模块名　例化名　<端口列表>

其中,端口列表中信号的顺序可以采用位置匹配方式,如 inv1 G1 (b, d),实例化时采用位置关联,G1 的 b 对应模块 inv1 的输入端口 a,G1 的 d 对应 inv1 的输出端口 e。如果对应顺序发生错误,结果也会错误。也可以采用信号名匹配方式,如 inv1 G2 (.a(d), .e(c)),当端口列表中的信号比较多时,一般都采用信号名匹配方式。

3. 数据类型

数据类型是用来表示数字电路硬件中的数据储存和传送元素的,Verilog HDL 总共有 19 种数据类型。常用的 4 个基本数据类型是:reg 型、wire 型、integer 型和 parameter 型。

(1) 常量

1) 整数

在 Verilog HDL 中,整型常量即整常数有二进制整数(b 或 B)、八进制整数(o 或 O)、十进制整数(d 或 D)、十六进制整数(h 或 H)。完整的数字表达方式有以下三种:

● <位宽><进制><数字>;这是一种全面的描述方式。

第2章 软件平台介绍

- <进制> <数字>；这种描述方式中，数字的位宽采用默认位宽（由具体机器系统决定，至少为 32 位）。
- <数字>；这种描述方式中，采用默认进制（十进制）。

例如：

```
8`b11001010          //位宽为 8 位的二进制数 11001010
12`o3546             //位宽为 12 位的八进制数 3546
8`ha2                //位宽为 8 位的十六进制数 a2
165                  //位宽为 32 位的十进制数 165
```

2）x 和 z 值

在数字电路中，x 代表不定值，z 代表高阻值。每个字符代表的位宽取决于所用的进制。例如：8`b1010xxxx 和 8`hax 所表示的含义是等价的。z 还有一种表达方式可以写作"？"。在使用 case 表达式时建议使用这种写法，以提高程序的可读性。例如：

```
4`b11x0              //位宽为 4 的二进制数从低位数起第 2 位为不定值
4`b100z              //位宽为 4 的二进制数从低位数起第 1 位为高阻值
12`dz                //位宽为 12 的十进制数，其值为高阻值
8`h4x                //位宽为 8 的十六进制数，其低 4 位值为不定值
```

3）参数（parameter）型

在 Verilog HDL 中，用 parameter 定义一个标识符代表一个常量，称为符号常量，即标识符形式的常量。采用标识符代表一个常量可提高程序的可读性和可维护性。Parameter 型数据的说明格式如下：

parameter 参数名 1=表达式，参数名 2=表达式，……，参数名 n=表达式；

例如：

```
parameter d=15, f=23;                //定义两个常数参数
parameter r=5.7;                     //定义 r 为一个实型参数
parameter average_delay = (r+f)/2;   //用常数表达式赋值
```

参数型常数经常用于定义延迟时间和变量宽度。在模块或实例引用时，可通过参数传递改变在被引用模块或实例中已定义的参数。

（2）变量

变量是一种在程序运行过程中其值可以改变的量，在 Verilog HDL 中有多种数据类型的变量，以下介绍常用的几种类型。

1）wire 型

连线 wire 通常表示一种电气连接，采用连线类型表示逻辑门和模块之间的连线。wire 型数据常用来表示用以 assign 关键字指定的组合逻辑信号。Verilog 程序模块中输入、输出信号类型缺省时，自动定义为 wire 型，其格式如下。

① 表示一位 wire 型的变量：

wire 数据名1，数据名2，…，数据名i；

② 表示多位 wire 型的变量：

wire [n-1:0] 数据名1，数据名2，…，数据名i；
wire [n:1] 数据名1，数据名2，…，数据名i；

其中，[n-1:0]和[n:1]代表了数据的位宽，即该数据有几位。
例如：

wire a, b;   //定义了两个1位的 wire 型数据变量 a 和 b
wire [4:1] c, d;   //定义了两个4位的 wire 型数据变量 c 和 d

wire 型不能出现在过程语句（initial 或 always 语句）中。当采用层次化设计数字系统时，常用 wire 型声明模块之间的连线信号。

2）reg 型

寄存器是数据储存单元的抽象，寄存器数据类型的关键字是 reg。reg 型变量反映具有状态保持功能的变量，在新的赋值语句执行以前，reg 型变量一直保持原值。

reg 型数据常用来表示"always"模块内的指定信号，常代表触发器。在"always"模块内被赋值的每一个信号都必须定义成 reg 型。reg 型数据的格式如下。

① 表示一位 reg 型的变量：

reg 数据名1，数据名2，…，数据名i；

② 表示多位 reg 型的变量：

reg [n-1:0] 数据名1，数据名2，…，数据名i；
reg [n:1] 数据名1，数据名2，…，数据名i；

其中，[n-1:0]和[n:1]代表了数据的位宽，即该数据有几位。

reg rega, regb;   //定义了两个1位的 reg 型数据变量 rega 和 regb
reg [4:1] c, d;   //定义了两个4位的 reg 型数据变量 regc 和 regd

4．运算符及表达式

Verilog HDL 的运算符范围很广，其运算符按其功能可分为以下几类。

（1）算术运算符

+：加法运算符，或正值运算符；
-：减法运算符，或负值运算符；
*：乘法运算符；
/：除法运算符；
%：模运算符。

（2）关系运算符

==：等于；
！=：不等于；

<：小于；
<=：小于等于；
>：大于；
>=：大于等于。

进行关系运算操作时，如果声明的关系是假，则返回值是 0；如果声明的关系是真，则返回值是 1；如果某个操作数的值不确定，则结果是一个不确定值"x"。

（3）逻辑运算符

执行逻辑运算操作时，运算结果是 1 位的逻辑值。

&&：逻辑与；

||：逻辑或；

!：逻辑非。

（4）位运算符

位运算符可将操作数按位进行逻辑运算。

~：取反；

&：与；

|：或；

^：异或；

^~：同或。

位运算符中除了"~"是单目运算符以外，其他的均为双目运算符，即要求运算符两侧各有一个操作数。位运算符中的双目运算符要求对两个操作数的相应位进行运算操作。

逻辑与"&"和"&&"运算的结果是不同的，例如：

  A = 4`b1000 & 4`b0001;   //A = 4`b0000
  B = 4`b1000 && 4`b0001;   //B = 1`b0

逻辑或"|"和"||"运算的结果也是不同的，例如：

  A = 4`b1000 | 4`b0001;   //A = 4`b1001
  B = 4`b1000 || 4`b0001;   //B = 1`b1

（5）移位运算符

>>：右移；

<<：左移。

例如：如果定义 reg [3:0] a，则 a<<1 表示对操作数左移 1 位，自动补 0。

移位之前：

a[3]	a[2]	a[1]	a[0]

移位之后：

a[2]	a[1]	a[0]	0

第3章 FPGA 设计实例

3.1 基于原理图的设计实例

3.1.1 简易数字钟实验原理

1. 实验目的

掌握基于原理图方式的 Vivado 工程设计流程，了解添加 IP 目录并调用其中 IP 的方法。

2. 实验原理介绍

本实验要求基于 XUP A7 板卡设计一个简单的数字钟，能实现计时的功能。由于 XUP A7 板卡的数码管只有 4 位，因此要求数字钟只需要实现计分和秒的功能即可。

要实现秒计数，需要设计一个六十进制秒计数器；要实现分计数，需要设计一个六十进制分计数器。能够实现计数功能的数字芯片很多，本实验选取 74LS90 为核心元器件。

74LS90 是一个二-五-十进制计数器，引脚图如图 3.1 所示，功能表如表 3.1 所示。74LS90 有两个时钟输入端 CP_A 和 CP_B，其中 CP_A 和输出端 Q_A 为第一级触发器的输入、输出端，该级是一个二进制的计数器。CP_B 和 Q_B、Q_C、Q_D 为后三级触发器的时钟输入端和输出端，构成一个五进制的计数器。若将 Q_A 与 CP_B 相连，时钟脉冲从 CP_A 输入，就构成了 8421BCD 码十进制计数器。也可以将 Q_D 与 CP_A 相连，时钟脉冲从 CP_B 输入，构成 5421 码十进制计数器。74LS90 是下降沿触发。它有两个清零端 R_1、R_2 和两个置 9 端 S_1、S_2。只有当 R_1、R_2 同时为高电平且 S_1、S_2 不同时为高电平时，74LS90 的输出才为 0000。在 S_1、S_2 同时为高电平时，无论 R_1、R_2 为何值，输出均为 1001，即为"9"。

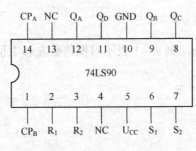

图 3.1 74LS90 引脚图

表 3.1　74LS90 功能表

输入						输出				功能
R_1	R_2	S_1	S_2	CP_A	CP_B	Q_D	Q_C	Q_B	Q_A	
×	×	1	1	×	×	1	0	0	1	置9
1	1	×	0	×	×	0	0	0	0	置0
1	1	0	×	×	×	0	0	0	0	置0
0	0	0	0	↓	×	二进制				计数
0	0	0	0	×	↓	五进制				
0	0	0	0	↓	Q_A	十进制（BCD8421码）				
0	0	0	0	Q_D	↓	十进制（BCD5421码）				

根据 74LS90 的引脚图和功能表，设计的简易数字钟电路原理图如图 3.2 所示。每一片 74LS90 都将 Q_A 与 CP_B 相连，构成 8421BCD 码十进制计数器。其中第（1）片 74LS90 组成十进制秒计数器，实现个位秒计数从 0～9，当该计数器从"1001"跳变到"0000"时，会在 Q_D 端产生一个下降沿时钟脉冲信号。该时钟脉冲信号作为第（2）片 74LS90 的时钟输入端，当十位秒计数器的输出为"0110"时，从输出端 Q_B 和 Q_C 引出反馈信号，经过两输入与门后，产生一个高电平信号，作为秒计数器的清零信号，同时将个位和十位秒计数器清零。与此同时，该信号也作为个位分计数器的时钟输入信号，分计数器的工作原理与秒计数器类似，不再赘述。

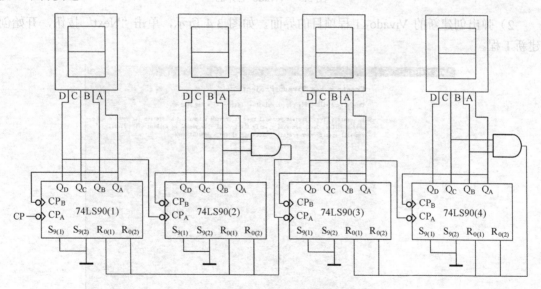

图 3.2　数字钟电路原理图

3.1.2　实验流程

本小节基于 Xilinx Vivado 2014.4 设计套件详细介绍具体实验步骤。

1. 创建新的工程项目

1）打开 Vivado 2014.4 设计开发软件，主界面如图 3.3 所示，选择"Create New Project"选项。

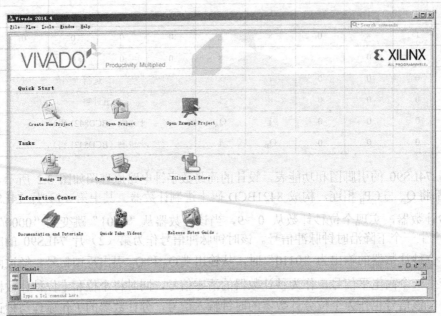

图 3.3　Vivado 主界面

2）弹出创建新的 Vivado 工程项目的界面，如图 3.4 所示，单击"Next"按钮，开始创建新工程。

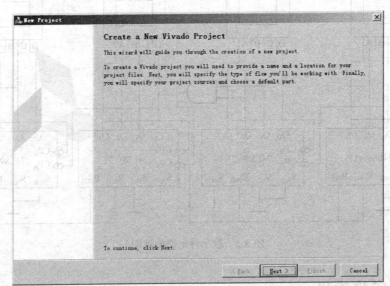

图 3.4　创建新的 Vivado 工程项目界面

3）在新工程项目命名界面中修改工程名称和存放路径，如图 3.5 所示。注意不能出现中文字样。例如，将工程名称修改为"Digital_Clock"，并设置好工程存放路径。同时勾选创建工程子目录的复选框。这样，整个工程文件都将存放在所创建的 Digital_Clock 子目录中，单击"Next"按钮。

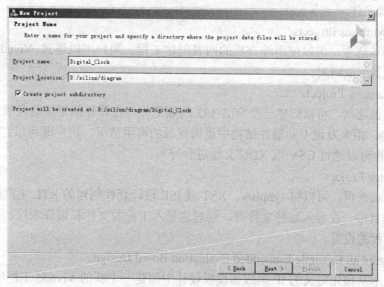

图 3.5 新工程项目命名界面

4）在选择工程项目类型的界面中提供了可选的工程项目类型，如图 3.6 所示。

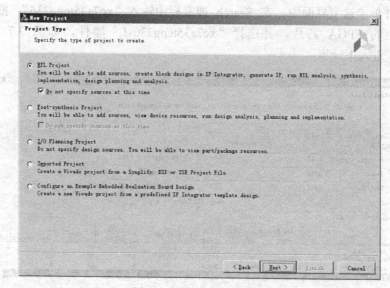

图 3.6 选择工程项目类型

① RTL Project。

用户选择该选项，实现从 RTL 创建、综合、实现到生成比特流文件的整个设计流程。用户可以添加以下文件：

- RTL 源文件；

- Xilinx IP 目录内的 IP 核；
- 用于层次化模块的 EDIF 网表；
- Vivado IP 集成器内创建的块设计；
- DSP 源文件。

② Post-synthesis Project。

用户选择该选项，可以使用综合后的网表创建工程。用户可以通过 Vivado、XST 或第三方的综合工具生成网表。

③ I/O Planning Project。

用户选择该选项，可以创建一个空的 I/O 规划工程，在设计的早期阶段就能执行时钟资源和 I/O 规划，用来发现不同器件结构中逻辑资源的可用情况。用户既可以在 Vivado 中定义 I/O 端口，也可以通过 CSV 或 XDC 文件进行导入。

④ Imported Project。

用户选择该选项，可以将 synplify、XST 或 ISE 设计套件创建的 RTL 工程数据导入到 Vivado 工程项目中。在导入这些文件时，同时也导入工程源文件和编译顺序，但是不导入实现的结果和工程的设置。

⑤ Configure an Example Embedded Evaluation Board Design。

该选项表示从预先定义的 IP 集成器模板设计中创建一个新的 Vivado 工程项目。

本实验选择 RTL 工程，由于该工程项目无须创建源文件，勾选"Do not specify sources at this time"（不指定添加源文件）复选框，单击"Next"按钮。

5）在器件板卡选型界面中，在 Search 搜索栏中输入"xc7a35tcpg236"，搜索本次实验所使用板卡上的 FPGA 芯片，并选择"xc7a35tcpg236-1"器件，如图 3.7 所示。单击"Next"按钮，进入下一步。

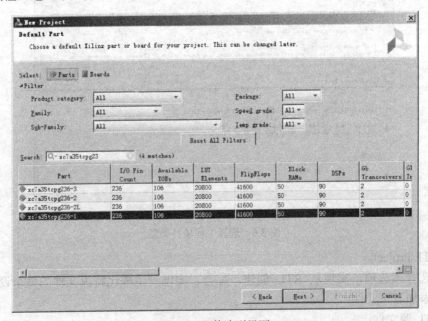

图 3.7　器件选型界面

第 3 章　FPGA 设计实例

6）在新的工程总结对话框中检查工程创建是否有误，如图 3.8 所示。如果正确，则单击"Finish"按钮，完成新工程的创建。

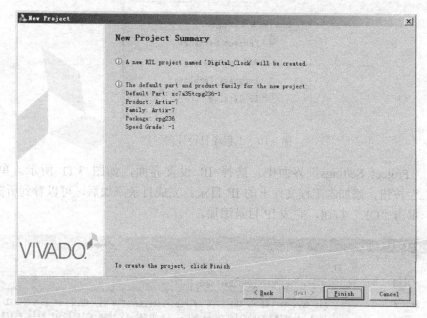

图 3.8　新工程总结对话框

2．添加 IP 文件

工程建立完毕后，需要将 Digital_Clock 工程所需的 IP 目录文件夹复制到本工程文件夹下。本工程需要两个 IP 目录：74LSXX_LIB 与 Interface，添加完成后的本工程文件夹如图 3.9 所示。用户可以通过访问哈尔滨工业大学电工电子实验教学中心的网站 http://eelab.hit.edu.cn，下载本工程所需要的 IP 目录。

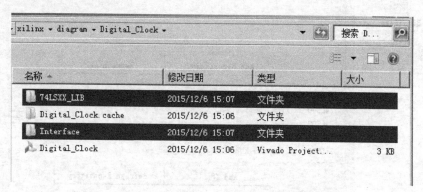

图 3.9　添加 IP 目录后的工程文件夹

1）在 Vivado 设计界面的左侧设计向导栏中单击项目管理"Project Manager"目录下的"Project Settings"选项，进行工程项目设置，如图 3.10 所示。

图 3.10　工程项目设计向导栏

2）在"Project Settings"界面中，选择 IP 设置界面，如图 3.11 所示。单击"Add Repository..."按钮，添加本工程文件下的 IP 目录。完成目录添加后，可以看到所需 IP 已经自动添加，单击"OK"按钮，完成 IP 目录添加。

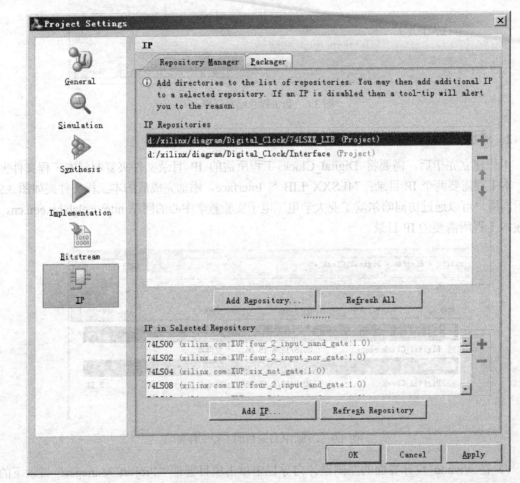

图 3.11　添加 IP 目录

第3章 FPGA设计实例

3. 创建原理图,添加IP,进行原理图设计

1)在项目管理"Project Manager"的IP集成器目录下,单击"Create Block Design"按钮,创建基于IP核的原理图,如图3.12所示。

2)在弹出的创建原理图界面中保持默认,如图3.13所示。单击"OK"按钮,完成创建。

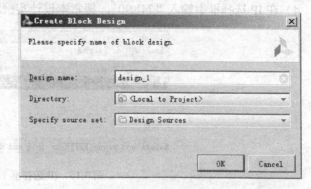

图3.12 流程处理界面——IP集成器　　　　　　图3.13 创建原理图界面

3)在原理图设计界面中有三种方式添加IP,如图3.14所示。

图3.14 添加IP的三种方式

① 在设计刚开始时，原理图界面的最上方有相关提示，可以单击"Add IP"选项，添加 IP。

② 在原理图设计界面的左侧有添加 IP 的快捷键。

③ 在原理图界面中，单击鼠标右键并选择"Add IP"选项。

4）在 IP 选择框中输入"74ls90"，搜索本设计实例所需要的 IP，如图 3.15 所示。

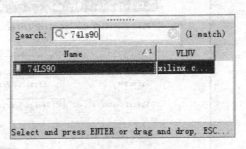

图 3.15　IP 选择框

5）按 Enter 键，或者用鼠标双击该 IP，即可完成添加。工程需要 4 个 74LS90 的 IP，继续添加剩余的 3 个 74LS90，如图 3.16 所示。

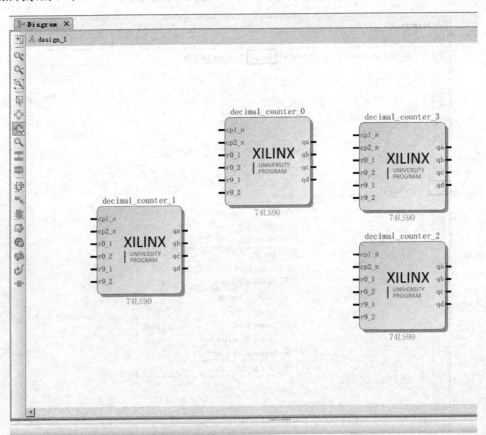

图 3.16　放置 4 个 74LS90 IP

第 3 章 FPGA 设计实例

继续搜索并添加以下 IP 各一个：74LS08、seg7decimal、clk_div。然后添加一个时钟 IP，在 IP 选择对话框中搜索"Clock"，在搜索结果中双击"Clocking Wizard IP"完成添加。双击该时钟 IP，进入时钟 IP 配置界面，如图 3.17 所示。设置输出时钟为两路 100MHz 输出，并在"Output Clock"选项界面下方取消勾选"reset"和"locked"复选框，单击"OK"按钮，完成 Clock IP 配置。

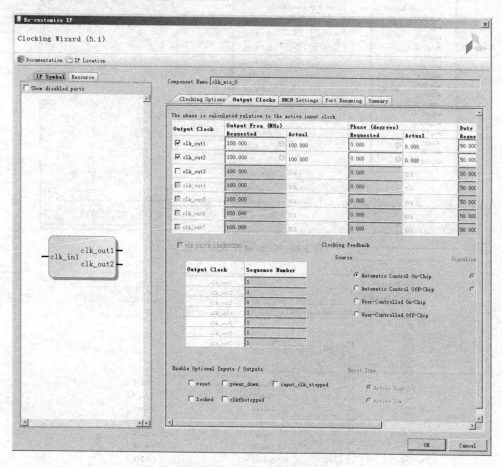

图 3.17 时钟 IP 配置界面

继续添加一个 Concat IP，在 Add IP 中搜索"Concat"，在搜索结果中双击 Concat IP，完成添加。双击该 IP 进入配置界面，如图 3.18 所示。设置"Number of Ports"为 16，然后单击"OK"按钮。

6）添加完 IP 后，进行端口设置和连线操作。连线时，将鼠标移至 IP 引脚附件，鼠标图案变成铅笔状。此时，单击鼠标左键进行拖拽，Vivado 软件提醒用户可以与该引脚相连的引脚或端口。

7）创建端口有两种方式。

① 当需要创建与外界相连的端口时，可以单击鼠标右键，选择"Create Port…"选项，设置端口名称、方向及类型，如图 3.19 所示。

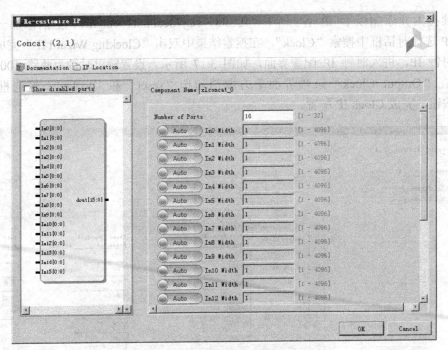

图 3.18 Concat IP 配置界面

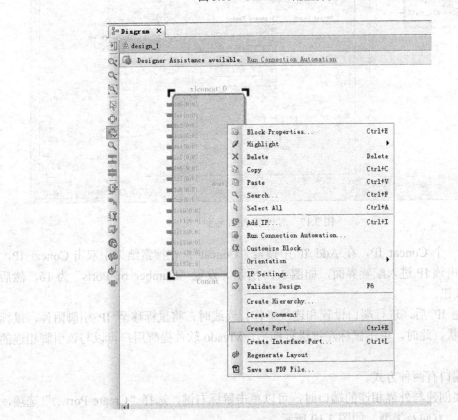

图 3.19 端口设置方式一

② 利用鼠标左键单击选中 IP 的某一引脚，然后单击鼠标右键并选择"Make External..."选项，可自动创建与引脚同名、同方向的端口，如图 3.20 所示。

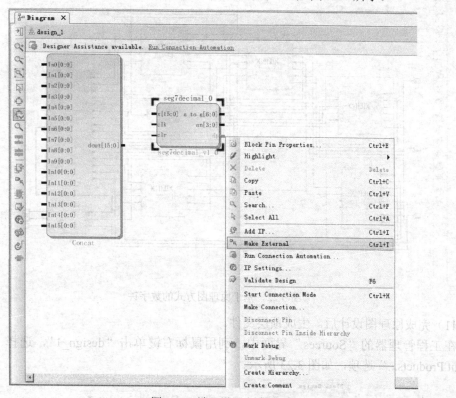

图 3.20　端口设置方式二

8）将 seg7decimal IP 的 clr、a_to_g、an、dp 这 4 个引脚、Clock IP 的 clk_in1 引脚和任意一个 74LS90 IP 的 r9_1 引脚进行"Make External"操作。

9）通过单击端口，可以在"External Port Properties"外部端口属性窗口中修改端口名称，如图 3.21 所示。例如，将端口名称"a_to_g"修改为"seg"，然后按 Enter 键完成修改。按照同样的方式修改"r9_1"为"GND"，修改"clk_in1"为"clk"。

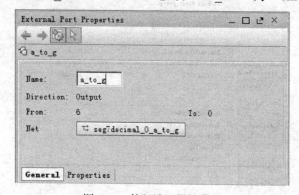

图 3.21　外部端口属性窗口

10）按照图 3.22 所示进行连线。

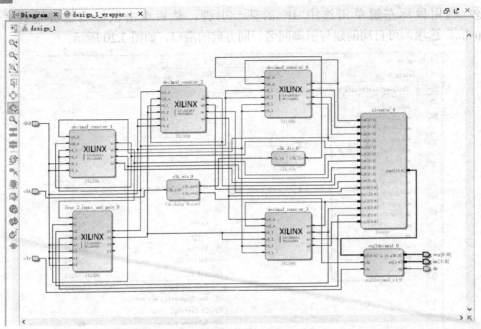

图 3.22 基于原理图方式的数字钟

11）完成原理图设计后，生成顶层文件。

在工程管理器的"Sources"界面中，利用鼠标右键单击"design_1"，选择"Generate Output Products..."选项，如图 3.23 所示。

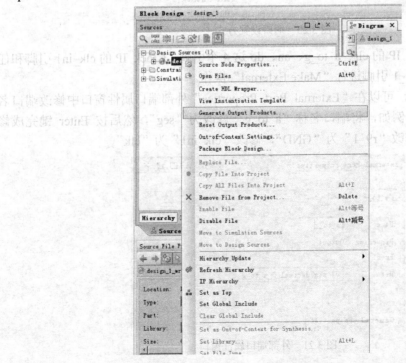

图 3.23 准备生成输出文件

在生成输出文件的界面中单击"Generate"按钮，如图 3.24 所示。

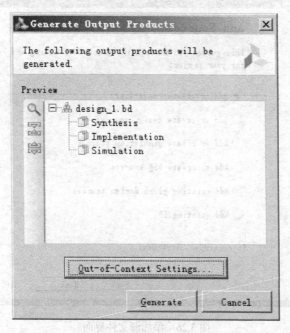

图 3.24　生成输出文件界面

输出文件生成完毕后，再次利用鼠标右键单击 design_1，选择"Create HDL Wrapper"选项，创建 HDL 代码文件，对原理图文件进行实例化。在创建 HDL 文件的界面中，保持默认选项，如图 3.25 所示。单击"OK"按钮，完成 HDL 文件的创建。

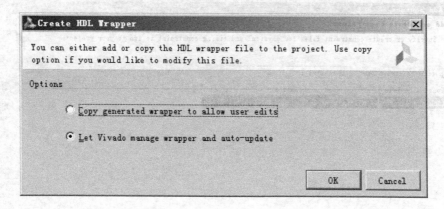

图 3.25　创建 HDL 文件界面

12）至此，原理图设计已经完成。

4．对工程添加引脚约束文件

1）单击"Project Manager"目录下的"Add Sources"选项，选择添加约束文件，如图 3.26 所示。单击"Next"按钮，进入下一步。

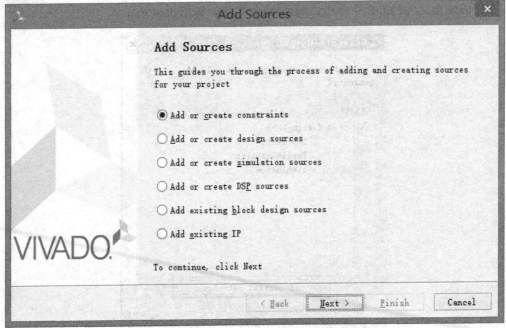

图 3.26 添加源文件界面

2）添加或创建约束文件界面如图 3.27 所示。单击"Add Files"按钮，找到本工程所需约束文件的所在路径，单击"OK"按钮，进行添加。注意：需要勾选"Copy constraints files into project"复选框。

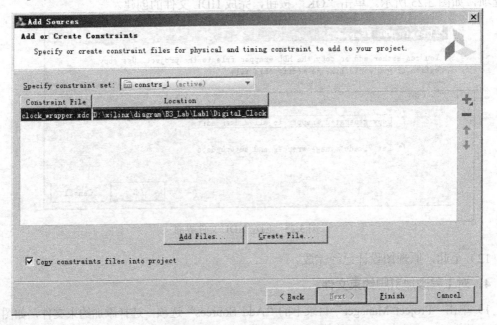

图 3.27 添加或创建约束文件界面

用户也可以创建新的约束文件,单击"Create File"按钮,在弹出的界面中,文件类型选择"XDC",重新修改文件名称。编写引脚约束文件如下:

```
set_property PACKAGE_PIN W5 [get_ports clk]
set_property IOSTANDARD LVCMOS33 [get_ports clk]
set_property PACKAGE_PIN V17 [get_ports clr]
set_property IOSTANDARD LVCMOS33 [get_ports clr]
set_property PACKAGE_PIN V16 [get_ports GND]
set_property IOSTANDARD LVCMOS33 [get_ports GND]
#7 segment display
set_property PACKAGE_PIN W7 [get_ports {seg[0]}]
set_property IOSTANDARD LVCMOS33 [get_ports {seg[0]}]
set_property PACKAGE_PIN W6 [get_ports {seg[1]}]
set_property IOSTANDARD LVCMOS33 [get_ports {seg[1]}]
set_property PACKAGE_PIN U8 [get_ports {seg[2]}]
set_property IOSTANDARD LVCMOS33 [get_ports {seg[2]}]
set_property PACKAGE_PIN V8 [get_ports {seg[3]}]
set_property IOSTANDARD LVCMOS33 [get_ports {seg[3]}]
set_property PACKAGE_PIN U5 [get_ports {seg[4]}]
set_property IOSTANDARD LVCMOS33 [get_ports {seg[4]}]
set_property PACKAGE_PIN V5 [get_ports {seg[5]}]
set_property IOSTANDARD LVCMOS33 [get_ports {seg[5]}]
set_property PACKAGE_PIN U7 [get_ports {seg[6]}]
set_property IOSTANDARD LVCMOS33 [get_ports {seg[6]}]
set_property PACKAGE_PIN V7 [get_ports dp]
set_property IOSTANDARD LVCMOS33 [get_ports dp]
set_property PACKAGE_PIN U2 [get_ports {an[0]}]
set_property IOSTANDARD LVCMOS33 [get_ports {an[0]}]
set_property PACKAGE_PIN U4 [get_ports {an[1]}]
set_property IOSTANDARD LVCMOS33 [get_ports {an[1]}]
set_property PACKAGE_PIN V4 [get_ports {an[2]}]
set_property IOSTANDARD LVCMOS33 [get_ports {an[2]}]
set_property PACKAGE_PIN W4 [get_ports {an[3]}]
set_property IOSTANDARD LVCMOS33 [get_ports {an[3]}]
```

3)单击"Finish"按钮,约束文件添加完毕。

5. 设计综合

在流程处理窗口下找到"Synthesis"选项并展开。在展开项中,选择"Run Synthesis"选项,并单击鼠标左键,开始对项目执行设计综合,如图3.28所示。

设计综合完成后,会弹出如图3.29所示的"Synthesis Completed"(综合完成)对话框,该对话框有三个选项:

● Run Implementation(运行实现过程);
● Open Synthesized Design(打开综合后的设计);
● View Reports(查看报告)。

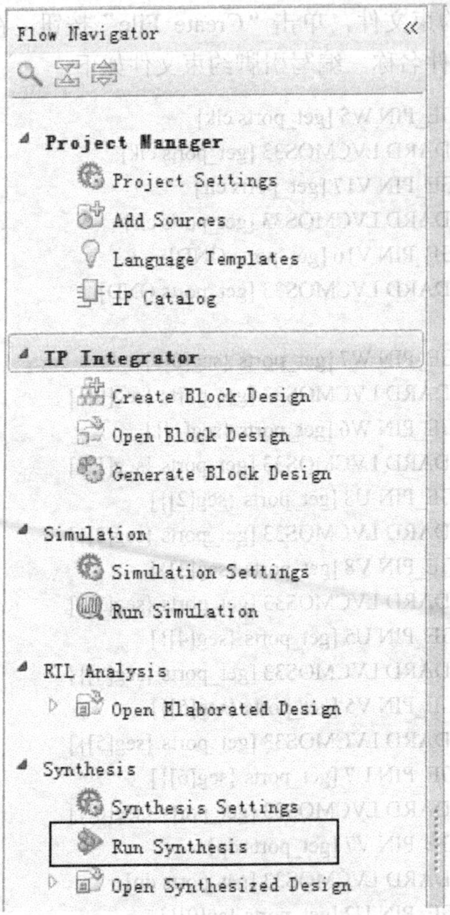

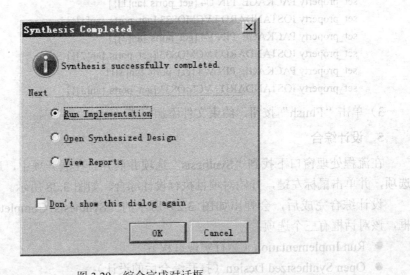

图 3.28 执行设计综合

图 3.29 综合完成对话框

如果用户不需要打开综合后的设计进行查看，选择第一项"Run Implementation"，直接进入设计实现步骤。

如果用户需要查看综合后的设计，首先选择"Open Synthesized Design"选项，单击"OK"按钮。如果之前打开了原理图界面，Vivado 会弹出对话框，提示关闭前面执行"Elaborated Design"所打开的原理图界面，单击"Yes"按钮，Vivado 开始运行打开综合后设计的过程。

运行完上述过程后，可以展开"Synthesized Design"选项，如图 3.30 所示。在综合后设计选项列表中提供了以下选项。

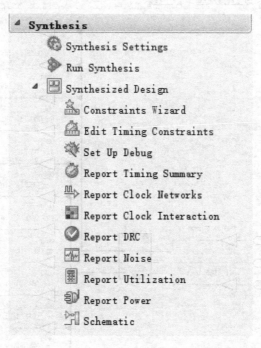

图 3.30 "Synthesized Design"选项列表

- Constraints Wizard（约束向导）。
- Edit Timing Constraints（编辑时序约束）：该选项用于启动时序约束标签。
- Set Up Debug（设置调试）：该选项用于启动设计调试向导，然后根据设计要求添加或删除需要观测的网络节点。
- Report Timing Summary（时序总结报告）：该选项用于生成一个默认的时序报告。
- Report Clock Networks（时钟网络报告）：该选项用于创建一个时钟的网络报告。
- Report Clock Interaction（时钟相互作用报告）：该选项用于在时钟域之间，验证路径上的约束收敛。
- Report DRC（DRC 报告）：该选项用于对整个设计执行设计规则检查。
- Report Noise（噪声报告）：该选项针对当前的封装和引脚分配，生成同步开关噪声分析报告。
- Report Utilization（利用率报告）：该选项用于创建一个资源利用率的报告。

- Report Power（报告功耗）：该选项用于生成一个详细的功耗分析报告。
- Schematic（原理图）：该选项用于打开原理图视图界面。

单击"Schematic"选项，显示了对该设计综合后的原理图视图，如图 3.31 所示。在原理图窗口中，选择的任何逻辑示例都会被加亮显示，双击 design_1 逻辑示例，显示 design_1 子模块综合的原理图。

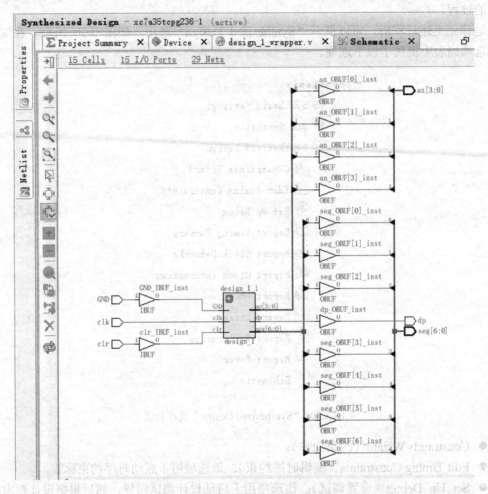

图 3.31　数字钟项目综合的原理图

经过综合之后的设计项目，不仅进行了逻辑优化，而且将 RTL 级推演的网表文件映射到 FPGA 器件的原语，生成新的、综合的网表文件。这种表示为层次和基本元素的互连网表对应于：

1) 模块（Verilog HDL 中的 module）/实体（VHDL 中的 Entity）实例；
2) 基本元素，包括：
- 查找表 LUT、触发器、多路复用器 MUX 等；
- 块 RAM、DSP 单元；
- 时钟元素（BUFG、BUFR、MMCM）；

● I/O 元素（IBUF、OBUF、I/O 触发器）。

6．设计实现

在 Vivado 左侧的流程处理窗口下找到"Implementation"选项，将其展开。在展开项中，用鼠标左键单击"Run Implementation"选项，Vivado 开始执行设计实现过程。

当使用 Tcl 命令执行实现时，在 Tcl 命令行中输入"launch_runs impl_1"脚本命令，也可以运行实现。注意：如果前面已经运行过实现，在重新运行实现之前必须执行"reset_run impl_1"脚本命令，然后再执行"launch_runs impl_1"脚本命令。

设计实现完成后，会弹出如图 3.32 所示的"Implementation Completed"（实现完成）对话框，该对话框有三个选项：

● Open Implemented Design（打开实现后的设计）；
● Generate Bitstream（生成比特流文件）；
● View Reports（查看报告）。

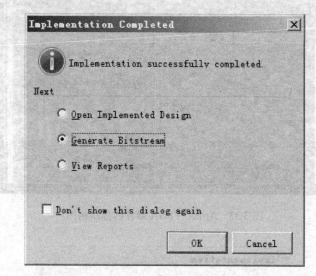

图 3.32　实现完成对话框

如果用户不需要打开实现后的设计进行查看，选择第二项"Generate Bitstream"，直接进入生成比特流文件过程。

如果用户需要查看实现后的设计，首先选择"Open Implemented Design"选项，单击"OK"按钮。在 Vivado 右上角的 Device 标签窗口下出现 Artix-7 FPGA 器件的结构图，如图 3.33 所示。单击该界面左侧一列工具栏内的放大视图按钮，放大该器件视图，可以看到标有橙色颜色方块的引脚，表示在该设计中已经使用这些 I/O 块。继续放大视图，能够看到该设计所使用的逻辑设计资源和内部结构，包括查找表 LUT、多路复用器 MUX、触发器资源等。单击工具栏内的 按钮，并调整视图在窗口中的位置，可以看到该设计的布线，其中绿色的线表示设计中使用的互连线资源。

运行完上述过程后，可以展开"Implemented Design"选项，如图 3.34 所示。

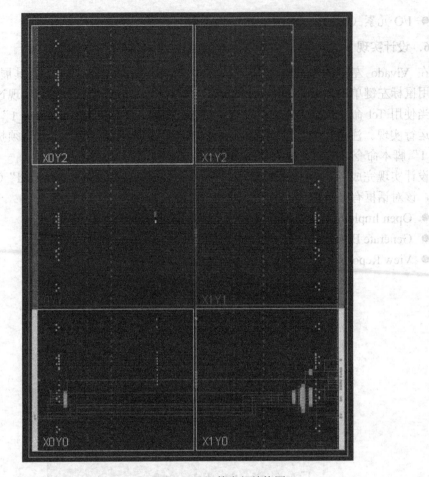

图 3.33　Artix-7 FPGA 器件内部结构图

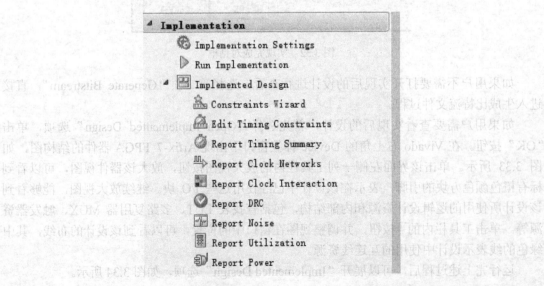

图 3.34　"Implemented Design" 选项列表

7. 生成比特流文件

在 Vivado 左侧的流程处理窗口中找到"Program and Debug"(编程和调试)选项并展开,如图 3.35 所示。在展开项中,单击"Generate Bitstream"选项,开始生成比特流文件。

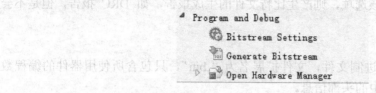

图 3.35 编程和调试选项

如果用户需要对比特流文件进行设置修改,单击"Bitstream Settings"选项,打开的比特流配置界面如图 3.36 所示。默认生成一个二进制比特流(.bit)文件,通过使用下面的命令选项可以改变产生的文件格式。

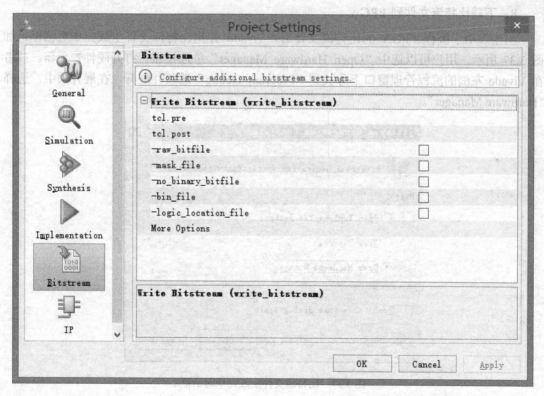

图 3.36 生成编程文件选项

(1) -raw_bitfile

该选项用于产生原始比特文件,该文件包含和二进制比特流相同的信息,但它是 ASCII 格式的。输出文件的扩展名为".rbt"。

(2) -mask_file

该选项用于产生掩码文件。该文件有掩码数据,其配置数据在比特文件中。为了进行验证，掩码文件定义了比特流文件中的哪一位应该和回读数据进行比较。输出文件的扩展名为".msk"。

（3）-no_binary_bitfile

不生成比特文件。使用该选项，则产生比特文件的生成报告，如 DRC 报告，但是不会生成实际的比特文件。

（4）-bin_file

该选项用于创建一个二进制文件，文件扩展名为".bin"，只包含所使用器件的编程数据，而没有标准比特流文件中的头部信息。

（5）-logic_location_file

该选项用于创建一个 ASCII 逻辑定位文件，文件的扩展名为".ll"。该文件给出了锁存器、LUT、BRAM 及 I/O 块输入和输出的比特流位置。帧参考比特和位置文件中的比特数，帮助用户观察 FPGA 寄存器的内容。

8．下载比特流文件到 FPGA

当生成用于编程 FPGA 的比特流文件后，Vivado 弹出比特流文件生成完毕对话框，如图 3.37 所示。用户可以选中"Open Hardware Manager"单选按钮，打开硬件管理器。或者在 Vivado 左侧的流程管理窗口下方找到"Program Debug"选项并展开，在展开项中，选择"Hardware Manager"。

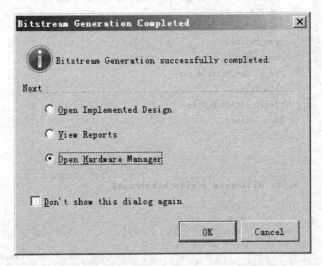

图 3.37　比特流文件生成完毕对话框

此时，在 Vivado 界面上方出现"Hardware Manager-unconnected"界面，如图 3.38 所示。将板卡与计算机相连，并打开开发板的电源开关。单击"Open target"选项，出现浮动菜单。在浮动菜单里执行菜单命令"Open New Target..."。如果之前连接过板卡，可以选择"Recent Targets"选项，在其列表中选择最近使用过的相应板卡。

在打开的新硬件目标界面中，单击"Next"按钮，进入硬件服务器设置界面，如图 3.39 所示。选择"Local server"，单击"Next"按钮，打开服务器。

第 3 章　FPGA 设计实例

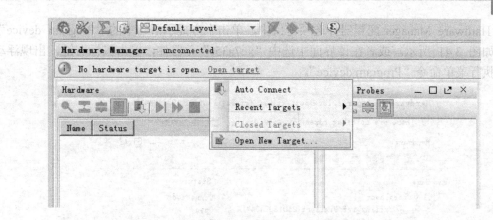

图 3.38　硬件管理器界面

图 3.39　硬件服务器设置界面

然后弹出打开目标硬件对话框，如图 3.40 所示。单击"Next"按钮，弹出"Open Hardware Target Summary"对话框，给出目标硬件的总结信息。单击"Finish"按钮，完成新目标硬件的添加。

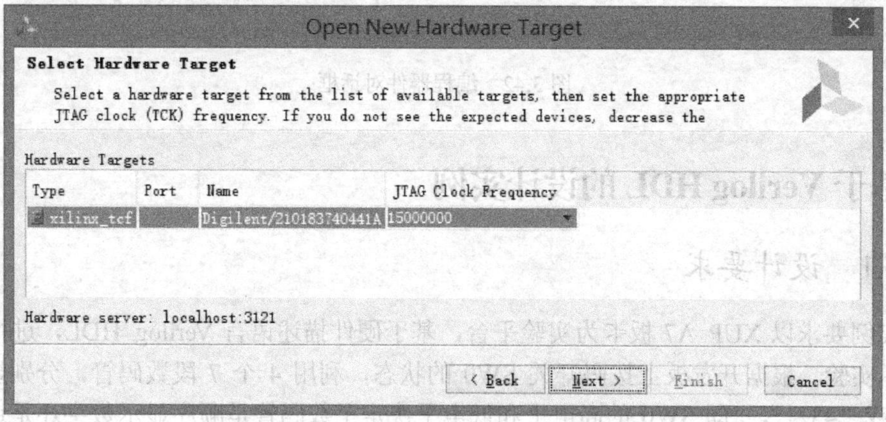

图 3.40　打开目标硬件对话框

在 Hardware Manager 配置器件选项窗口中，单击上方提示语句中的"Program device"选项，如图 3.41 所示。或者在该界面中选中"xc7a35t"元器件，单击鼠标右键，出现浮动菜单，执行菜单命令"Program device"。

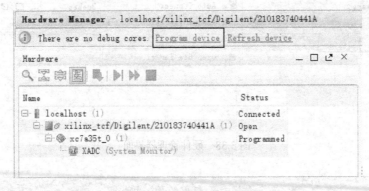

图 3.41　配置器件选项

弹出"Program Device"（编程器件）对话框，如图 3.42 所示。Vivado 自动关联刚刚生成的比特流文件，如果用户需要更改比特流文件的位置，可以在该界面下单击"Bitstream file"右侧的浏览按钮，在弹出的"Open File"对话框中，选择需要的比特流文件。然后单击"Program"按钮进行下载，进行板级验证。下载".bit"文件成功后，可以看到 4 位数码管点亮，并开始计时，低两位代表秒，高两位代表分。

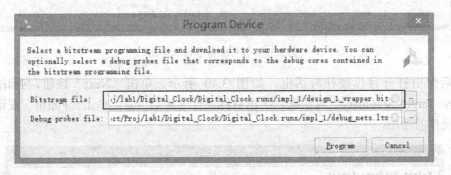

图 3.42　编程器件对话框

3.2　基于 Verilog HDL 的设计实例

3.2.1　设计要求

本实例要求以 XUP A7 板卡为实验平台，基于硬件描述语言 Verilog HDL，进行 7 段数码管显示实验。根据开发板上拨码开关 SW0 的状态，利用 4 个 7 段数码管，分别显示数字"1234"或"4321"，即 SW0 的高电平和低电平决定了数码管是顺序显示数字还是逆序显示数字，当 SW0=1 时，显示"1234"；当 SW0=0 时，显示"4321"。

具体要求如下：

第 3 章 FPGA 设计实例

1）利用 Verilog HDL 进行设计，并给出行为仿真波形；
2）将程序刻录到开发板的 ROM 里面；
3）利用开发板演示实验结果。

3.2.2 实验操作步骤

1．创建新的工程项目

1）打开 Vivado 2014.4 设计开发软件，单击"Create New Project"选项，选择创建新的工程项目。单击"Next"按钮，开始创建工程项目。

2）在"New Project-Project Name"界面，修改工程名称和工程存放路径。例如，将工程项目名称更改为"display_7seg"，同时确保勾选了"Create Project Subdirectory"复选框，单击"Next"按钮。

3）在"Project Type"界面，选择工程项目类型为"RTL Project"，单击"Next"按钮。

4）在"Add Sources"界面，默认不添加源文件，并设置编程语言和仿真语言选项均为"Verilog"。单击"Next"按钮。

5）在"Add Existing IP"界面，不添加 IP 文件。

6）在"Add Constraints"界面，不添加约束文件。

7）在"Default Part"界面，选择 FPGA 芯片型号为 xc7a35tcpg236-1。单击"Next"按钮，查看工程创建概要。

8）在"New Project Summary"界面中，单击"Finish"按钮，完成新工程项目的创建。

2．编写源文件

1）"Sources"源文件窗口如图 3.43 所示，在该窗口，右击"Design Sources"项，出现浮动菜单，执行菜单命令"Add Sources"。弹出"Add Sources"添加源文件界面，选择"Add or Create Design Sources"选项，添加或创建设计源文件。

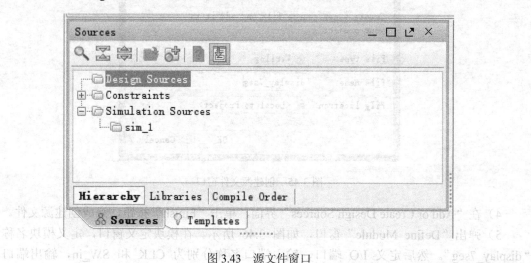

图 3.43 源文件窗口

2)在"Add or Create Design Sources"界面,单击"Create File"按钮,创建源文件,如图 3.44 所示。

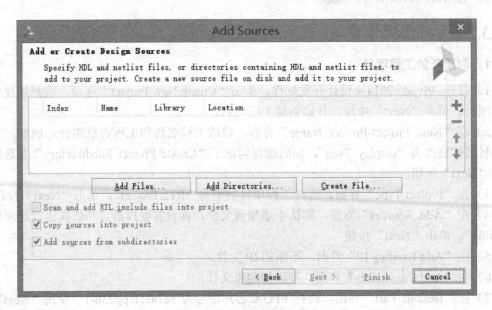

图 3.44 添加或创建源文件界面

3)弹出"Create Source File"界面,如图 3.45 所示。在创建源文件界面中,文件类型选择"Verilog",修改文件名称为"display_7seg",文件位置保持默认设置为"Local to Project"。单击"OK"按钮,回到"Add or Create Design Sources"界面。

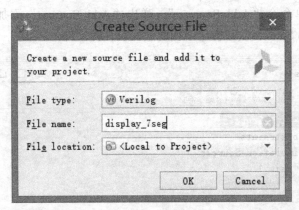

图 3.45 创建源文件窗口

4)在"Add or Create Design Sources"界面,单击"Finish"按钮,完成创建源文件。
5)弹出"Define Module"窗口,如图 3.46 所示。在模块定义窗口,定义模块名称为"display_7seg"。然后定义 I/O 端口,输入端口名称分别为 CLK 和 SW_in,输出端口为 display_out,总线类型,最高有效位(MSB)为 10。单击"OK"按钮,进入下一步。

第3章 FPGA设计实例

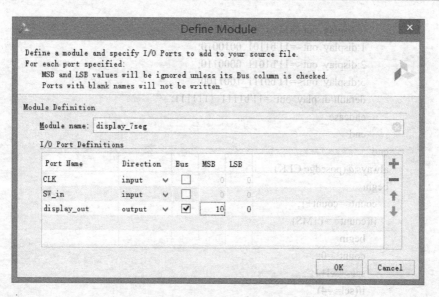

图3.46 模块定义窗口

6) 然后在"Sources"源文件窗口中"Deign Sources"选项的下方，出现了源文件"display_7seg（display_7seg.v）"选项。双击该源文件，弹出程序编写界面。

7) 7段数码管实验的 Verilog HDL 源程序代码如下：

```
module display_7seg(
    input CLK,
    input SW_in,
    output reg[10:0] display_out
);
reg [19:0]count=0;
reg [2:0] sel=0;
parameter T1MS=50000;
always@(posedge CLK)
    begin
        if(SW_in==0)
            begin
            case(sel)
            0:display_out<=11'b0111_1001111;
            1:display_out<=11'b1011_0010010;
            2:display_out<=11'b1101_0000110;
            3:display_out<=11'b1110_1001100;
            default:display_out<=11'b1111_1111111;
            endcase
            end
        else
            begin
            case(sel)
```

```
            0:display_out<=11'b1110_1001111;
            1:display_out<=11'b1101_0010010;
            2:display_out<=11'b1011_0000110;
            3:display_out<=11'b0111_1001100;
            default:display_out<=11'b1111_1111111;
          endcase
        end
    end
    always@(posedge CLK)
    begin
        count<=count+1;
        if(count==T1MS)
          begin
            count<=0;
            sel<=sel+1;
            if(sel==4)
                sel<=0;
          end
    end
endmodule
```

3．新建仿真文件

1）在"Sources"源文件窗口，右击"Design Sources"，出现浮动菜单，执行菜单命令"Add Sources"，打开"Add Sources"添加源文件界面，选择"Add or Create Simulation Sources"选项，添加或创建仿真源文件。

2）在"Add or Create Simulation Sources"界面，单击"Create File"按钮，创建仿真源文件，如图3.47所示。

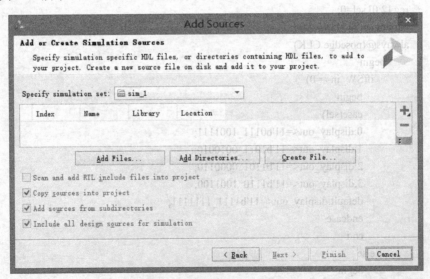

图 3.47　添加或创建仿真源文件界面

第3章 FPGA设计实例

3)打开"Create Source File"创建源文件界面,文件类型选择"Verilog",修改文件名称为"display_7seg_tb",文件位置保持默认设置为"Local to Project"。单击"OK"按钮,回到"Add or Create Simulation Sources"界面。

4)在"Add or Create Simulation Sources"界面,单击"Finish"按钮,完成创建仿真源文件。

5)在弹出的"Define Module"模块定义窗口,定义模块名称为"display_7seg_tb",然后定义 I/O 端口、输入端口名称分别为 CLK 和 SW_in,输出端口为 display_out,总线类型,最高有效位(MSB)为 10。单击"OK"按钮后,在"Sources"源文件窗口的"Simulation Sources"下添加了"display_7seg_test.v"文件,该文件作为仿真测试的源文件。双击"display_7seg_test.v"文件,编写仿真源文件代码如下:

```verilog
module display_7seg_test;
    reg CLK;
    reg SW_in;
    wire[10:0] display_out;
    display_7seg uut (
        .CLK(CLK),
        .SW_in(SW_in),
        .display_out(display_out)
    );
    parameter PERIOD = 20;
    always begin
        CLK = 1'b0;
        #(PERIOD/2);
        CLK = 1'b1;
        #(PERIOD/2);
    end
    initial begin
        SW_in=0;
        #6000000;
        SW_in=1;
        #6000000;
    end
endmodule
```

6)保存"display_7seg_test.v"文件。

4. 仿真分析

1)在 Vivado 设计界面左侧的流程向导窗口找到"Simulation"选项并展开。在展开项中,利用鼠标左键单击"Run Simulation"(运行仿真)选项,出现浮动菜单,选择"Run Behavioral Simulation"选项,如图 3.48 所示。

2)Vivado 开始运行仿真程序,弹出行为仿真的波形界面,如图 3.49 所示。可以看出输入信号 SW_in 在高电平或低电平时间,display_out 并不是恒定的数值,而是变化的,使得 4

个数码管分别显示"4321"或"1234"。

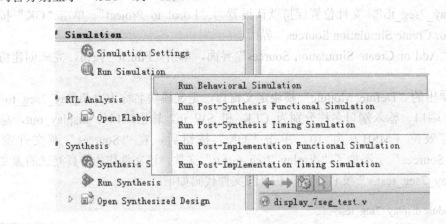

图 3.48 选择运行行为仿真

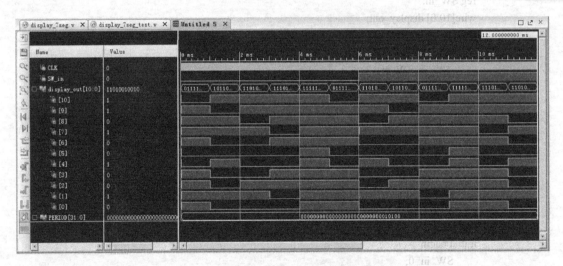

图 3.49 行为仿真波形图

3）仿真界面左侧一列的工具栏用于调整波形和测量波形。单击 （放大）、 （缩小）和 （适合窗口显示）按钮，可以将波形调整到合适的大小。单击 按钮，添加若干标尺，可以测量某两个逻辑信号跳变之间的时间间隔。

4）单击 Vivado 上方工具栏内的按钮，可以控制仿真的运行过程，如图 3.50 所示。例如，在对话框内更改仿真时间为 200ms，单击 按钮，则重新运行仿真程序，仿真结束时间为 200ms。

图 3.50 控制仿真运行时间

5）双击仿真界面中"Name"下方的"display_out[10]"，可以展开或合并该数组，用于查看该变量的每一位数值。

6）退出行为仿真界面。

5．添加引脚约束文件

1）在"Sources"源文件窗口，右击"Design Sources"按钮，出现浮动菜单，执行菜单命令"Add Sources"。弹出"Add Sources"添加源文件界面，选择"Add or Create Constraints"选项，添加或创建约束文件。

2）在"Add or Create Constraints"界面，单击"Create File"按钮，创建约束文件。

3）弹出"Create Constraints File"创建约束文件对话框，如图 3.51 所示。文件类型选择"XDC"，修改文件名称为"display_7seg"，文件位置保持默认设置为"Local to Project"。单击"OK"按钮，回到"Add or Create Constraints"界面。

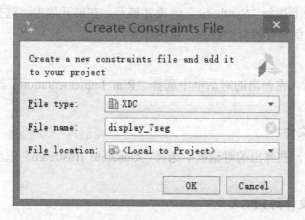

图 3.51　创建约束文件对话框

4）编写引脚约束文件如下：

```
set_property PACKAGE_PIN W5 [get_ports CLK]
set_property PACKAGE_PIN V17 [get_ports SW_in]
set_property IOSTANDARD LVCMOS33 [get_ports SW_in]
set_property IOSTANDARD LVCMOS33 [get_ports CLK]
set_property PACKAGE_PIN W4 [get_ports {display_out[10]}]
set_property PACKAGE_PIN V4 [get_ports {display_out[9]}]
set_property PACKAGE_PIN U4 [get_ports {display_out[8]}]
set_property PACKAGE_PIN U2 [get_ports {display_out[7]}]
set_property PACKAGE_PIN W7 [get_ports {display_out[6]}]
set_property PACKAGE_PIN W6 [get_ports {display_out[5]}]
set_property PACKAGE_PIN U8 [get_ports {display_out[4]}]
set_property PACKAGE_PIN V8 [get_ports {display_out[3]}]
set_property PACKAGE_PIN U5 [get_ports {display_out[2]}]
set_property PACKAGE_PIN V5 [get_ports {display_out[1]}]
set_property PACKAGE_PIN U7 [get_ports {display_out[0]}]
set_property IOSTANDARD LVCMOS33 [get_ports {display_out[9]}]
```

```
set_property IOSTANDARD LVCMOS33 [get_ports {display_out[8]}]
set_property IOSTANDARD LVCMOS33 [get_ports {display_out[7]}]
set_property IOSTANDARD LVCMOS33 [get_ports {display_out[6]}]
set_property IOSTANDARD LVCMOS33 [get_ports {display_out[5]}]
set_property IOSTANDARD LVCMOS33 [get_ports {display_out[4]}]
set_property IOSTANDARD LVCMOS33 [get_ports {display_out[3]}]
set_property IOSTANDARD LVCMOS33 [get_ports {display_out[1]}]
set_property IOSTANDARD LVCMOS33 [get_ports {display_out[2]}]
set_property IOSTANDARD LVCMOS33 [get_ports {display_out[0]}]
set_property IOSTANDARD LVCMOS33 [get_ports {display_out[10]}]
```

6．设计综合

在流程处理窗口下找到"Synthesis"选项并展开。在展开项中，选择"Run Synthesis"选项，并单击鼠标左键，开始对项目执行设计综合。

7．设计实现

设计综合完成后，在弹出的对话框中选择"Run Implementation"选项，执行设计实现过程。

8．生成比特流文件

设计实现完成后，在弹出的对话框中选择"Generate Bitstream"选项，直接进入生成比特流文件过程。

9．下载比特流文件到 FPGA

生成比特流文件后，在弹出的对话框中选择"Open Hardware Manager"选项，进入硬件管理器界面。下载比特流文件到 FPGA 的具体步骤参见 3.1 节。

下面介绍如何将比特流文件刻录到 FPGA ROM 里，这样即使开发板掉电，程序也不会丢失。

1）在 Vivado 左侧的流程处理窗口中找到"Program and Debug"选项并展开。在展开项中，单击"Bitstream Settings"选项，进入比特流配置界面。

2）在比特流配置界面中，勾选"-bin_file"选项，单击"OK"按钮。

3）在"Program and Debug"选项的展开项中单击"Generate Bitstream"选项，重新生成比特流文件。

4）选择"Open Hardware Manager"选项，进入硬件管理器界面。

5）将板卡与计算机相连，并打开开发板的电源开关。

6）单击"Open target"选项，出现浮动菜单。在浮动菜单中，选择"Recent Targets"，Vivado 将自动找到上一次连接过的板卡。

7）将鼠标移动到"Hardware"界面中标有"xc7a35t"字样的位置，右击该 FPGA 芯片，出现浮动菜单。在浮动菜单中，选择"Add Configuration Memory Device"选项，添加存储器配置，如图 3.52 所示。

第 3 章　FPGA 设计实例

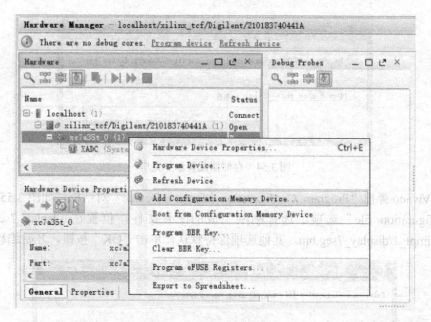

图 3.52　添加存储器配置

8）在存储器配置界面中，搜索板卡使用的 Flash 芯片"s25fl032p-spi-x1_x2_x4"，如图 3.53 所示。单击"OK"按钮，进入下一步。

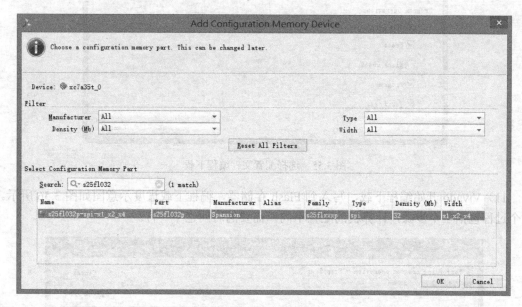

图 3.53　存储器配置

9）Vivado 弹出"Add Configuration Memory Device Completed"对话框，提示用户已经添加了存储器，是否立即运行下载程序，如图 3.54 所示。单击"OK"按钮，进入下一步。

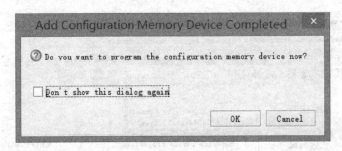

图 3.54　存储器配置添加完毕

10）Vivado 弹出"Program Configuration Memory Device"对话框，如图 3.55 所示。通过"Configuration file"选项，选择刚刚生成的配置文件，位置在 display_7seg/display_7seg.runs/impl_1/display_7seg.bin，其他选项保持默认。单击"OK"按钮，开始编程下载。

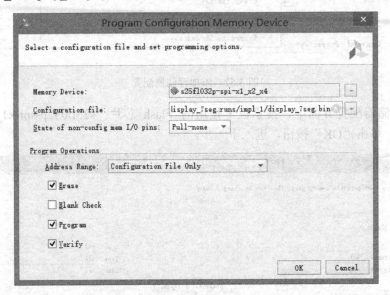

图 3.55　选择配置文件编程下载

11）Vivado 开始编程下载，写入到 Flash 存储器，编程下载进度示意图如图 3.56 所示。整个过程包括三个步骤，计算机的配置不同，需要的时间也不一样。

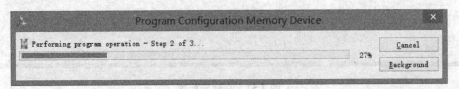

图 3.56　Flash 编程下载进度示意图

12）Flash 存储器编程写入成功后，Vivado 会弹出"Program Flash"对话框，如图 3.57 所示。单击"OK"按钮，完成 Flash 程序下载。

第 3 章 FPGA 设计实例

图 3.57 Flash 编程下载完成

13) 重新打开板卡电源开关，即可看到 4 个数码管显示"1234"，拨动开关 SW0，数码管显示"4321"，从而实现了开发板程序掉电不丢失。

3.3 74 系列 IP 封装设计实例

由于 FPGA 所实现功能的复杂性，若在项目实施过程中独立开发所有的功能模块，则开发任务繁重、工作量大，而且不能保证自我开发的功能模块的正确性，需要经过长时间的测试，影响产品的上市时间。在产品设计和开发过程中，采用成熟且已经验证正确的 FPGA 设计成果，集成到 FPGA 设计中，可以加快开发过程。由于采用的 FPGA 功能设计已经经过验证，可以减少开发过程中的调试时间。

IP 核是 Intelligent Property Core 的简称，是具有知识产权的集成电路芯核，是反复验证过的、具有特定功能的宏模块，与芯片制造工艺无关，可以移植到不同的半导体工艺中。IP 核设计的主要特点是可以重复使用已有的设计模块，缩短设计时间，降低设计风险。在保证 IP 核功能和性能经过验证，且合乎指标的前提下，FPGA 生产厂商和第三方公司都可提供 IP 核。IP 核可作为独立设计的成果被交换、转让和销售，FPGA 生产厂商可将 IP 核集成到开发工具中免费提供给开发者使用，或以 License 方式有偿提供给开发人员。第三方公司设计 IP 核，直接有偿转让给 FPGA 生产厂商或销售给开发者。随着 FPGA 资源规模的不断增加，可实现的系统越来越复杂，采用集成 IP 核完成 FPGA 设计已经成为发展趋势。

3.3.1 IP 核分类

IP 核模块有行为、结构和物理三个不同程度的设计，根据描述功能行为的不同分为三类，即软核（Soft IP Core）、完成结构描述的固核（Firm IP Core）和基于物理描述并经过工艺验证的硬核（Hard IP Core）。

1. 软核

软核通常以 HDL 文本形式提交给用户，它经过 RTL 级设计优化和功能验证，但代码中不涉及任何具体的物理信息。软核在 FPGA 中指的是对电路的硬件语言描述，包括逻辑描述、网表和帮助文档等。软核都经过功能仿真，用户可以综合正确的门电路级设计网表，在此基础上经过布局布线即可使用。软核的优点是与物理器件无关、可移植性强、使用范围广；软核的缺点是在新的物理器件下，使用的正确性不能完全保证，在后续使用过程中存在错误的可能性，有一定的设计风险。目前，软核是 IP 核应用最广泛的形式之一。

2. 固核

固核在 EDA 设计领域指的是带有平面规划信息的网表,介于软核和硬核之间。在 FPGA 设计中可认为固核是带布局规划的软核,通常以 RTL 代码和对应具体工艺网表的混合形式提供。固核不但完成了软核所有的设计,而且完成了门级电路综合和时序仿真等设计环节。相对于软核,固核设计的灵活性和使用范围稍差,但在可靠性上有较大提高。

3. 硬核

硬核是基于半导体工艺的物理设计,已有固定的拓扑布局和具体工艺,并已经过工艺验证,具有可保证的性能。硬核提供给用户的形式是电路物理结构掩膜版图和全套工艺文件,是可以拿来就用的全套技术,设计人员不能对其进行修改。硬核在使用过程中与具体的 FPGA 绑定,且有一些只在部分 FPGA 中提供,因此硬核相对于软核的使用范围较窄。由于硬核集成在 FPGA 中,类似于使用 ASIC,所以硬核的性能较高,可以满足高性能的计算和通信要求。

IP 核的主要来源包括:

1)芯片生产厂家自身积累的专用功能模块,如 Intel CPU、TI DSP 和 ARM CPU 等,芯片设计公司在产品系列发展过程中积累并经过验证的可复用 IP 核;

2)随着 SoC 技术发展而诞生的专业 IP 核提供公司,主要提供市场上应用成熟的 IP 核,并可根据市场需求和技术需求进一步开发市场急需或应用前景广阔的 IP 核;

3)EDA 厂商自主开发,或通过收购其他公司设计的 IP 核,在其开发工具中集成部分 IP 核,以便客户将 IP 核嵌入到系统设计中;

4)非主流其他渠道,如硬件电路开发设计公司自己设计的 IP 核,以有偿方式向其他公司提供。

3.3.2 IP 封装实验流程

本实验以与非门 74LS00 的 IP 封装设计为例,介绍 IP 封装实验流程。与非门是一种应用最广泛的基本变量逻辑门电路,与非门可以转换成任何形式的其他类型的基本逻辑门。74LS00 是 2 输入的与非门,一个 74LS00 芯片内部包含 4 个与非门,引脚图如图 3.58 所示,功能表如表 3.2 所示。

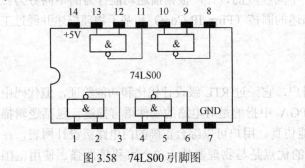

图 3.58 74LS00 引脚图

表 3.2 74LS00 功能表

74LS00		
输 入		输 出
0	1	1
1	0	1
0	0	1
1	1	0

1. 创建新的工程项目

1)打开 Vivado 2014.4 设计开发软件,单击"Create New Project"选项,选择创建新的

第3章 FPGA设计实例

工程项目。单击"Next"按钮，开始创建工程项目。

2）在"New Project-Project Name"界面修改工程名称和工程存放路径。例如，修改项目名称为"74LS00"，同时确保勾选"Create Project Subdirectory"复选框，单击"Next"按钮。

3）在"New Project-Project Type"界面，选择工程项目类型为"RTL Project"，同时勾选"Do not specify sources at this time"复选框，简化工程创建过程，单击"Next"按钮。

4）在"Default Part"界面，选择 FPGA 芯片型号为 xc7a35tcpg236-1。单击"Next"按钮，查看工程创建概要。

5）在"New Project Summary"界面，单击"Finish"按钮，完成新工程项目的创建。

2. 创建或添加设计文件

1）在 Vivado 左侧的"Flow Navigator"流程处理窗口下找到"Project Manager"选项并展开。在展开项中单击"Add Sources"选项，弹出"Add Sources"添加源文件界面。选择"Add or Create Design Sources"选项，添加或创建设计源文件。

2）在"Add or Create Design Sources"界面，如果已经存在设计文件，则单击"Add Files"按钮，否则单击"Create File"按钮。对于本设计实例，单击"Create File"按钮，创建源文件。

3）Vivado 弹出"Create Sources File"界面。在创建源文件界面中，文件类型选择"Verilog"，修改文件名称为"four_2_input_nand"，文件位置保持默认设置为"Local to Project"。单击"OK"按钮，回到"Add or Create Design Sources"界面。

4）在"Add or Create Design Sources"界面已显示刚刚创建的设计文件，单击"Finish"按钮，完成创建源文件。

5）Vivado 弹出"Define Module"窗口，用于定义模块和指定 I/O 端口。直接单击"OK"按钮，进入下一步。

6）Vivado 弹出信息对话框，提示用户该模块未作任何改动，如图 3.59 所示，单击"Yes"按钮。

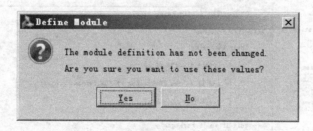

图 3.59 提示用户模块未作任何改动

7）在"Sources"源文件窗口中"Deign Sources"选项的下方，出现了源文件"four_2_input_nand（four_2_input_nand.v）"选项。双击该源文件，弹出程序编写界面。

8）74LS00 基本功能的 Verilog HDL 源程序代码如下：

```
module four_2_input_nand #(parameter DELAY = 10) (
    input wire a1, b1, a2, b2, a3, b3, a4, b4,
```

```
output wire y1, y2, y3, y4
);
    nand #DELAY (y1, a1, b1);
    nand #DELAY (y2, a2, b2);
    nand #DELAY (y3, a3, b3);
    nand #DELAY (y4, a4, b4);
endmodule
```

3．设计综合

在流程处理窗口下找到"Synthesis"选项并展开。在展开项中，选择"Run Synthesis"选项，并单击鼠标左键，开始对项目执行设计综合。

在设计无误的情况下，会弹出"Synthesis Completed"对话框，单击"Cancel"按钮。

4．设置定制 IP 的属性

1）在 Vivado 当前工程主界面左侧的"Flow Navigator"流程处理窗口中，找到并展开"Project Manager"选项。在展开项中，单击"Project Settings"项目设置选项。

2）弹出"Project Settings"对话框，如图 3.60 所示。在该对话框的左侧窗口中，单击"IP"图标。此时，在该对话框的右侧窗口中，选择"Packager"选项卡。在"Packager"选项卡窗口中，设置定制 IP 的库名和目录，按下面参数进行设置：

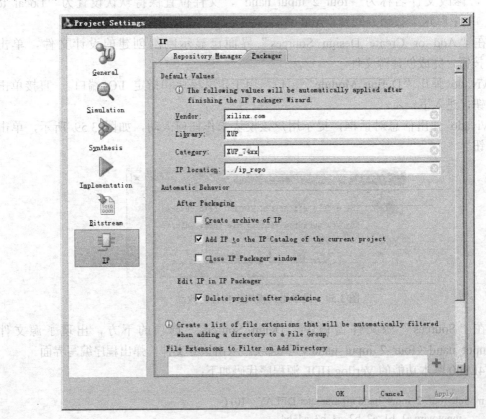

图 3.60　IP 属性设置对话框

Library: XUP;

Category: XUP_74xx;

其他按默认参数设置。

3) 单击"OK"按钮,关闭"Project Settings"对话框。

5. 封装 IP

1) 在 Vivado 当前工程主界面主菜单下,执行"Tool"菜单命令,出现浮动菜单。在浮动菜单里选择"Create and IP Package..."选项。

2) 弹出"Create and Package New IP"对话框,如图 3.61 所示。提示用户通过该 IP 向导,能够在 Vivado 的 IP 目录中封装一个新的 IP,也能够创建一个支持 AXI4 总线协议的外围设备。单击"Next"按钮,进入下一步。

图 3.61 创建和封装 IP

3) 进入"Choose Create Peripheral or Package IP"界面,如图 3.62 所示。

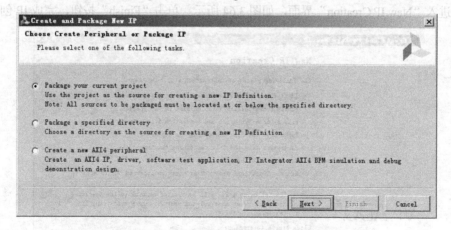

图 3.62 选择创建外围设备或封装 IP 界面

该界面中有如下三个选项。

① "Package your current project" 选项。

将当前的工程项目作为源文件,创建新的 IP。注意:封装的所有源文件必须放置在该工程项目所在的文件夹中。

② "Package a specified directory" 选项。

选择指定的文件夹作为源文件,创建新的 IP。

③ "Create a new AXI4 peripheral" 选项。

创建 AXI4 IP、驱动器、软件测试应用程序、IP 集成器、AXI4 总线功能模型(Bus Functional Model, BFM)仿真和示范设计。

选中 "Package your current project" 单选按钮,单击 "Next" 按钮。

4)进入 "Package Your Current Project" 界面,如图 3.63 所示。通过 "IP location" 选项选择 IP 的路径,用于以后导入 IP 文件。"Include .xci files" 选项表示封装 IP 时仅包含 .xci 文件;"Include IP generated files" 选项表示包括所有 IP 已经生成的网表文件。本设计选中第一个单选按钮,单击 "Next" 按钮。

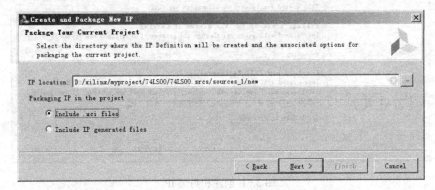

图 3.63　选择 IP 路径

5)进入 "New IP Creation" 界面,如图 3.64 所示。单击 "Finish" 按钮,完成 IP 创建。

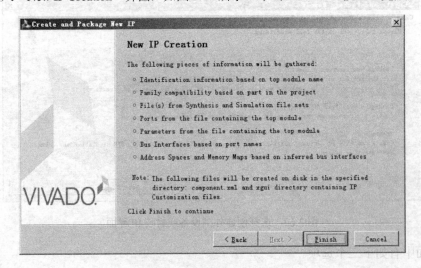

图 3.64　IP 创建完成界面

6)进入"Package IP"界面,如图 3.65 所示。提示用户已经成功实现 IP 封装,单击"OK"按钮。

6. 配置 IP 参数

1)封装 IP 后,在"Sources"窗口下方选择"Hierarchy"标签。此时在该窗口"Design Sources"选项下方出现一个"IP-XACT"字样的文件夹,展开该文件夹,有一个"component.xml"文件,其中保存着封装 IP 的信息,如图 3.66 所示。

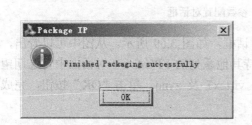

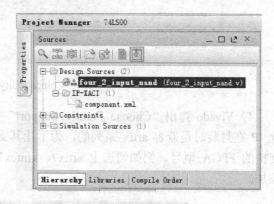

图 3.65 成功实现 IP 封装界面　　　　　图 3.66 显示封装 IP 信息的文件

2)在 Vivado 右侧窗口出现配置 IP 参数的界面。"Identification"参数配置对话框如图 3.67 所示,在该对话框中,可以设置 IP 的基本信息,其中"Categories"和"Library"在前面实验步骤已经设置,"Categories"是导入后 IP 存放的位置。

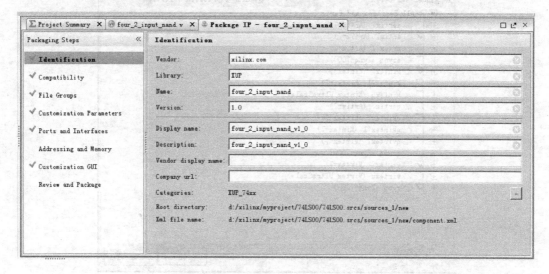

图 3.67 "Identification"参数配置对话框

3)"Compatibility"参数配置对话框用于确认该 IP 支持的 FPGA 类型,如图 3.68 所示。对于该设计实例,除了 artix7 元器件外,还可以添加 zynq 元器件等。在图示对话框中单击鼠标右键，出现浮动菜单，在浮动菜单内执行菜单命令"Add Family..."。

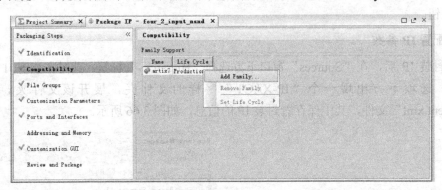

图 3.68 "Compatibility"参数配置对话框

4）Vivado 弹出"Choose Family Support"对话框，如图 3.69 所示。从图中可以看出，此 IP 在封装时是兼容 artix 系列的，为了让其支持其他系列的 FPGA，在对话框中勾选期望支持的 FPGA 型号。例如勾选上 artix7、kintex7、virtex7 及 zynq。单击"OK"按钮，完成添加。

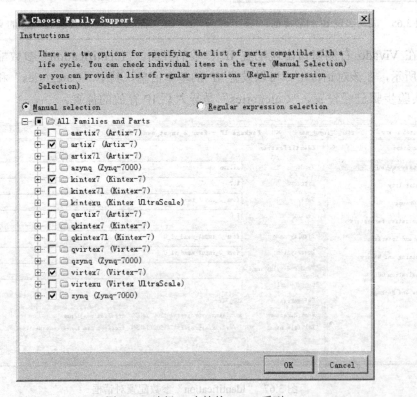

图 3.69 选择 IP 支持的 FPGA 系列

5）"File Groups"参数配置对话框用于添加一些额外的文件，如测试平台文件，在该设计中，不必执行该项操作，如图 3.70 所示。

第 3 章 FPGA 设计实例

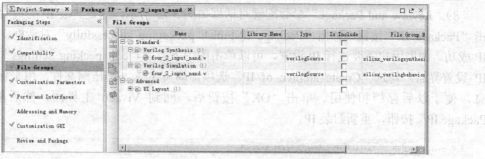

图 3.70 "File Groups" 参数配置对话框

6)"Customization Parameters"参数配置对话框用于更改源文件中的参数,如图 3.71 所示,可以看出从 four_2_input_nand.v 文件中提取了参数 DELAY。第一种方式利用鼠标双击图中的"Delay"一行,弹出编辑 IP 参数对话框。第二种方式利用鼠标选择该行,单击鼠标右键,出现浮动菜单,在浮动菜单内,执行菜单命令"Edit Parameter..."。用户可以在该界面中对 IP 参数进行编辑。

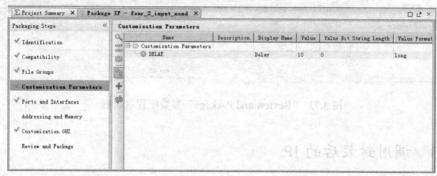

图 3.71 "Customization Parameters" 参数配置对话框

7)"Customization GUI"参数配置对话框给出了输入/输出端口,以及带有默认值的参数选项,如图 3.72 所示。

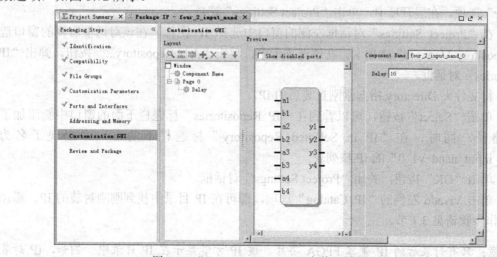

图 3.72 "Customization GUI" 参数配置对话框

8)"Review and Package"参数配置对话框如图 3.73 所示,这是封装 IP 的最后一步。单击"Package IP"按钮,弹出"Package IP-Finish packaging successfully"对话框,提示封装 IP 成功。如果用户需要进行 IP 设置,可以单击图中下方的"edit packing settings"链接。在 IP 设置界面,勾选"Create archive of IP"选项,即可生成 zip 压缩文件,用来保存 IP 信息,便于以后存档和使用。单击"OK"按钮后,回到 Vivado 主界面,然后单击"Re-Package IP"按钮,重新封装 IP。

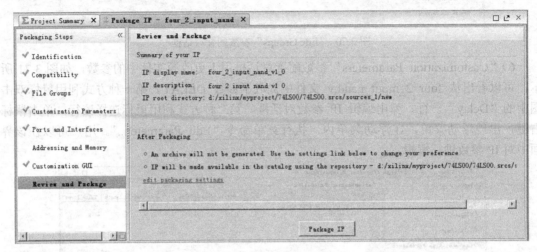

图 3.73 "Review and Package"参数配置对话框

3.3.3 调用封装后的 IP

1. 基于原理图的方式调用 IP 核

1)重新创建一个工程项目。

2)在 Vivado 工程主界面左侧的"Flow Navigator"窗口中找到并展开"Project Manager"选项。在展开项中,单击"Project Settings"选项。

3)在"Project Settings"对话框左侧的窗口中选择 IP 图标。在该对话框右侧的窗口选择"Repository Manager"选项卡。在该选项卡中,单击"Add Repository..."按钮,弹出"IP Repositories"对话框。

4)将文件夹 Directory 指向刚刚封装后的 IP。

5)单击"Select"按钮,可以看到在"IP Repositories"标题栏下面的窗口中新添加了 IP 的路径。同时,在"IP in Selected Repository"标题栏下的窗口中出现了名为"four_2_input_nand_v1_0"的 IP 核列表。

6)单击"OK"按钮,关闭"Project Settings"对话框。

7)单击 Vivado 左侧的"IP Catalog"选项,即可在 IP 目录中找到刚刚封装的 IP。添加 IP 的操作步骤请见 3.1 节。

注意: 只有封装后的 IP 兼容 FPGA 芯片,该 IP 才能显示在 IP 目录中。例如,IP 封装

第3章 FPGA 设计实例

时选择的是 artix-7,如果工程项目为 virtex-7,则无法使用;但是 IP 封装时添加兼容 virtex-7 后,工程项目即使是 virtex-7,也可以在 IP 目录中找到该 IP。

2. 基于 Verilog HDL 方式调用 IP 核

下面以 Vivado 自带的乘法器 IP 核为例,介绍基于 Verilog HDL 方式调用 IP 核的详细过程。

1)创建一个新的工程项目。

2)创建新的设计源文件 multiply.v。

3)单击 Vivado 左侧"Flow Navigator"选项中的"IP Catalog"选项。

4)在"IP Catalog"窗口中选择"Multiplier"乘法器 IP 核,如图 3.74 所示。双击该 IP 核,进入下一步。

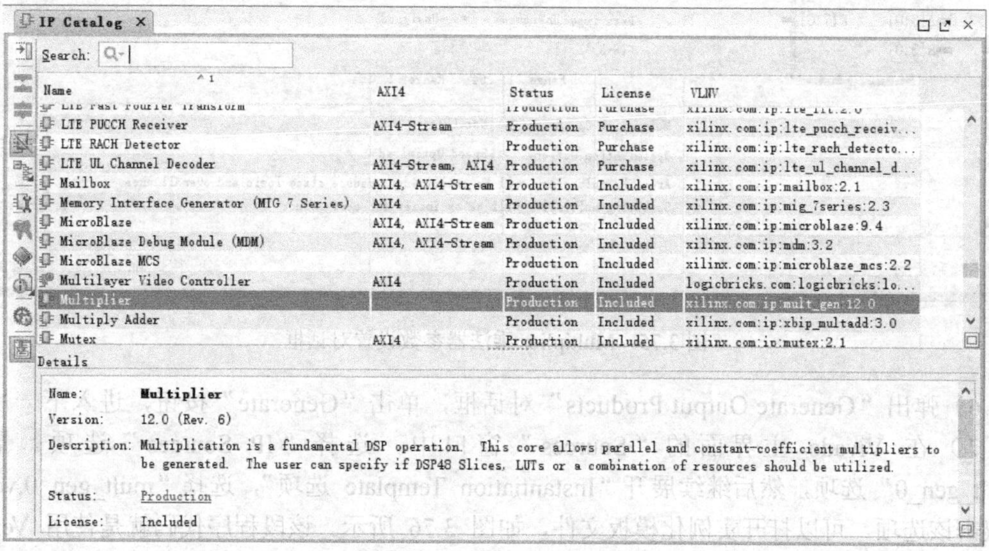

图 3.74 调用 Multiplier 乘法器 IP 核

5)弹出 Multiplier 乘法器参数设置对话框,如图 3.75 所示。单击"Documentation"按钮,可以查阅该 IP 核的使用手册。"Multiplier Type"选项用于选择乘法器的类型,可选择并行乘法器"Parallel Multiplier"或常系数乘法器"Constant Coefficient Multiplier",不同类型的乘法器对应的 IP 符号"IP Symbol"也不同,本例选择并行乘法器。"Input Options"输入选项用于选择乘法器输入变量的参数,输入变量数据类型"Data Type"分为有符号(Signed)和无符号(Unsigned)两种,数据宽度范围为 1~64。本例中数据类型选择"Unsigned",数据宽度选择"4"。

"Multiplier Construction"选项用于选择使用哪一种 FPGA 资源创建乘法器,"Use LUTs"选项表示仅使用 slice logic 资源创建乘法器,"Use Mults"表示使用 DSP48 slice 资源和必要的 slice logic 资源。"Optimization Options"选项用于选择乘法器使用性能优化或资源优化策略,"Speed Optimized"表示性能优化,"Area Optimized"表示资源优化。"Information"选项用于查看乘法器的资源利用情况等信息。

单击"OK"按钮,进入下一步。

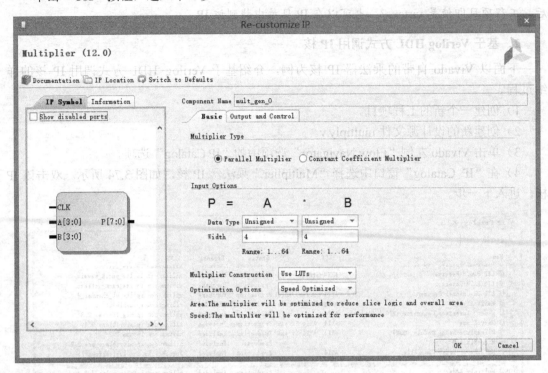

图 3.75 Multiplier 乘法器参数设置对话框

6)弹出"Generate Output Products"对话框,单击"Generate"按钮,进入下一步。

7)在 Vivado 主界面的"Sources"窗口中,选择"IP Sources"选项。展开"mult_gen_0"选项,然后继续展开"Instantiation Template 选项",选择"mult_gen_0.veo"并双击该选项,可以打开实例化模板文件,如图 3.76 所示。该段程序代码就是使用 Verilog HDL 调用 Multiplier 乘法器 IP 核的示例代码。

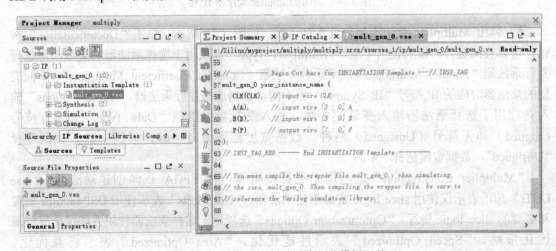

图 3.76 Multiplier 乘法器实例化模板文件

8）将 Multiplier 乘法器实例化程序代码复制到顶层文件 multiply.v 中，并进行如下修改：

```
module multiply(
    );
    reg CLK = 0;
    always #50 CLK = ~CLK;
    wire [3:0] A = 6;
    wire [3:0] B = 7;
    wire [7:0] P;
mult_gen_0 mul (
    .CLK(CLK),       // input wire CLK
    .A(A),           // input wire [3 : 0] A
    .B(B),           // input wire [3 : 0] B
    .P(P)            // output wire [7 : 0] P
    );
endmodule
```

该段程序声明了无符号型的 4 位变量 A 和 B，作为乘法器的乘数，分别赋初值 6 和 7。无符号型的 8 位变量 P，用于保存乘法器的计算结果。CLK 时钟信号的周期为 100ns。mult_gen_0 mul（…）语句实例化了 mult_gen_0 类型的模块对象 mul，并通过参数导入 CLK、A、B 和 P。

9）选择 Vivado 主界面左侧的"Run Simulation"选项，在弹出的浮动菜单中选择"Run Behavioral Simulation"，运行行为仿真，即可输出波形。右击仿真窗口中的变量"A[3:0]"，在弹出的浮动菜单中选择"Radix-Unsigned Decimal"，设置变量 A 为无符号的十进制数，此时 A 变为 6。用同样的方法更改变量 B 和 P，可以看到结果 P 为 42，如图 3.77 所示。

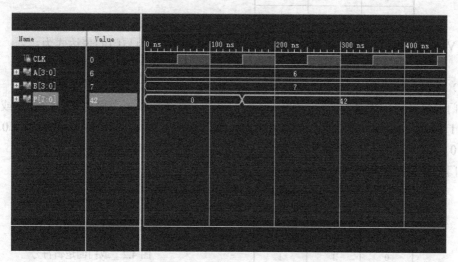

图 3.77 Multiplier 乘法器仿真波形

第 4 章 组合逻辑电路实验

4.1 逻辑门电路

逻辑门电路是实现逻辑运算的电路。所有的数字系统都由一些基本的逻辑门构成。

4.1.1 基本及常用的逻辑门

本节介绍三种基本逻辑门（与门、或门、非门）和四种常用组合逻辑门（与非门、或非门、异或门和同或门）。

1. 逻辑门的基础知识

（1）与门

与门的真值表如表 4.1 所示。与门有两个输入（a 和 b）及一个输出（y）。仅当 a 和 b 都为 1（"真"或高电平）时，与门的输出 y 为 1；当 a 或 b 中有一个为 0 或均为 0 时，输出 y 为 0。

与门的逻辑符号如图 4.1 所示。

表 4.1 与门的真值表

a	b	y
0	0	0
0	1	0
1	0	0
1	1	1

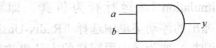

图 4.1 与门的逻辑符号

在 Verilog 中，用 "&" 符号表示与运算符。图 4.1 所示的与门的表达式为：

$$y = a\&b \tag{4-1}$$

（2）或门

或门的真值表如表 4.2 所示。或门有两个输入（a, b）和一个输出（y）。当 a 或 b 中有一个为 1（"真"或高电平）或两个都为 1 时，或门输出 y 为 1；只有当 a 和 b 都为 0 时，输出 y 为 0。

或门的逻辑符号如图 4.2 所示。

表 4.2 或门的真值表

a	b	y
0	0	0
0	1	1
1	0	1
1	1	1

图 4.2 或门的逻辑符号

在 Verilog 中，用"|"符号表示或运算符。图 4.2 所示的或门的表达式为：
$$y = a|b \tag{4-2}$$

(3) 非门

非门的真值表如表 4.3 所示。非门有一个输入（a）和一个输出（y）。y 的值是 a 的反码。当 a 为 0 时，y 为 1；当 a 为 1 时，y 为 0。简单地说，非门就是将输入值取反并输出。

非门的逻辑符号如图 4.3 所示。

表 4.3 非门的真值表

a	y
0	1
1	0

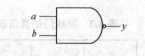

图 4.3 非门的逻辑符号

在 Verilog 中，用"~"符号表示非运算符。图 4.3 所示的非门的表达式为：
$$y = \sim a \tag{4-3}$$

(4) 与非门

与非门的真值表如表 4.4 所示。从真值表中可以看到，当且仅当与非门的两个输入 a 和 b 都为 1 时，输出 y 为 0；否则，y 为 1。

与非门的逻辑符号如图 4.4 所示。

表 4.4 与非门的真值表

a	b	y
0	0	1
0	1	1
1	0	1
1	1	0

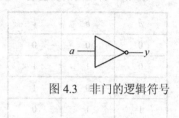

图 4.4 与非门的逻辑符号

(5) 或非门

或非门的真值表如表 4.5 所示。从真值表中可以看到，当且仅当或非门的两个输入 a 和 b 都为 0 时，输出 y 为 1；否则，y 为 0。

或非门的逻辑符号如图 4.5 所示。

表 4.5 或非门的真值表

a	b	y
0	0	1
0	1	0
1	0	0
1	1	0

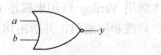

图 4.5 或非门的逻辑符号

(6) 异或门

异或门的真值表如表 4.6 所示。从真值表中可以看到，当异或门的两个输入 a 和 b 不同（一个为 1，一个为 0）时，输出 y 为 1；当两个输入相同（同为 1 或同为 0）时，输出 y 为 0。

异或门的逻辑符号如图 4.6 所示。

表 4.6 异或门的真值表

a	b	y
0	0	0
0	1	1
1	0	1
1	1	0

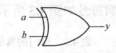

图 4.6 异或门的逻辑符号

在 Verilog 中，用 "^" 符号表示异或运算符。异或门的逻辑表达式为：

$$y = a \wedge b \tag{4-4}$$

(7) 同或门

同或门的真值表如表 4.7 所示。从真值表中可以看到，当同或门的两个输入 a 和 b 相同时（同为 0 或同为 1 时），其输出 y 为 1；当两个输入不同时（一个为 1 而另一个为 0），其输出 y 为 0。

同或门的逻辑符号如图 4.7 所示。

表 4.7 同或门的真值表

a	b	y
0	0	1
0	1	0
1	0	0
1	1	1

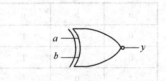

图 4.7 同或门的逻辑符号

在 Verilog 中，用 "~^" 符号表示同或运算符。同或门的逻辑表达式为：$y = a \sim \wedge b$。

2. 逻辑门电路的 Verilog 设计

例 4.1 2 输入逻辑门。

本例用 Verilog 语句来描述 6 个不同的 2 输入逻辑门电路，其中包括：与、与非、或、或非、异或和同或门，并给出仿真测试代码和约束文件代码，可通过仿真波形图或板卡验证其功能。

(1) 2 输入逻辑门 Verilog 程序代码。

程序 4.1：2 输入逻辑门 Verilog 程序。

```
module gates2(
    input a,
```

```
        input b,
        output [5:0] y
    );
    assign y[0]=a&b;        //与
    assign y[1]=~(a&b);     //与非
    assign y[2]=a|b;        //或
    assign y[3]=~(a|b);     //或非
    assign y[4]=a^b;        //异或
    assign y[5]=a~^b;       //同或
endmodule
```

在 Verilog 中，双斜线"//"之后的语句是注释。所有的 Verilog 程序都以关键字 module（模块）声明语句开始，以关键字 endmodule 结束。跟随在 module 后的为模块名（此例中为 gates2），紧随其后的是输入/输出信号，包含信号名、方向和类型。输入/输出信号的方向通过 input（输入）、output（输出）及 inout（输入/输出双向信号）语句声明。信号类型可以是 wire 或 reg。在程序 4.1 中所有的信号都是 wire 类型。对于 wire 类型信号，可以将其想象成电路连线。本例中输入信号 a 和 b 没有定义端口的位数和类型，默认为 1 位的 wire 型信号。

程序 4.1 中的输出信号有 6 个，可以采用数组的形式来描述它们。在程序中，用以下语句来定义输出信号：

```
output wire[5:0] y;
```

assign 语句用来定义输入/输出的逻辑关系，assign 赋值语句为并发语句，所以在程序中各输出赋值语句的顺序可以任意书写。

（2）2 输入逻辑门仿真测试代码：

```
module gates2_test;
    reg a,b;
    wire [5:0]y;
    gates2   uut(a,b,y );      //调用 gates2 模块，按端口顺序对应方式连接。
    initial
      begin
        a=0;b=0;#100;          //顺序执行，每次赋值等待 100 单位时间。
        a=0;b=1;#100;
        a=1;b=0;#100;
        a=1;b=1;#100;
      end
endmodule
```

模块调用：仿真测试程序的第四行为模块调用语句，其中 gates2 为调用的模块名；uut 为实例名，是所调用模块的唯一标识；括号中的"a,b,y"应和 gates2 模块定义的端口列表中的端口位置一一对应。

initial 语句：initial 为过程赋值语句，在仿真中只执行一次，在 0 时刻开始执行，可以使用延迟控制。该语句多用于对 reg 型变量进行赋值。

在仿真测试程序中"begin"到"end"的代码，实现每 100 个单位时间改变一次输入，实现输入信号"ab"的值按照"00-01-10-11"的顺序变化。运行仿真后，仿真结果如图 4.8 所示。

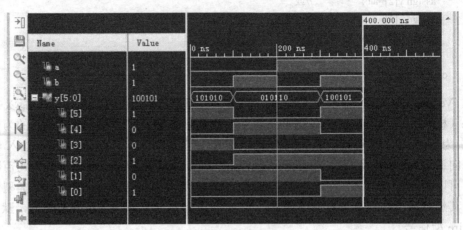

图 4.8 2 输入逻辑门仿真波形图

（3）引脚分配

本书中所有例程都是使用 XUP A7 板卡在软件 Vivado2014.4 上进行实验的，程序中使用的端口与实际开发板的引脚对应关系利用约束文件来描述。将引脚的约束文件编写正确后，将生成的.bit 文件下载到板卡中，就可以观察到实际的运行效果。约束文件就是程序中的信号与实际引脚的对应关系，因此在以后的例程中不再详细给出约束文件。

本例中输入信号 a、b 使用拨码开关 SW1、SW0 控制（当开关拨到上挡时，表示输入为高电平；当开关拨到下挡时，表示输入为低电平），输出信号 y[5]~y[0]使用 LED 灯 LD5~LD0 显示输出结果（输出为高电平时，LED 灯点亮，否则熄灭）。

2 输入逻辑门约束文件代码：

```
set_property PACKAGE_PIN V16 [get_ports a]
set_property IOSTANDARD LVCMOS33 [get_ports a]
set_property PACKAGE_PIN V17 [get_ports b]
set_property IOSTANDARD LVCMOS33 [get_ports b]
set_property PACKAGE_PIN U15 [get_ports {y[5]}]
set_property IOSTANDARD LVCMOS33 [get_ports {y[5]}]
set_property PACKAGE_PIN W18 [get_ports {y[4]}]
set_property IOSTANDARD LVCMOS33 [get_ports {y[4]}]
set_property PACKAGE_PIN V19 [get_ports {y[3]}]
set_property IOSTANDARD LVCMOS33 [get_ports {y[3]}]
set_property PACKAGE_PIN U19 [get_ports {y[2]}]
set_property IOSTANDARD LVCMOS33 [get_ports {y[2]}]
```

set_property PACKAGE_PIN E19 [get_ports {y[1]}]
set_property IOSTANDARD LVCMOS33 [get_ports {y[1]}]
set_property PACKAGE_PIN U16 [get_ports {y[0]}]
set_property IOSTANDARD LVCMOS33 [get_ports {y[0]}]

例 4.2 多输入逻辑门。

在例 4.1 中所涉及的与、或、与非、或非、异或及同或门都只有两个输入，本例为多输入逻辑门。多输入逻辑门的基本原理和 2 输入逻辑门是一致的，只是输入端增加为多个。

图 4.9 所示为一个多输入与门。在 Verilog 中有 3 种方法可以描述多输入与门。第一种方法是写出其逻辑表达式：

$$\text{assign } y=a[1]\&a[2]\&\ldots\&a[n]; \tag{4-5}$$

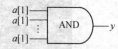

图 4.9 多输入与门

第二种方法，可以使用 Verilog 中的缩减操作符"&"写出其逻辑表达式：

$$\text{assign } y=\&a; \tag{4-6}$$

与式（4-5）相比，式（4-6）写法更简单。还可以采用门实例化语句来描述与门：

$$\text{and}(y,a[1],a[2],\ldots,a[n]); \tag{4-7}$$

在式（4-7）所示的语句中，圆括号中第一项为输出信号，后面为输入信号。

同样地，按照之前的方法，可以得出多输入或、与非、或非、异或及同或门的逻辑表达式，如表 4.8 所示。

表 4.8 多输入逻辑门

功能	逻辑表达式		门实例化语句
与	assign y=a[1]&a[2]&...&a[n];	assign y=&a;	and(y,a[1],a[2],..., a[n]);
或	assign y=a[1]|a[2]|...|a[n];	assign y=|a;	or(y,a[1],a[2],..., a[n]);
与非	assign y=~(a[1]&a[2]&...&a[n]);	assign y=~&a;	nand(y,a[1],a[2],..., a[n]);
或非	assign y=~(a[1]|a[2]|...|a[n]);	assign y=~|a;	nor(y,a[1],a[2],..., a[n]);
异或	assign y=a[1]^a[2]^...^a[n];	assign y=^a;	xor(y,a[1],a[2],..., a[n]);
同或	assign y=~(a[1]^a[2]^...^a[n]);	assign y=~^a;	xnor(y,a[1],a[2],...,a[n]);

在例 4.2 中分别利用简约运算符表达形式和门实例化语句来描述 4 输入逻辑门。程序 4.2a 和程序 4.2b 的仿真结果如图 4.10 所示。

（1）程序 4.2a：使用简约运算符描述 4 输入逻辑门 Verilog 程序。

```
module gates4a(
    input [3:0]a,
    output [5:0] y
    );
    assign y[0]= &a ;    //与
    assign y[1]= ~& a;   //与非
```

```
    assign y[2]=| a; //或
    assign y[3]=~| a; //或非
    assign y[4]= ^a; //异或
    assign y[5]= ~^ a; //同或
endmodule
```

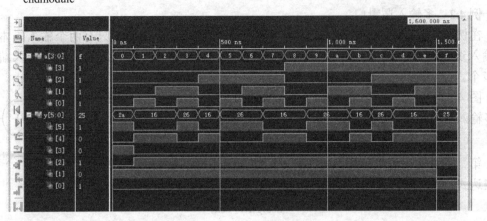

图 4.10　多输入逻辑门仿真波形图

（2）程序 4.2b：使用门实例化语句描述 4 输入逻辑门。

```
module gates4b(
    input [3:0]a,
    output [5:0] y
    );
    and(y[0],a[0],a[1],a[2],a[3]);
    or(y[1],a[0],a[1],a[2],a[3]);
    nand(y[2],a[0],a[1],a[2],a[3]);
    nor(y[3],a[0],a[1],a[2],a[3]);
    xor(y[4],a[0],a[1],a[2],a[3]);
    xnor(y[5],a[0],a[1],a[2],a[3]);
endmodule
```

4.1.2　与非门电路的简单应用

在第 3 章已经学习过如何生成 IP 核和调用 IP 核生成一些简单的应用电路。在本节中将利用 2 输入与非门和 4 输入与非门设计或门电路和四人表决电路。

1. 利用与非门设计电路实现或门的功能

（1）连接电路

在 Vivado 中利用 2 输入与非门设计的或门电路图如图 4.11 所示。

2 输入或门的测试程序如下所示，在仿真测试程序中"begin"到"end"的代码，实现每 100 个单位时间改变一次输出，实现输入信号"ab"的值按照"00-01-10-11"的顺序变化。运行仿真后，仿真结果如图 4.12 所示。

第 4 章 组合逻辑电路实验

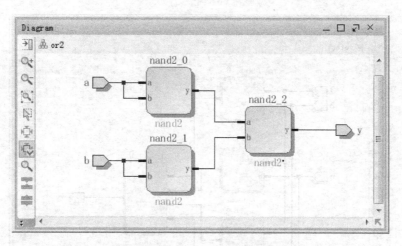

图 4.11 利用与非门设计或门电路

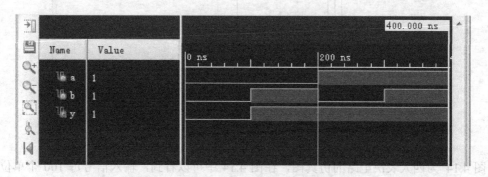

图 4.12 利用与非门设计或门电路的仿真波形图

（2）2 输入或门仿真测试代码：

```
module or2_test;
    reg a,b;
    wire y;
    or2_wrapper uut(a,b,y);
    initial
      begin
        a=0;b=0;
        #100;a=0;b=1;
        #100;a=1;b=0;
        #100;a=1;b=1;
      end
endmodule
```

2. 四人表决电路

利用与非门设计四人表决电路，其中 a 同意得 2 分，其余 3 人 b、c、d 同意各得 1 分。总分大于或等于 3 分时通过，即 $y=1$。四人表决电路图如图 4.13 所示。

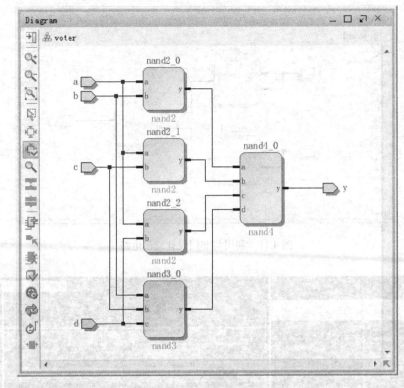

图 4.13 四人表决电路

图 4.14 为四人表决电路的仿真图，在图 4.14 中可以看到，输入信号每 100 个单位时间改变一次，实现输入信号"a b c d"的值按照"0000-0001-0010-0011-0100-0101-0110-0111-1000-1001-1010-1011-1100-1101-1110-1111"的顺序变化。同时可以观察到输出"y"值的变化。

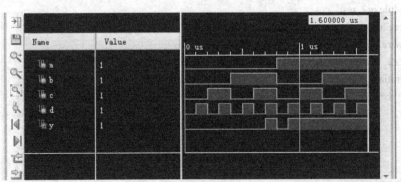

图 4.14 四人表决电路仿真图

4.2 多路选择器

多路选择器又称为数据选择器，是一种多路输入、单路输出的组合逻辑电路。

4.2.1 2选1多路选择器

图 4.15 所示为一个 2 选 1 多路选择器,其中 a 和 b 为信号的输入端,s 为选择控制端,y 为数据输出端。从表 4.9 中可以看到当 s=0 时,y=a;当 s=1 时,y=b。可以得到 y 的逻辑表达式:

$$y = \sim s \& a | s \& b \tag{4-8}$$

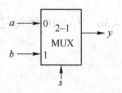

图 4.15 2选1多路选择器

表 4.9 2选1多路选择器真值表

s	y
0	a
1	b

例 4.3 2 选 1 多路选择器。

本例中分别用逻辑方程(4-8)、if 条件语句和条件运算符实现 2 选 1 多路选择器的功能,其 Verilog 程序代码如下。

(1) 程序 4.3a:使用逻辑方程实现的 2 选 1 多路选择器 Verilog 程序。

```
module mux21a (
    input wire a,
    input wire b,
    input wire s,
    output wire y
);
    assign y = ~ s & a | s & b;
endmodule
```

(2) 程序 4.3b:使用 if 条件语句实现的 2 选 1 多路选择器 Verilog 程序。

```
module mux21b (
    input wire a,
    input wire b,
    input wire s,
    output reg y
);
    always @ (a, b, s)    //或者 always @ ( * )
    if (s == 0)
        y = a;
    else
        y = b;
endmodule
```

(3) 例 4.3c:使用条件运算符实现的 2 选 1 多路选择器 Verilog 程序。

```
module mux21d (
    input wire a,
    input wire b,
    input wire s,
    output reg y
);
    assign y = s ? b : a;
endmodule
```

在 Veriolg 中的条件语句必须在过程块中使用。如程序 4.3b 中的 if 语句包含在一个 always 过程块中。

always 语句：

always@(<敏感事件列表>)

这里敏感事件列表包含了 always 块中将影响输出产生的所有信号列表。在本例中，敏感事件包括输入 a，b 和 s。所以，这 3 个输入中的任何一个发生变化都会影响输出 y 的值。也可以将 always 语句简写成如下形式：

always@(*)

这里，敏感事件列表中的*将自动包含条件表达式中的所有信号。本书中以后所有的 always 语句中的敏感事件列表都采用@(*)的形式。

注意：在 always 块中生成的输出信号必须被描述成 reg 型，而不能是 wire。

2 选 1 多路选择器的仿真波形如图 4.16 所示。

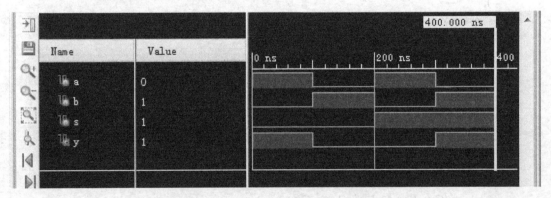

图 4.16 2 选 1 多路选择器的仿真波形图

4.2.2 4 选 1 多路选择器

4 选 1 多路选择器如图 4.17 所示。开关 s_1 和 s_0 为两根控制线，用于选择 4 个输入中的一个进行输出。4 选 1 多路选择器真值表如表 4.10 所示。

第 4 章 组合逻辑电路实验

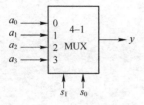

图 4.17 4 选 1 多路选择器

表 4.10 4 选 1 多路选择器真值表

s_1	s_0	y
0	0	a_0
0	1	a_1
1	0	a_2
1	1	a_3

也可以使用 3 个 2 选 1 多路选择器来构建 4 选 1 多路选择器,逻辑方程为:

$$y = \sim s_1 \& \sim s_0 \& a_0 | \sim s_1 \& s_0 \& a_1 | s_1 \& \sim s_0 \& a_2 | s_1 \& s_0 \& a_3 \quad (4\text{-}9)$$

如图 4.18 所示,为使用 3 个 2 选 1 多路选择器来构建 4 选 1 多路选择器的框图。

例 4.4 使用模块实例化实现 4 选 1 多路选择器。

在例 4.4 中,通过 3 个 2 选 1 多路选择器设计一个如图 4.18 所示的 4 选 1 多路选择器,并说明如何使用模块实例语句来连接一个设计中的多个模块。

首先需要创建一个工程,将程序 4.3b 所示的 2 选 1 多路选择器的 mux21b.v 文件添加到本例的工程中(也可以添加程序 4.3a 和程序 4.3c 的.v 文件),然后创建一个新的命名为 mux41a 的模块,在模块 mux41a 中调用 mux21b 模块即可。

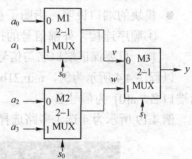

图 4.18 利用 2 选 1 多路选择器构成 4 选 1 多路选择器的框图

程序 4.4: 使用模块实例化实现 4 选 1 多路选择器 Verilog 程序。

```
module mux41a (
    input wire [3:0] a,
    input wire [1:0] s,
    output wire z
);
    // 内部信号
    wire v ;      // output of mux M1
    wire w;       // output of mux M2
    // 模块实例化
    mux21b M1 ( .a (a[0] ),
                .b ( a[1] ),
                .s ( s[0] ),
                .y ( v )
    );
    mux21b M2 ( .a (a[2] ),
                .b ( a[3] ),
                .s ( s[0] ),
                .y ( w )
    );
```

```
           mux21b M3 ( .a ( v ),
                       .b ( w ),
                       .s ( s[1] ),
                       .y ( z )
                     );
           endmodule
```

模块调用语法：

模块名 实例名（模块的端口说明）

- 模块名：被调用模块定义的名称。
- 实例名：被调用模块的实例化名称。
- 模块的端口说明：指明了被调用模块所连接的外部信号。端口的连接方式有两种：①顺序连接，外部信号的排列顺序与被调用的模块端口位置一一对应；②按名字连接，只要保证端口名与信号名匹配就可以。

以程序 4.4 所示为例，mux21b 为模块名，M1、M2、M3 是模块的实例名，.a (a[0])中 a 为端口名，a[0] 为信号名。

例 4.19 所示为 4 选 1 多路选择器的仿真波形图。

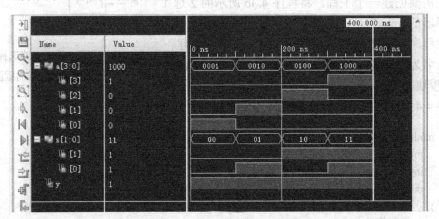

图 4.19 4 选 1 多路选择器仿真波形图

例 4.5 使用 case 语句实现 4 选 1 多路选择器。

在本例中，使用 case 语句实现多路选择的功能，与 if 语句相比，case 语句更为直观。在 case 语句中每一行冒号前的选择值代表 case 的参数值，在这个例子中代表的就是 2 位的控制信号 s 的值。在程序中 s 的默认数值为十进制数。如果用十六进制的数表示，那么需要在它之前加'h，如十进制 10 用十六进制表示为'hA。同样地，二进制数要以'b 开头，如'b1010 为十进制的数 10 的二进制表示。

程序 4.5：使用 case 语句实现 4 选 1 多路选择器 Verilog 程序。

```
module mux41b (
    input wire [3:0] a,
    input wire [1:0] s,
```

```
        output reg y
    );
    always @ ( * )
        case (s)
            0: y = a[0];
            1: y = a[1];
            2: y = a[2];
            3: y = a[3];
            default: y = c[0];
        endcase
```

4.2.3 4位2选1多路选择器

4位2选1多路选择器框图如图4.20所示。4位2选1多路选择器可以由4个2选1多路选择器组成，如图4.21所示。

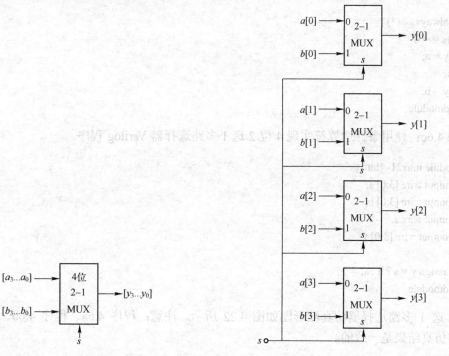

图4.20 4位2选1多路选择器框图   图4.21 由2选1多路选择器构成的4位2选1多路选择器

例4.6 4位2选1多路选择器。

本例分别用逻辑方程（4-8）、if 语句和条件运算符实现 2 选 1 多路选择器的功能，其 Verilog 程序代码如下。

（1）程序4.6a：使用逻辑方程实现4位2选1多路选择器Verilog程序。

```
module mux21_4bita (
    input wire [3:0] a,
```

```
    input wire [3:0] b,
    input wire s,
    output wire [3:0] y
);
    assign y = {4{~s}} & a | {4{s}} & b;
endmodule
```

注意：{4{~s}} & a = { ~s&a[3], ~s&a[2], ~ s&a[1], ~ s&a[0]}。

（2）程序 4.6b：使用 if 语句实现 4 位 2 选 1 MUX。

```
module mux21_4bitb (
    input wire [3:0] a,
    input wire [3:0] b,
    input wire s,
    output reg [3:0] y
);
    always @ (*)
    if (s==0)
        y = a;
    else
        y = b;
endmodule
```

（3）例 4.6c：使用条件运算符实现 4 位 2 选 1 多路选择器 Verilog 程序。

```
module mux21_4bitc (
    input wire [3:0] a,
    input wire [3:0] b,
    input wire s,
    output wire [3:0] y
);
    assign y = s ? b : a;
endmodule
```

4 位 2 选 1 多路选择器仿真波形图如图 4.22 所示。注意：程序 4.6a、程序 4.6b、程序 4.6c 产生的仿真结果是一致的。

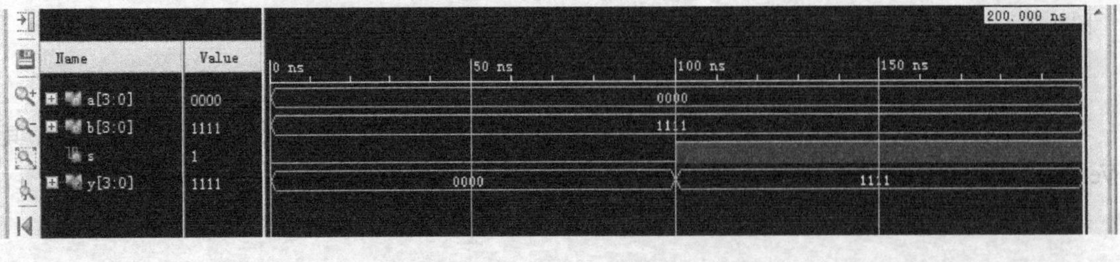

图 4.22 4 位 2 选 1 多路选择器仿真图

例 4.7 利用参数（Parameter）实现通用多路选择器。

在本例中将学习如何使用 Verilog 中的 Parameter 语句来设计一个通用的任意位宽的 2 选 1 多路选择器。程序 4.7 为一个通用的 4 位 2 选 1 多路选择器的 Verilog 程序代码。我们常用大写字母表示参数。

程序 4.7：使用参数（Parameter）实现通用多路选择器 Verilog 程序。

```
module mux2g
    #( parameter N =4 )
    ( input wire [N-1:0] a,
      input wire [N-1:0] b,
      input wire s,
      output reg [N-1:0] y
    );
    always @ ( * )
    if ( s == 0 )
        y = a;
    else
        y = b;
endmodule
```

4.2.4　74LS253 的 IP 核设计及应用

74LS253 为双 4 选 1 数据选择器，即在一个封装内有两个相同的 4 选 1 数据选择器，其引脚图如图 4.23 所示。输入控制端 A、B 为两个 4 选 1 数据选择器共用的，其功能如表 4.11 所示。在 4.2.2 节中已经学习过 4 选 1 多路选择器，本节利用学习过的 4 选 1 多路选择器知识生成 74LS253 的 IP 核。

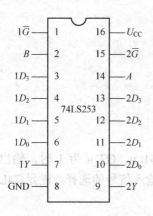

图 4.23　74LS253 引脚图

表 4.11　74LS253 功能表

输入控制		数据输入				输出使能	输出
B	A	D_3	D_2	D_1	D_0	$\bar{G}$	Y
×	×	×	×	×	×	1	z
0	0	×	×	×	0	0	0
0	0	×	×	×	1	0	1
0	1	×	×	0	×	0	0
0	1	×	×	1	×	0	1
1	0	×	0	×	×	0	0
1	0	×	1	×	×	0	1
1	1	0	×	×	×	0	0
1	1	1	×	×	×	0	1

1. 74LS253 的 IP 核设计

在本节中,将通过 2 个 4 选 1 多路选择器设计 74LS253,并将模块实例语句应用到程序中。

74LS253Verilog 程序:

```
module two_mux4_1(
    input A, B,
    input G1_n, G2_n,
    input D1_3,D1_2,D1_1,D1_0,
    input D2_3,D2_2,D2_1,D2_0,
    output Y1, Y2
);
    mux4_1 A1(A, B, G1_n,D1_3,D1_2,D1_1,D1_0,Y1);   //调用模块 mux4_1
    mux4_1 A2(A, B, G2_n,D2_3,D2_2,D2_1,D2_0,Y2);
endmodule
//4 选 1 多路选择器模块
module mux4_1 (A, B, G_n,D3,D2,D1,D0,Y);    input A, B;
    input G_n;
    input D3,D2,D1,D0;
    output Y;
    wire [1:0]S;
    reg Y_r;
    assign S = {B,A};
    always@(*)begin
        if(G_n)
            Y_r <= 1'bz;
        else
            case(S)
                2'b00: Y_r <= D0;
                2'b01: Y_r <= D1;
                2'b10: Y_r <= D2;
                2'b11: Y_r <= D3;
            endcase
        end
    assign Y = Y_r;
endmodule
```

在 74LS253 的仿真波形图 4.24 中可以看到,控制信号 G1_n、G2_n 为 1 时,输出呈高阻状态,G1_n、G2_n 为 0 时,通过控制信号 A、B,实现对输入信号的选择,满足 74LS253 的功能。

2. 利用 74LS253 设计全加器

在 Vivado 中利用 74LS253 和 2 输入与非门设计的全加器电路图如图 4.25 所示。其中,D_0=0,D_1=1,A、B 为加数,C0 为低位的进位,S 和 C 为全加器的和及向高位的进位。

第4章 组合逻辑电路实验

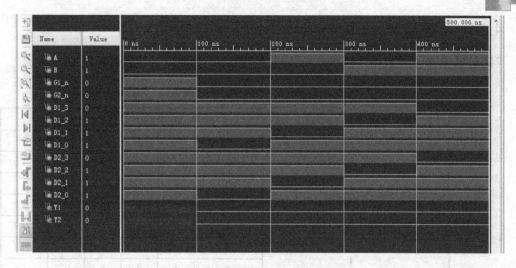

图 4.24 74LS253 仿真波形图

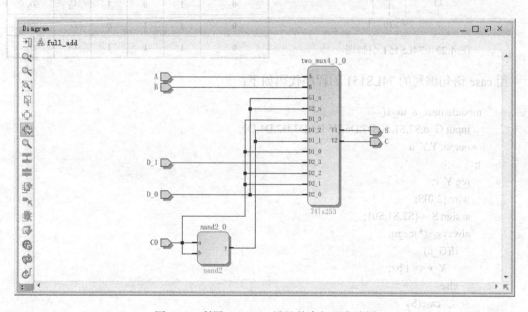

图 4.25 利用 74LS253 设计的全加器电路图

利用 74LS253 和 2 输入与非门的 IP 核设计的全加器的仿真波形图如图 4.26 所示。

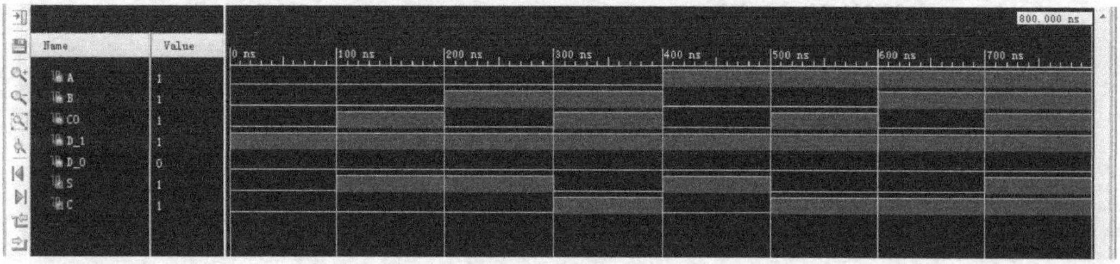

图 4.26 利用 74LS253 设计的全加器仿真波形图

4.2.5 74LS151 的 IP 核设计

74LS151 为 8 选 1 数据选择器，其引脚图如图 4.27 所示，其功能表如表 4.12 所示。

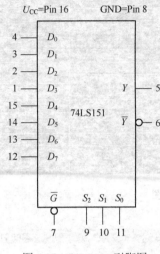

图 4.27 74LS151 引脚图

表 4.12 74LS151 功能表

输入				输出	
$\overline{G}$	S_2	S_1	S_0	Y	$\overline{Y}$
1	×	×	×	0	1
0	0	0	0	D_0	$\overline{D_0}$
0	0	0	1	D_1	$\overline{D_1}$
0	0	1	0	D_2	$\overline{D_2}$
0	0	1	1	D_3	$\overline{D_3}$
0	1	0	0	D_4	$\overline{D_4}$
0	1	0	1	D_5	$\overline{D_5}$
0	1	1	0	D_6	$\overline{D_6}$
0	1	1	1	D_7	$\overline{D_7}$

用 case 语句编写的 74LS151 的程序代码如下：

```
module mux_8_to_1(
   input G_n,S2,S1,S0,D7,D6,D5,D4,D3,D2,D1,D0,
   output Y,Y_n
);
   reg Y_r;
   wire [2:0]S;
   assign S = {S2,S1,S0};
   always@(*)begin
     if(G_n)
       Y_r <= 1'bz;
     else
       case(S)
         3'b000: Y_r <= D0;
         3'b001: Y_r <= D1;
         3'b010: Y_r <= D2;
         3'b011: Y_r <= D3;
         3'b100: Y_r <= D4;
         3'b101: Y_r <= D5;
         3'b110: Y_r <= D6;
         3'b111: Y_r <= D7;
       endcase
   end
   assign Y = Y_r;
   assign Y_n = ~Y;
```

endmodule

在 74LS151 的仿真波形（图 4.28）中可以看到，控制信号 G_n 为 1 时，输出呈高阻状态，G_n 为 0 时，通过控制信号 S2、S1、S0，实现对输入信号的选择，满足 74LS151 的功能。

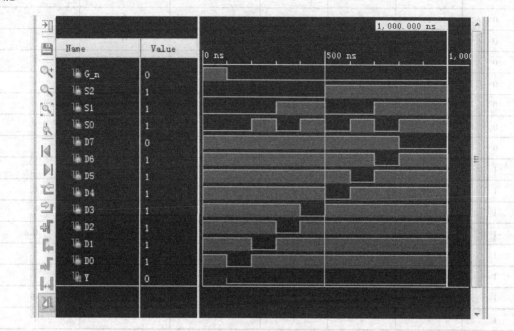

图 4.28　74LS151 仿真波形图

4.3 比较器

比较器用于比较两个数的数值大小。1 位比较器框图如图 4.29 所示，其中包括四个输入 x、y、G_{in}、L_{in} 和三个输出 G_{out}、E_{out}、L_{out}。输入信号 x、y 为当前比较位；G_{in}、L_{in} 为级联信号输入端，其作用是通过该引脚可以很容易地级联出多位比较器，详见 4.4 节。该比较器的功能如下：

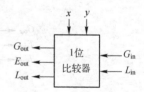

图 4.29　1 位比较器框图

- $x>y$ 时或 $x=y$ 且 $G_{in}=1$，输出 G_{out} 为 1；
- $x=y$ 时且 $G_{in}=0$ 和 $L_{in}=0$，输出 E_{out} 为 1；
- $x<y$ 时或者 $x=y$ 且 $L_{in}=1$，，输出 L_{out} 为 1。

根据 1 位比较器的功能，得出其真值表如表 4.13 所示。根据真值表，可以得到它的逻辑方程：

$$G_{out}=x\&\sim y|x\&G_{in}|\sim y\&G_{in} \tag{4-10}$$

$$E_{out}=\sim x\&\sim y\&\sim G_{in}\&\sim L_{in}|x\&y\&\sim G_{in}\&\sim L_{in} \tag{4-11}$$

$$L_{out}=\sim x\&y|\sim x\&L_{in}|\sim y\&L_{in} \tag{4-12}$$

表 4.13 1 位比较器真值表

输入				输出		
x	y	G_{in}	L_{in}	G_{out}	E_{out}	L_{out}
0	0	0	0	0	1	0
0	0	0	1	0	0	1
0	0	1	0	1	0	0
0	0	1	1	1	0	1
0	1	0	0	0	0	1
0	1	0	1	0	0	1
0	1	1	0	0	0	1
0	1	1	1	0	0	1
1	0	0	0	1	0	0
1	0	0	1	1	0	0
1	0	1	0	1	0	0
1	0	1	1	1	0	0
1	1	0	0	0	1	0
1	1	0	1	0	0	1
1	1	1	0	1	0	0
1	1	1	1	1	0	1

4.3.1 4 位比较器

可以使用 4 个 1 位比较器来构建一个如图 4.30 所示的 4 位比较器。注意：最右边的两个输入位 $G_0=0$，$L_0=0$。

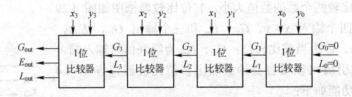

图 4.30 4 位比较器框图

例 4.8 使用 Verilog 任务（Task）的 4 位比较器。

程序 4.8 为图 4.30 所示的 4 位比较器的 Verilog 程序，本例中将使用任务（Task）创建 1 位比较器（compl bit），然后在 always 语句中调用任务实现 4 位比较器的功能。

程序 4.8：使用任务（Task）的 4 位比较器 Verilog 程序。

```verilog
module comp4t (
    input wire [3:0] x,
    input wire [3:0] y,
```

```
        output reg gt,
        output reg eq,
        output reg lt
);
        // 内部变量
        reg [4:0] G;
        reg [4:0] L;
        reg [4:1] E;
        integer i;

        always @ ( * )
        begin
            G[0] = 0;
            L[0] = 0;
            for (i=0; i<4; i = i + 1)
                comp1bit(x[i], y[i], G[i], L[i], G[i+1], L[i+1], E[i+1]);
            gt = G[4];
            eq = E[4];
            lt = L[4];
        end
        task comp1bit(
          input x,
          input y,
          input Gin,
          input Lin,
          output Gout,
          output Lout,
          output Eout
        );
        begin
            Gout = x &  ~y | x & Gin |  ~y & Gin;
            Eout =  ~x &  ~y &  ~Gin &  ~Lin | x & y &  ~Gin &  ~Lin;
            Lout =  ~x & y |  ~x & Lin | y & Lin;
        end
        endtask
endmodule
```

在程序 4.8 中的 always 块中使用了 for 循环调用任务（1 位比较器），可以很方便地实现任意位比较器（模块实例语句不能用在 always 块中，但任务可以）。

任务使用关键字 task 和 endtask 进行声明。任务的作用范围仅限于定义它的模块。task 任务中包含了一个单独的 begin…end 语句。在 begin…end 中的语句只能是行为级语句（if、case、for 等），不能包含 always 和 initial 块。但是，可以在 always 和 initial 块中调用 task 任务。

程序 4.8 的仿真图如图 4.31 所示。输入信号 x 每 100ns 变化一次，实现从 0～F 的变化；输入信号 y 的值固定为 9（4'b1001）。x 与 y 的比较结果如图 4.31 所示。

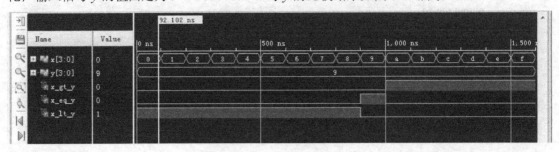

图 4.31　4 位比较器仿真图

例 4.9　使用关系操作符的 N 位无符号二进制比较器。

在 Verilog 中，实现比较器最简单的方法就是使用表 4.14 中的关系操作符。本例给出一个用关系操作符实现 N 位比较器的程序。

表 4.14　关系运算符和逻辑运算符

操 作 符	含 义
==	等于
! =	不等于
<	小于
<=	小于等于
>	大于
>=	大于等于

程序 4.9：使用关系运算符的 N 位无符号二进制比较器 Verilog 程序。

```
module compareN
# (parameter N = 4)
 ( input wire [N-1:0] x,
   input wire [N-1:0] y,
   output reg gt,
   output reg eq,
   output reg lt
);
   always @ ( * )
      begin
         gt = 0;
         eq = 0;
         lt = 0;
         if (x > y)
            gt = 1;
         if (x == y)
            eq =1;
```

```
        if (x < y)
            lt = 1;
    end
endmodule
```

注意：在本例的 always 块中，在 if 语句之前需要将 gt、eq 和 lt 的值设置为 0。

4.3.2 74LS85 的 IP 核设计及应用

74LS85 是四位数值比较器。可对两个 4 位二进制码和 BCD 码进行比较。$A_3 A_2 A_1 A_0$、$B_3 B_2 B_1 B_0$ 为两个比较信号；$F_{A>B}$、$F_{A<B}$、$F_{A=B}$ 为比较器的输出（$F_{A>B}$ 表示 A>B，$F_{A<B}$ 表示 A<B，$F_{A=B}$ 表示 A=B）；$I_{A>B}$、$I_{A<B}$、$I_{A=B}$ 为级联信号输入端；74LS85 比较器功能表如表 4.15 所示；引脚图如图 4.32 所示。

表 4.15　74LS85 比较器功能表

比较信号输入端				级联信号输入端			信号输出端		
A_3, B_3	A_2, B_2	A_1, B_1	A_0, B_0	$I_{A>B}$	$I_{A<B}$	$I_{A=B}$	$F_{A>B}$	$F_{A<B}$	$F_{A=B}$
$A_3>B_3$	×	×	×	×	×	×	H	L	L
$A_3<B_3$	×	×	×	×	×	×	L	H	L
$A_3=B_3$	$A_2>B_2$	×	×	×	×	×	H	L	L
$A_3=B_3$	$A_2<B_2$	×	×	×	×	×	L	H	L
$A_3=B_3$	$A_2=B_2$	$A_1>B_1$	×	×	×	×	H	L	L
$A_3=B_3$	$A_2=B_2$	$A_1<B_1$	×	×	×	×	L	H	L
$A_3=B_3$	$A_2=B_2$	$A_1=B_1$	$A_0>B_0$	×	×	×	H	L	L
$A_3=B_3$	$A_2=B_2$	$A_1=B_1$	$A_0<B_0$	×	×	×	L	H	L
$A_3=B_3$	$A_2=B_2$	$A_1=B_1$	$A_0=B_0$	H	L	L	H	L	L
$A_3=B_3$	$A_2=B_2$	$A_1=B_1$	$A_0=B_0$	L	H	L	L	H	L
$A_3=B_3$	$A_2=B_2$	$A_1=B_1$	$A_0=B_0$	L	L	H	L	L	H
$A_3=B_3$	$A_2=B_2$	$A_1=B_1$	$A_0=B_0$	×	×	H	L	L	H
$A_3=B_3$	$A_2=B_2$	$A_1=B_1$	$A_0=B_0$	H	H	L	L	L	L
$A_3=B_3$	$A_2=B_2$	$A_1=B_1$	$A_0=B_0$	L	L	L	H	H	L

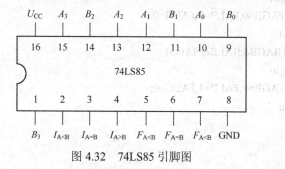

图 4.32　74LS85 引脚图

1. 74LS85 的 IP 核设计

74LS85 的程序如下，其仿真波形图如图 4.33 所示。

```verilog
module compare_74LS85(
    input A3,A2,A1,A0,B3,B2,B1,B0,IAGB,IALB,IAEG,
    output reg FAGB,FALB,FAEG
);
    wire [3:0] DataA,DataB;
    assign DataA={A3,A2,A1,A0};
    assign DataB={B3,B2,B1,B0};
    always@(*)
        begin
            if(DataA>DataB)
                begin
                    FAGB=1;FALB=0;FAEG=0;
                end
            else if(DataA<DataB)
                begin
                    FAGB=0;FALB=1;FAEG=0;
                end
            else if(IAGB&!IALB&!IAEG)
                begin
                    FAGB=1;FALB=0;FAEG=0;
                end
            else if(!IAGB&IALB&!IAEG)
                begin
                    FAGB=0;FALB=1;FAEG=0;
                end
            else if(IAEG)
                begin
                    FAGB=1;FALB=0;FAEG=0;
                end
            else if(IAGB&IALB&!IAEG)
                begin
                    FAGB=0;FALB=0;FAEG=0;
                end
            else if(!IAGB&!IALB&!IAEG)
                begin
                    FAGB=1;FALB=1;FAEG=0;
                end
        end
endmodule
```

第 4 章 组合逻辑电路实验

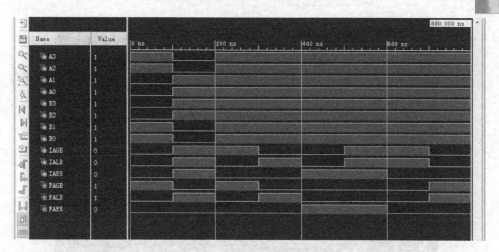

图 4.33　74LS85 仿真波形图

2. 74LS85IP 核的应用

利用 74LS85 设计 8 位数据比较器，其电路图如图 4.34 所示。74LS85 为 4 位数值比较器，需要将两片 74LS85 级联起来构建 8 位数据比较器。在图 4.34 中，D_0 为 0，D_1 为 1。8 位数据比较器的仿真波形图如图 4.35 所示。

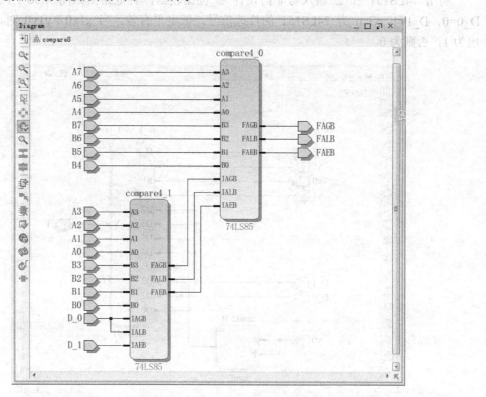

图 4.34　8 位数据比较器电路图

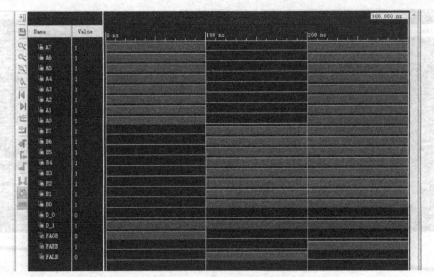

图 4.35　利用 74LS85 设计 8 位数据比较器仿真波形图

4.3.3　利用数据选择器 74LS151 设计 2 位比较器

利用 74LS151 和 2 输入与非门设计 2 位比较器，其电路图如图 4.36 所示。其中，$D\_0=0$，$D\_1=1$，G_n 为 74LS151 的片选信号，低电平有效。当 $x1x0 \geqslant y1y0$ 时，比较器输出为 1，否则为 0。

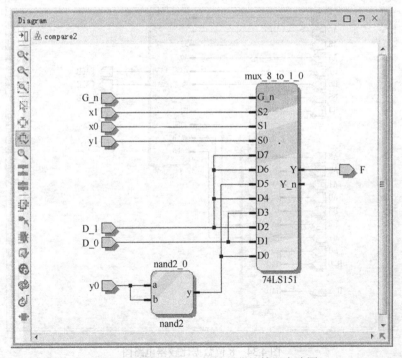

图 4.36　利用 74LS151 设计 2 位比较器电路图

利用 74LS151 和 2 输入与非门的 IP 核设计的 2 位比较器仿真波形图如图 4.37 所示。

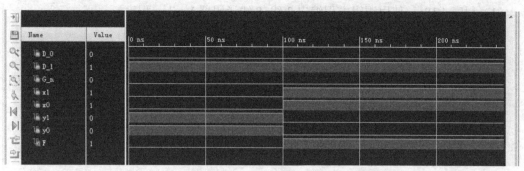

图 4.37 利用 74LS151 设计 2 位比较器的仿真波形图

4.4 译码器

译码器电路有 n 个输入和 2^n 个输出。每个输出都对应一个可能的二进制输入。通常一次只有一个输出有效。

4.4.1 3 线-8 线译码器

图 4.38 所示的是一个 3 线-8 线译码器框图，它有 3 个输入和 8 个输出。每个输出与输入的对应关系如表 4.16 所示。

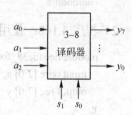

图 4.38 3 线-8 线译码器框图

表 4.16 3 线-8 线译码器真值表

输		入	输				出			
a_2	a_1	a_0	y_0	y_1	y_2	y_3	y_4	y_5	y_6	y_7
0	0	0	1	0	0	0	0	0	0	0
0	0	1	0	1	0	0	0	0	0	0
0	1	0	0	0	1	0	0	0	0	0
0	1	1	0	0	0	1	0	0	0	0
1	0	0	0	0	0	0	1	0	0	0
1	0	1	0	0	0	0	0	1	0	0
1	1	0	0	0	0	0	0	0	1	0
1	1	1	0	0	0	0	0	0	0	1

由表 4.16 可以得出 3 线-8 线译码器的函数表达式：

$$y_0 = \overline{a_2}\,\overline{a_1}\,\overline{a_0} \quad y_1 = \overline{a_2}\,\overline{a_1}a_0 \quad y_2 = \overline{a_2}a_1\overline{a_0} \quad y_3 = \overline{a_2}a_1a_0$$
$$y_4 = a_2\overline{a_1}\,\overline{a_0} \quad y_5 = a_2\overline{a_1}a_0 \quad y_6 = a_2a_1\overline{a_0} \quad y_7 = a_2a_1a_0 \tag{4-13}$$

例 4.10 3 线-8 线译码器。

本例中分别用逻辑方程（4-13）和 for 循环语句实现 3 线-8 线译码器的功能，其 Verilog

程序代码如下。

（1）程序 4.10a：使用逻辑方程编出 3 线-8 线译码器 Verilog 程序。

```verilog
module decode38_a (
    input wire [2:0] a,
    output wire [7:0] y
);
    assign y[0] =  ~a[2] &  ~a[1] &  ~a[0];
    assign y[1] =  ~a[2] &  ~a[1] &   a[0];
    assign y[2] =  ~a[2] &   a[1] &  ~a[0];
    assign y[3] =  ~a[2] &   a[1] &   a[0];
    assign y[4] =   a[2] &  ~a[1] &  ~a[0];
    assign y[5] =   a[2] &  ~a[1] &   a[0];
    assign y[6] =   a[2] &   a[1] &  ~a[0];
    assign y[7] =   a[2] &   a[1] &   a[0];
endmodule
```

（2）程序 4.10b：使用 for 循环语句编写 3 线-8 线译码器 Verilog 程序。

```verilog
module decode38_for(
    input wire [2:0] a,
    output reg [7:0] y
);
    integer i;
    always @ ( * )
        for (i = 0; i <= 7; i = i+1)
            if (a == i)
                y[i] = 1;
            else
                y[i] = 0;
endmodule
```

3 线-8 线译码器仿真波形图如图 4.39 所示。

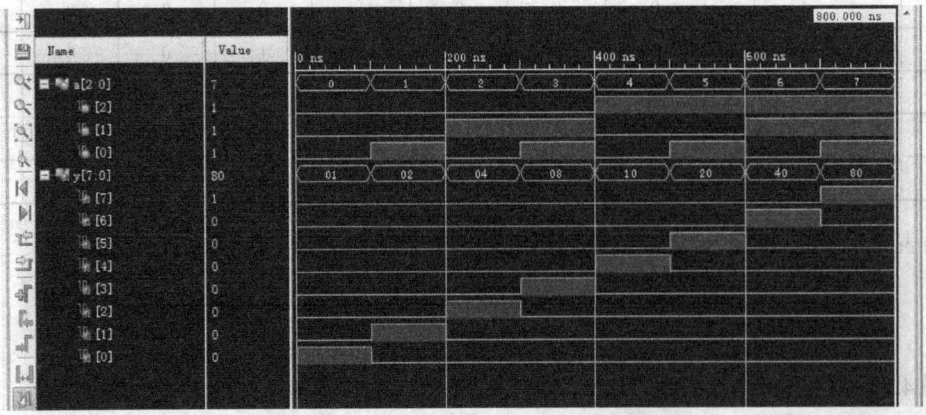

图 4.39　3 线-8 线译码器仿真波形图

4.4.2 74LS138 的 IP 核设计及应用

74LS138 为 3 位的二进制译码器，其引脚图如图 4.40 所示。其中 $\overline{G_3}$、$\overline{G_2}$、G_1 为片选端，当 $\overline{G_3}=0$、$\overline{G_2}=0$、$G_1=1$ 时，译码器工作。A_2、A_1、A_0 为译码地址输入端，$\overline{Y_7} \sim \overline{Y_0}$ 为译码输出端。74LS138 的功能表如表 4.17 所示。

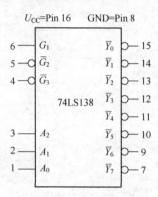

图 4.40 74LS138 引脚图

表 4.17 74LS138 译码功能表

片选端			译码地址			译码输出							
$\overline{G_3}$	$\overline{G_2}$	G_1	A_2	A_1	A_0	$\overline{Y_0}$	$\overline{Y_1}$	$\overline{Y_2}$	$\overline{Y_3}$	$\overline{Y_4}$	$\overline{Y_5}$	$\overline{Y_6}$	$\overline{Y_7}$
H	×	×	×	×	×	H	H	H	H	H	H	H	H
×	H	×	×	×	×	H	H	H	H	H	H	H	H
×	×	L	×	×	×	H	H	H	H	H	H	H	H
L	L	H	L	L	L	L	H	H	H	H	H	H	H
L	L	H	L	L	H	H	L	H	H	H	H	H	H
L	L	H	L	H	L	H	H	L	H	H	H	H	H
L	L	H	L	H	H	H	H	H	L	H	H	H	H
L	L	H	H	L	L	H	H	H	H	L	H	H	H
L	L	H	H	L	H	H	H	H	H	H	L	H	H
L	L	H	H	H	L	H	H	H	H	H	H	L	H
L	L	H	H	H	H	H	H	H	H	H	H	H	L

1. 74LS138 的 IP 核设计

根据 74LS138 译码功能表编写 74LS138 程序代码如下：

```
module decode138(
    input wire A0,A1,A2,G1,G2,G3,
```

```
      output wire Y0,Y1,Y2,Y3,Y4,Y5,Y6,Y7
);
      reg [7:0]y;
      integer i;
      always@*
        if({G1,G2,G3} == 3'b100)
          for(i=0; i<=7; i=i+1)
            if({A2,A1,A0} == i)
              y[i]=0;
            else
              y[i]=1;
          else
            y = 8'hff;
      assign Y0 = y[0];
      assign Y1 = y[1];
      assign Y2 = y[2];
      assign Y3 = y[3];
      assign Y4 = y[4];
      assign Y5 = y[5];
      assign Y6 = y[6];
      assign Y7 = y[7];
endmodule
```

74LS138 IP 核仿真波形图如图 4.41 所示。

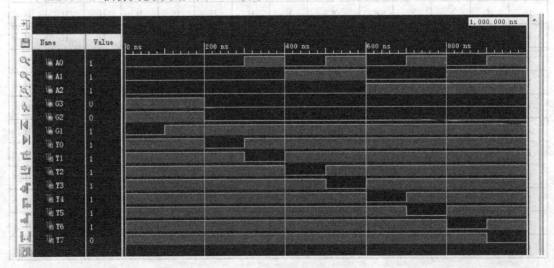

图 4.41　74LS138 IP 核仿真波形图

2. 74LS138 的简单应用

在 Vivado 中利用 74LS138 和 4 输入与非门设计的全加器电路图如图 4.42 所示。其中，G1=0，G2=1，A、B 为加数，C0 为低位的进位，S 和 C 为全加器的和及向高位的进位。

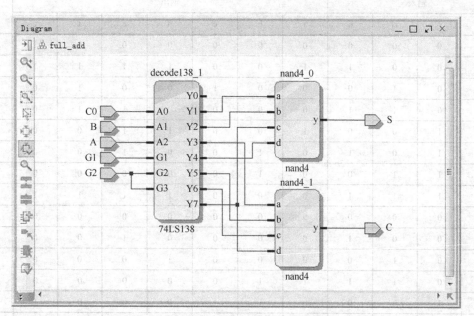

图 4.42　利用 74LS138 设计的全加器电路图

利用 74LS138 和 4 输入与非门设计的全加器波形图如图 4.43 所示。

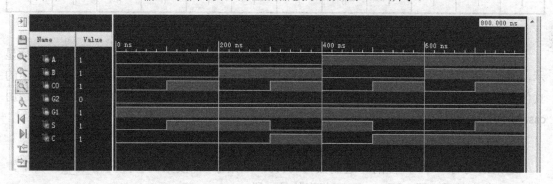

图 4.43　利用 74LS138 设计的全加器仿真波形图

4.4.3　数码管显示

本节将用 case 语句设计一个 7 段数码管译码器的程序。然后，学习如何在板卡上使用 4 个 7 段显示管显示 4 位的十六进制数。

板卡上的 4 个数码管是七段共阳极数码管，当某段对应的引脚输出为低电平时，该段位的 LED 点亮。表 4.18 所示为数码显示译码器的真值表，表中给出了显示十六进制数 0～F 所对应的共阳极数码管 a～g 的值。

表 4.18 共阳极数码显示译码器的真值表

输入				输出							显示字形
x_3	x_2	x_1	x_0	a	b	c	d	e	f	g	
0	0	0	0	0	0	0	0	0	0	1	0
0	0	0	1	1	0	0	1	1	1	1	1
0	0	1	0	0	0	1	0	0	1	0	2
0	0	1	1	0	0	0	0	1	1	0	3
0	1	0	0	1	0	0	1	1	0	0	4
0	1	0	1	0	1	0	0	1	0	0	5
0	1	1	0	1	1	0	0	0	0	0	6
0	1	1	1	0	0	0	1	1	1	1	7
1	0	0	0	0	0	0	0	0	0	0	8
1	0	0	1	0	0	0	0	1	0	0	9
1	0	1	0	0	0	0	1	0	0	0	A
1	0	1	1	1	1	0	0	0	0	0	B
1	1	0	0	0	1	1	0	0	0	1	C
1	1	0	1	1	0	0	0	0	1	0	D
1	1	1	0	0	1	1	0	0	0	0	E
1	1	1	1	0	1	1	1	0	0	0	F

例 4.11 数码管显示一。

在例 4.11 中我们利用 case 语句编写 7 段译码器,并使用板卡上最右侧的数码管进行显示,通过改变拨码开关 SW0~SW4 控制数码管显示十六进制数 0~F。根据表 4.18 中给出的真值表使用 case 语句设计 7 段译码器。例如,当输入十六进制数 x[3:0]为 4(0100)时,用 case 语句描述如下:

    4: a_to_g = 7'b1001100;

这条语句将一个 7 位的二进制数 1001100 赋给了 7 段数码管阵列 a_to_g。其中,a_to_g[6]代表的是 a 段,而 a_to_g[0]代表的是 g 段。

对于 4 个 7 段数码管,每一个都可以用一个低电平信号(AN[3:0]控制)使能(低电平有效),所有数码管共同拥有 a_to_g[6:0]信号。如果 AN=0000,那么所有显示管将显示相同的十六进制数;如果 AN=1110,那么将只有一个数码管显示。

(1)程序 4.11:模块 hex7seg 的 Verilog 程序。

```
module hex7seg (
    input wire [3:0] x,
    output wire [3:0] AN,
    output reg [6:0] a_to_g
);
```

```verilog
        assign AN=4'b1110;
        always @ ( * )
        case (x)
            0: a_to_g = 7'b0000001;
            1: a_to_g = 7'b1001111;
            2: a_to_g = 7'b0010010;
            3: a_to_g = 7'b0000110;
            4: a_to_g = 7'b1001100;
            5: a_to_g = 7'b0100100;
            6: a_to_g = 7'b0100000;
            7: a_to_g = 7'b0001111;
            8: a_to_g = 7'b0000000;
            9: a_to_g = 7'b0000100;
            'hA: a_to_g = 7'b0001000;
            'hB: a_to_g = 7'b1100000;
            'hC: a_to_g = 7'b0110001;
            'hD: a_to_g = 7'b1000010;
            'hE: a_to_g = 7'b0110000;
            'hF: a_to_g = 7'b0111000;
            default: a_to_g = 7'b0000001;   // 0
        endcase
    endmodule
```

(2) 引脚分配。

```
set_property PACKAGE_PIN U7 [get_ports {a_to_g[0]}]
set_property PACKAGE_PIN V5 [get_ports {a_to_g[1]}]
set_property PACKAGE_PIN U5 [get_ports {a_to_g[2]}]
set_property PACKAGE_PIN V8 [get_ports {a_to_g[3]}]
set_property PACKAGE_PIN U8 [get_ports {a_to_g[4]}]
set_property PACKAGE_PIN W6 [get_ports {a_to_g[5]}]
set_property PACKAGE_PIN W7 [get_ports {a_to_g[6]}]
set_property PACKAGE_PIN W4 [get_ports {AN[3]}]
set_property PACKAGE_PIN V4 [get_ports {AN[2]}]
set_property PACKAGE_PIN U4 [get_ports {AN[1]}]
set_property PACKAGE_PIN U2 [get_ports {AN[0]}]
set_property PACKAGE_PIN R2 [get_ports {x[3]}]
set_property PACKAGE_PIN T1 [get_ports {x[2]}]
set_property PACKAGE_PIN U1 [get_ports {x[1]}]
set_property PACKAGE_PIN W2 [get_ports {x[0]}]
set_property IOSTANDARD LVCMOS33 [get_ports {a_to_g[6]}]
set_property IOSTANDARD LVCMOS33 [get_ports {a_to_g[5]}]
set_property IOSTANDARD LVCMOS33 [get_ports {a_to_g[4]}]
set_property IOSTANDARD LVCMOS33 [get_ports {a_to_g[3]}]
set_property IOSTANDARD LVCMOS33 [get_ports {a_to_g[2]}]
```

set_property IOSTANDARD LVCMOS33 [get_ports {a_to_g[1]}]
set_property IOSTANDARD LVCMOS33 [get_ports {a_to_g[0]}]
set_property IOSTANDARD LVCMOS33 [get_ports {AN[3]}]
set_property IOSTANDARD LVCMOS33 [get_ports {AN[2]}]
set_property IOSTANDARD LVCMOS33 [get_ports {AN[1]}]
set_property IOSTANDARD LVCMOS33 [get_ports {AN[0]}]
set_property IOSTANDARD LVCMOS33 [get_ports {x[3]}]
set_property IOSTANDARD LVCMOS33 [get_ports {x[2]}]
set_property IOSTANDARD LVCMOS33 [get_ports {x[1]}]
set_property IOSTANDARD LVCMOS33 [get_ports {x[0]}]

例 4.12 数码管显示二。

本例中将使 4 个数码管同时显示数字 1234。例 4.11 中已经学到每个数码管都有一个片选信号，而且所有的数码管共同拥有信号 a_to_g[6:0]。为了使 4 个数码管在同一时刻显示的数字不一样，需要利用人眼的分辨能力有限这个特点，同一时刻只有一个数码管点亮，4 个数码管循环快速被点亮，这样人看到的效果将是 4 个数码管同时被点亮。为了得到更好的显示效果，4 个数码管依次被点亮的频率应大于 30 次/秒。板卡上引脚 W5 的时钟频率为 100MHz，将这个时钟进行分频，使得每 5.2ms 将一个 2 位的计数器 $s[1:0]$ 改变一次，进而利用 s 的每次改变来选择一个数码管进行输出显示。这样每个数字每秒刷新约 48 次。由于 4 位二进制数可以表示一个数码管的显示内容（参见表 4.18），本程序需要控制 4 个数码管，因此程序中用 $x[15:0]$ 表示 4 个数码管的显示内容，用 4 位 4 选 1 数据选择器选取 16 位的二进制数 $x[15:0]$ 哪个进行显示。程序 4.12b 程序中调用程序 4.12a 的 x7seg 模块，我们运行程序 4.12b 的顶层模块，它将在 7 段显示管上显示数字 1234。

（1）程序 4.12a：7 段显示管显示 x7seg 模块 Verilog 程序。

```
module x7seg(
    input wire[15:0]x,
    input wire clk,
    output reg[6:0]a_to_g,
    output reg[3:0]an,
    output wire dp
);
wire[1:0]s;
reg[3:0]digit;
reg[19:0]clkdiv;
assign dp = 1;
assign s = clkdiv[19:18];
assign aen=4'b1111;
always @(*)
case(s)
    0:digit=x[3:0];
    1:digit=x[7:4];
    2:digit=x[11:8];
    3:digit=x[15:12];
```

```
                default:digit=x[3:0];
            endcase
        always@(*)
        case(digit)
                0:a_to_g = 7'b0000001;
                1:a_to_g = 7'b1001111;
                2:a_to_g = 7'b0010010;
                3:a_to_g = 7'b0000110;
                4:a_to_g = 7'b1001100;
                5:a_to_g = 7'b0100100;
                6:a_to_g = 7'b0100000;
                7:a_to_g = 7'b0001111;
                8:a_to_g = 7'b0000000;
                9:a_to_g = 7'b0000100;
                'hA:a_to_g = 7'b0001000;
                'hB:a_to_g = 7'b1100000;
                'hC:a_to_g = 7'b0110001;
                'hD:a_to_g = 7'b1000010;
                'hE:a_to_g = 7'b0110000;
                'hF:a_to_g = 7'b0111000;
                default:a_to_g = 7'b0000001;
            endcase
        always@(*)
        begin
          an = 4'b1111;
          an[s]= 0;
        end
        always@(posedge clk )
            begin
              clkdiv<=clkdiv+1;
            end
endmodule
```

（2）程序 4.12b：7 段显示管显示 x7seg 顶层模块 Verilog 程序。

```
module x7seg_top(
  input wire clk,
    output wire[6:0]a_to_g,
    output wire[3:0]an,
    output wire dp
);
  wire[15:0]x;
  assign x='h1234;
  x7seg X1(.x(x),
           .clk(clk),
```

```
            .a_to_g(a_to_g),
            .an(an),
            .dp(dp)
        );
    endmodule
```

例 4.13 数码管显示三。

本例与例 4.12 基本一致，但本例可以将有效数字前面的无效 0 消隐。例如，显示十进制 12，只显示两位数 1 和 2，而不是显示四位数 0、0、1、2。通过 aen[3:0]的逻辑方程来完成这个功能。aen[3:0]的 4 个位分别对应一个数码管，某个位为 1 则对应的数码管不会消隐，aen[3:0]的取值依赖于 x[15:0]的值。例如，如果 x[15:0]的高 4 位 x[15:12]中的任何一位为 1，那么 aen[3]为 1，则 3 号数码管将显示数值。同样地，如果 x[15:0]的高 8 位 x[15:8]中的任何一位为 1，那么 aen[2]为 1；如果 x[15:0]的高 12 位 x[15:4]中的任何一位为 1，那么 aen[1]为 1。

注意：由于个位数永远需要显示，因此 aen[0]总是为 1，0 号数码管一直不会消隐。

（1）程序 4.13a：带消隐的 7 段显示管显示 Verilog 程序。

```verilog
module x7segb (
    input wire [15:0] x,
    input wire clk,
    input wire clr,
    output reg [6:0] a_to_g,
    output reg [3:0] an,
    output wire dp
);
    wire [1:0] s;
    reg [3:0] digit;
    wire [3:0] aen;
    reg [19:0] clkdiv;
    assign dp = 1;
    assign s = clkdiv[19:18];        // count every 5.2 ms
// set aen[3:0] for leading blanks
    assign aen[3] = x[15] | x[14] | x[13] | x[12];
    assign aen[2] = x[15] | x[14] | x[13] | x[12] | x[11] | x[10] | x[9] | x[8];
    assign aen[1] = x[15] | x[14] | x[13] | x[12] | x[11] | x[10] | x[9] | x[8] | x[7] | x[6] | x[5] | x[4];
    assign aen[0] = 1;    // digit 0 always on
// 4 位 4 选 1 MUX: mux44
    always @ ( * )
        case (s)
            0: digit = x[3:0];
            1: digit = x[7:4];
            2: digit = x[11:8];
            3: digit = x[15:12];
```

第4章 组合逻辑电路实验

```
            default: digit = x[3:0];
        endcase
// 7 段数码管：hex7seg
    always @ ( * )
        case (digit)
            0: a_to_g = 7'b0000001;
            1: a_to_g = 7'b1001111;
            2: a_to_g = 7'b0010010;
            3: a_to_g = 7'b0000110;
            4: a_to_g = 7'b1001100;
            5: a_to_g = 7'b0100100;
            6: a_to_g = 7'b0100000;
            7: a_to_g = 7'b0001111;
            8: a_to_g = 7'b0000000;
            9: a_to_g = 7'b0000100;
            'hA: a_to_g = 7'b0001000;
            'hB: a_to_g = 7'b1100000;
            'hC: a_to_g = 7'b0110001;
            'hD: a_to_g = 7'b1000010;
            'hE: a_to_g = 7'b0110000;
            'hF: a_to_g = 7'b0111000;
            default: a_to_g = 7'b0000001;  // 0
        endcase
// Digit select
    always @ ( * )
        begin
            an = 4'b1111;
            if (aen[s] == 1)
                an[s] = 0;
        end
// Clock divider
    always @ (posedge clk or posedge clr)
        begin
            if (clr == 1)
                clkdiv <= 0;
            else
                clkdiv <= clkdiv + 1;
        end
endmodule
```

为了使用板卡验证模块 x7segb，可以运行程序 4.13b 所示的 x7segb 的顶层模块程序。数码管上显示的 x 值由拨码开关（SW15～SW0）控制。

（2）程序 4.13b：x7segb 的顶层模块 Verilog 程序。

```
module x7segb_top (
    input wire clk,
    input wire   btn,
```

```
    input wire [15:0] sw,
    output wire [6:0] a_to_g,
    output wire [3:0] an,
    output wire dp
);
    x7segb X2 ( .x (sw) ,
                .clk(clk),
                .clr(btn),
                .a_to_g(a_to_g),
                .an(an),
                .dp(dp)
    );
endmodule
```

4.5 编码器

按照预先的约定，用文字、图形、数码等表示特定对象的过程称为编码。实现编码操作的数字电路称为编码器。本节将学习二进制普通编码器和二进制优先编码器。

4.5.1 二进制普通编码器

若输入信号的个数 N 与输出变量的位数 n 满足 $N=2^n$，则此电路称为二进制编码器。常用的二进制编码器有 4 线-2 线、8 线-3 线和 16 线-4 线等。图 4.44 所示为 8 线-3 线编码器的框图。表 4.19 所示为 8 线-3 线编码器真值表。

表 4.19　8 线-3 线编码器真值表

输入								输出		
x_0	x_1	x_2	x_3	x_4	x_5	x_6	x_7	y_2	y_1	y_0
1	0	0	0	0	0	0	0	0	0	0
0	1	0	0	0	0	0	0	0	0	1
0	0	1	0	0	0	0	0	0	1	0
0	0	0	1	0	0	0	0	0	1	1
0	0	0	0	1	0	0	0	1	0	0
0	0	0	0	0	1	0	0	1	0	1
0	0	0	0	0	0	1	0	1	1	0
0	0	0	0	0	0	0	1	1	1	1

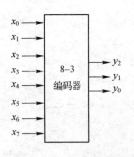

图 4.44　8 线-3 线编码器的框图

由表 4.19 可以得到 8 线-3 线编码输出信号的最简表达式：

$$y_2=x_7+x_6+x_5+x_4$$
$$y_1=x_7+x_6+x_3+x_2$$
$$y_0=x_7+x_5+x_3+x_1$$

(4-14)

例 4.14　8 线-3 线编码器。

例 4.14 给出了使用逻辑方程和 for 循环语句实现 8 线-3 线编码器的 Verilog 程序，程序 4.14a 是根据式（4-14）中的逻辑方程来实现的。注意：在代码中包含了一个叫作 valid 的输出，它是输入信号 x 中所有 8 个元素的或，只要有一个输入为 1，则输出 valid 的值就为 1。valid 的作用是区分当 y 为 000 时，x[0]取值的可能性。如果 valid 的值为 1，且输出 y 为 000，则正常情况下可以确定 x[0]的输入为 1。程序 4.14b 是用 for 循环语句实现 8 线-3 线编码器的程序代码。8 线-3 线编码器的仿真波形图如图 4.45 所示。

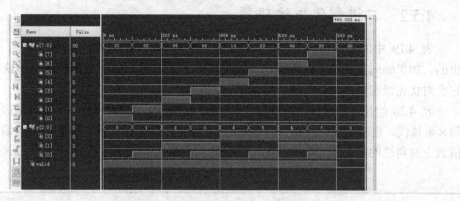

图 4.45　8 线-3 线编码器仿真波形图

（1）程序 4.14a：使用逻辑方程实现 8 线-3 线编码器 Verilog 程序。

```
module encode83a(
    input wire [7:0] x,
    output wire [2:0] y,
    output wire valid
);
    assign y[2] = x[7] | x[6] | x[5] | x[4];
    assign y[1] = x[7] | x[6] | x[3] | x[2];
    assign y[0] = x[7] | x[5] | x[3] | x[1];
    assign valid = | x;
endmodule
```

（2）程序 4.14b：使用 for 循环语句实现 8 线-3 线编码器 Verilog 程序。

```
module encode83b (
    input wire [7:0] x,
    output reg [2:0] y,
    output reg valid
);
    integer i;
    always @ ( * )
      begin
        y = 0;     //注意：在 always 块中，必须要把 y 和 valid 的值初始化为 0。
        valid = 0;
        for (i = 0; i <= 7; i = i+1)
          if (x[i] == 1)
            begin
              y = i;
```

```
                    valid = 1;
                end
            end
endmodule
```

4.5.2 二进制优先编码器

表 4.19 中的编码器真值表是假设在任何时候都只有一个输入信号为逻辑 1 的情况下给出的。如果编码器的几个输入同时为高电平，怎么办呢？优先编码器就是解决这种状况的，它会对优先级别最高的信号进行编码。

表 4.20 给出了一个 8 输入优先编码器的真值表。注意：每一行 1 的左边全部用不确定值×来替代。也就是说，无论×的值是 1 还是 0，都没有关系。因为输出的编码对应的是真值表主对角线的那个 1。其中，输入信号 x_7 的优先级最高。

表 4.20 8 输入优先编码器真值表

输入								输出		
x_0	x_1	x_2	x_3	x_4	x_5	x_6	x_7	y_2	y_1	y_0
1	0	0	0	0	0	0	0	0	0	0
×	1	0	0	0	0	0	0	0	0	1
×	×	1	0	0	0	0	0	0	1	0
×	×	×	1	0	0	0	0	0	1	1
×	×	×	×	1	0	0	0	1	0	0
×	×	×	×	×	1	0	0	1	0	1
×	×	×	×	×	×	1	0	1	1	0
×	×	×	×	×	×	×	1	1	1	1

例 4.15 8 线-3 线优先编码器。

程序 4.15 是根据表 4.20 编写的 Verilog 程序代码。如果把它和程序 4.14b 进行比较，将会发现它们是相同的。这是由于 for 循环是从 0 变化到 7 来判断 x[i]是否等于 1，把最后的 i 值赋给 y，因此，x[7]具有最高的优先级。

程序 4.15：8 线-3 线优先编码器 Verilog 程序。

```
module pencode83 (
    input wire [7:0] x,
    output reg [2:0] y,
    output reg valid
);
    integer i;
    always @ ( * )
        begin
            y = 0;
            valid = 1;
            for (i = 0; i <= 7; i = i+1)
                if (x[i] ==1)
```

```
            begin
                y = i;
                valid = 0;
            end
        end
endmodule
```

8 线-3 线优先编码器仿真波形图如图 4.46 所示。

图 4.46 8 线-3 线优先编码器仿真波形图

4.5.3 74LS148 的 IP 核设计

74LS148 为中规模集成 8 线-3 线优先编码器,其功能表如表 4.21 所示。74LS148 的输入信号 $I_7 \sim I_0$ 和输出信号 Q_c、Q_b、Q_a,均为低电平有效,EI 为使能输入端,低电平有效,EO 为使能输出端,当 EI=0 时,并且所有数据输入均为高电平时,EO=0。

表 4.21 74LS148 编码器功能表

EI	I_0	I_1	I_2	I_3	I_4	I_5	I_6	I_7	GS	Q_C	Q_B	Q_A	EO
1	×	×	×	×	×	×	×	×	1	1	1	1	1
0	1	1	1	1	1	1	1	1	1	1	1	1	0
0	×	×	×	×	×	×	×	0	0	0	0	0	1
0	×	×	×	×	×	×	0	1	0	0	0	1	1
0	×	×	×	×	×	0	1	1	0	0	1	0	1
0	×	×	×	×	0	1	1	1	0	0	1	1	1
0	×	×	×	0	1	1	1	1	0	1	0	0	1
0	×	×	0	1	1	1	1	1	0	1	0	1	1
0	×	0	1	1	1	1	1	1	0	1	1	0	1
0	0	1	1	1	1	1	1	1	0	1	1	1	1

```
module encode83(
    input I7,I6,I5,I4,I3,I2,I1,I0,
    input EI,
    output Qc,Qb,Qa,
    output reg GS,EO
```

```
    );
        wire [7:0]v;
        reg [2:0]y;
        integer i;
        assign v = {I7,I6,I5,I4,I3,I2,I1,I0};
        always @(*)
          if(EI)
            begin
              y = 3'b111;
              GS = 1'b1;
              EO = 1'b1;
            end
          else
            if( &v )
              begin
                y = 3'b111;
                GS = 1'b1;
                EO = 1'b0;
              end
            else
              begin
                GS = 1'b0;
                EO = 1'b1;
                for(i=0;i<8;i=i+1)
                  if(v[i] == 0)
                    y = ~i;
              end
        assign Qa = y[0];
        assign Qb = y[1];
        assign Qc = y[2];
    endmodule
```

图 4.47 所示为 74LS148 的仿真波形图，从仿真波形图中可以看到满足 74LS148 的功能。

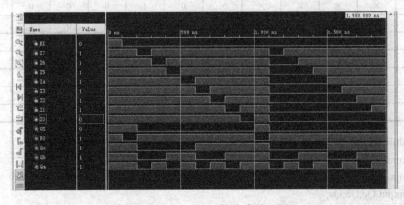

图 4.47　74LS148IP 核仿真波形图

4.6 编码转换器

本节将设计二进制-BCD 码转换器和格雷码转换器。

4.6.1 二进制-BCD 码转换器

二-十进制（Binary Coded Decimal, BCD）码，即把十进制的数 0~9 用二进制码 0000~1001 表示。例如，十进制数 15 就用两个 BCD 码 0001 0101 来表示。另外，十进制数 15 的十六进制（二进制）表示为 E (1111)。把单个的十六进制数（0~F）转换成两个 BCD 码的真值表，如表 4.22 所示。注意：把一个 4 位二进制数转化成 BCD 码后变为 5 位二进制数。

表 4.22 4 位二进制-BCD 码转换器

	二进制数				二进制编码十进制数（BCD）					
HEX	b_3	b_2	b_1	b_0	p_4	p_3	p_2	p_1	p_0	BCD
0	0	0	0	0	0	0	0	0	0	00
1	0	0	0	1	0	0	0	0	1	01
2	0	0	1	0	0	0	0	1	0	02
3	0	0	1	1	0	0	0	1	1	03
4	0	1	0	0	0	0	1	0	0	04
5	0	1	0	1	0	0	1	0	1	05
6	0	1	1	0	0	0	1	1	0	06
7	0	1	1	1	0	0	1	1	1	07
8	1	0	0	0	0	1	0	0	0	08
9	1	0	0	1	0	1	0	0	1	09
A	1	0	1	0	1	0	0	0	0	10
B	1	0	1	1	1	0	0	0	1	11
C	1	1	0	0	1	0	0	1	0	12
D	1	1	0	1	1	0	0	1	1	13
E	1	1	1	0	1	0	1	0	0	14
F	1	1	1	1	1	0	1	0	1	15

例 4.16 4 位二进制-BCD 码转换器。

根据表 4.22 所示的 4 位二进制-BCD 码转换器的真值表，可以通过逻辑方程设计一个 4 位二进制-BCD 码转换器。代码如下，仿真波形图如图 4.48 所示。

程序 4.16：4 位二进制-BCD 码转换器 Verilog 程序。

```
module binbcd4 (
    input wire [3:0] b,
    output wire [4:0] p
);
    assign p[4] = b[3] & b[2] | b[3] & b[1];
```

```
        assign p[3] = b[3] & ~b[2] & ~b[1];
        assign p[2] = ~b[3] & b[2] | b[2] & b[1];
        assign p[1] = b[3] & b[2] & ~b[1] | ~b[3] & b[1];
        assign p[0] = b[0];
    endmodule
```

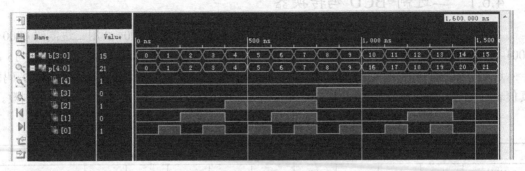

图 4.48　4 位二进制-BCD 码转换器仿真波形图

另一种设计任意位数的二进制-BCD 码转换器的方法就是所谓的移位加 3 算法（Shift and Add 3 Algorithm），程序详见例 4.17。

例 4.17　移位加 3 算法（Shift and Add 3 Algorithm）的 8 位二进制-BCD 码转换器。

如果把两个十六进制数 00~FF 转换成相应的 BCD 码（000~255），可以采用移位加 3 算法将十六进制用十进制数显示。

为了说明移位加 3 算法是如何工作的，先看表 4.23 所示的例子。表 4.23 为一个将十六进制数 FF 转换为 BCD 码 255 的转换过程。表格最右边的两列是将被转换为 BCD 码的两位十六进制数 FF，将 FF 写成 8 位二进制数的形式（8'b11111111）。从右边起，紧跟着二进制列的 3 列为 3 个 BCD 数字。它们分别被为百位、十位和个位。

表 4.23　8 位二进制数转换成 BCD 码步骤

操　作	百　位	十　位	个　位	二　进　制　数	
十六进制数				F	F
开始				1 1 1 1	1 1 1 1
左移 1			1	1 1 1 1	1 1 1
左移 2			1 1	1 1 1 1	1 1
左移 3			1 1 1	1 1 1 1	1
加 3			1 0 1 0	1 1 1 1	1
左移 4		1	0 1 0 1	1 1 1 1	
加 3		1	1 0 0 0	1 1 1 1	
左移 5		1 1	0 0 0 1	1 1 1	
左移 6		1 1 0	0 0 1 1	1 1	
加 3		1 1 0 1	0 0 1 1	1 1	

续表

操作	百位	十位	个位	二进制数
左移 7	1	0010	0111	1
加 3	1	0010	1010	1
左移 8	10	0101	0101	
BCD 数	2	5	5	

移位加 3 算法包括以下 4 个步骤：

1）把二进制数左移一位；
2）如果共移了 8 位，那么 BCD 数就在百位、十位和个位列，转换完成；
3）如果在 BCD 列中，任何一个二进制数是 5 或比 5 大，那么 BCD 列的数值加 3；
4）返回步骤 1）。

程序 4.17a 通过 Verilog 语句实现了移位加 3 算法的二进制-BCD 码转换。在程序中定义了输入变量 b[7:0]和输出变量 p[9:0]，以及一个由 p 和 b 拼接的变量 z[17:0]。在 always 语句中首先将 z[17:0]清零，再把输入变量 b 放到 z 中并左移 3 位。然后，通过 repeat 循环语句循环 5 次，每次把 z 左移一位，包括开始的 3 次，总共左移 8 次。每次通过 for 循环时，都要检查一下个位或十位是否是 5 或大于 5。如果是，则要加 3。当退出 for 循环时，输出的 BCD 码 p 将存储在 z[17:8]中。程序 4.17a 中的程序的仿真波形图如图 4.49 所示。

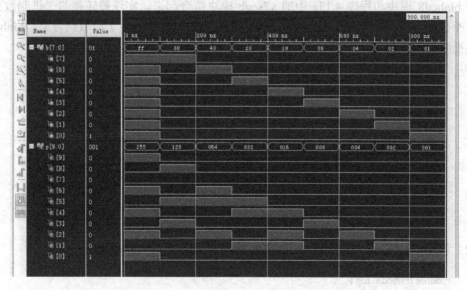

图 4.49　8 位二进制-BCD 码转换器仿真波形图

（1）程序 4.17a：8 位二进制-BCD 码转换器 Verilog 程序。

```
module binbcd8 (
    input wire [7:0] b,
    output reg [9:0] p
);
```

```
// 中间变量
reg [17:0] z;
integer i;
always @ (*)
begin
    for (i = 0; i <=17; i = i + 1)
        z[i] = 0;
    z[10:3] = b;                    // shift b left 3 places
    repeat (5)                      // 重复 5 次
    begin
        if (z[11:8] > 4)            // 如果个位大于 4
            z[11:8] = z[11:8] +3;   // 加 3
        if (z[15:12] > 4)           // 如果十位大于 4
            z[15:12] = z[15:12] +3; // 加 3
        z[17:1] = z[16:0];          // 左移一位
    end
    p = z[17:8];                    // BCD
end
endmodule
```

可以在板卡上验证程序 4.17a 中的 binbcd8 模块。程序 4.17b 为 binbcd8 的顶层模块，此例中将 binbcd8 模块和程序 4.13a 中的 x7segb 模块结合起来，实现被转换的二进制数由板卡上的 8 个拨码开关控制并用 LED 显示，相对应的十进制数显示在 7 段数码管上。binbcd8 顶层模块框图如图 4.50 所示。

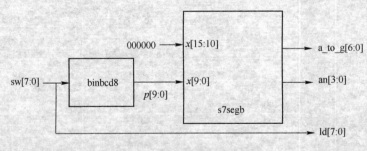

图 4.50 binbcd8 顶层模块框图

（2）程序 4.17b：8 位二进制-BCD 码转换器的顶层模块 Verilog 程序。

```
module binbcd8_top (
    input wire clk,
    input wire btn,
    input wire [7:0] sw,
    output wire [7:0] ld,
    output wire [6:0] a_to_g,
    output wire [3:0] an,
    output wire dp
```

```
    );
    wire [15:0] x;
    wire [9:0] p;
    // 串联 0 和 binbcd8 的输出
    assign x = {6'b000000, p};
    // 在 LED 上显示开关的二进制值
    assign ld = sw;
    // 在 7 段显示管上显示开关对应的十进制值
    binbcd8 B1( .b(sw),
                .p(p)
    );
    x7segb X2 ( .x(x),
                .clk(clk),
                .clr(btn),
                .a_to_g(a_to_g),
                .an(an),
                .dp(dp)
    );
endmodule
```

4.6.2 格雷码转换器

格雷码是一个有序的 2^n 个二进制码，其特点是两个相邻的码之间只有一位不同。如下所示为一个 3 位的格雷码：000-001-011-010-110-111-101-100。

二进制码（$b[i]$（$i=n-1$，$n-2$，…，1，0））与格雷码（$g[i]$（$i=n-1$，$n-2$，…，1，0））之间的转换并不是唯一的。本节介绍一种二进制码与格雷码相互转换的方法，步骤如下：

（1）二进制码转换成格雷码

1) 保留最高位 $g[i]=b[i]$（$i=n-1$）；

2) 其余各位 $g[i]=b[i+1]\wedge b[i]$（$i=n-2$，$n-2$，…，1，0）。

（2）格雷码转换成二进制码：

1) 保留最高位 $g[i]=b[i]$（$i=n-1$）；

2) 其余各位 $b[i]=b[i+1]\wedge g[i]$（$i=n-2$，$n-2$，…，1，0）。

例 4.18 4 位二进制码到格雷码的转换器。

本例中，将编写一个模块名为 bin2gray 的 Verilog 程序，它把一个 4 位的二进制数 $b[3:0]$ 转换成一个 4 位的格雷码 $g[3:0]$，该程序的仿真结果如图 4.51 所示。

程序 4.18：4 位二进制码到格雷码的转换器 Verilog 程序。

```
module bin_gray (
    input wire [3:0] b,
    output wire [3:0] g
    );
    assign g[3] = b[3];
```

```
assign g[2:0] = b[3:1] ^ b[2:0];
endmodule
```

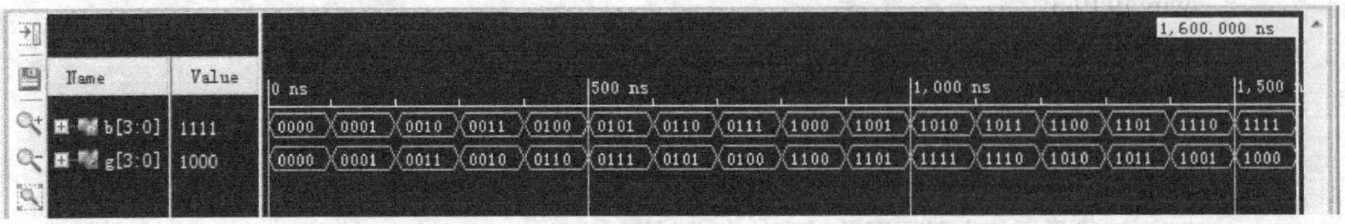

图 4.51 4 位二进制码到格雷码的转换器波形图

例 4.19 4 位格雷码到二进制码的转换器。

本例中，将编写一个模块名为 gray2bin 的 Verilog 程序，它把一个 4 位的格雷码 $g[3:0]$ 转换成一个 4 位的二进制数 $b[3:0]$，该程序的仿真结果如图 4.52 所示。

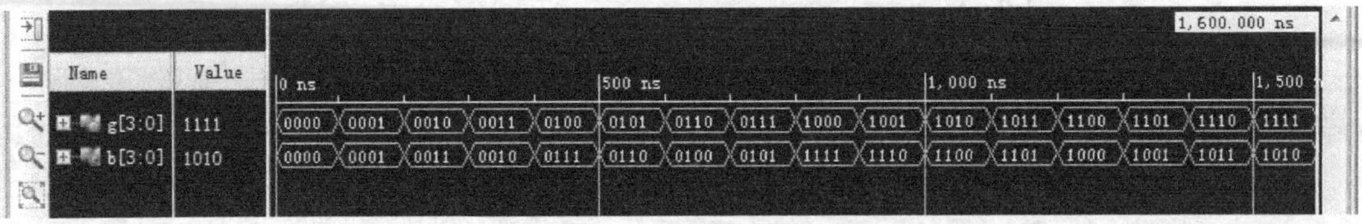

图 4.52 4 位格雷码到二进制码的转换器波形图

程序 4.19：4 位二进制码到格雷码的转换器 Verilog 程序。

```
module gray_bin (
    input wire [3:0] g,
    output reg [3:0] b
);
    integer i;
    always @ ( * )
begin
    b[3] – g[3];
    for (i = 2; i >= 0; i = i-1)
        b[i] = b[i+1] ^ g[i];
end
endmodule
```

4.7 加法器

加法器是进行算数加法运算的逻辑器件。在本节中将介绍二进制加法器。

4.7.1 半加器

表 4.24 所示为半加器的真值表。其中，a 和 b 相加，产生结果 s_0 和进位 c_0，图 4.53 所示为半加器的逻辑结构图。

表 4.24 半加器的真值表

a	b	s_0	c_0
0	0	0	0
0	1	1	0
1	0	1	0
1	1	0	1

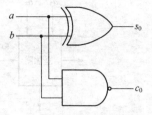

图 4.53 半加器的逻辑结构图

通过半加器的真值表可以写出半加器的逻辑表达式：

$$s_0 = a \wedge b \tag{4-15}$$
$$c_0 = ab \tag{4-16}$$

4.7.2 全加器

在二进制的加法中，必须考虑从低位向高位的进位，这种加法器被称为全加器。所以，对于二进制加法中的任意一位，都得考虑两个加数 a_i 和 b_i，以及进位输入 c_i 的值。其中，进位输入 c_i 为低一位加法产生的进位。这 3 个数相加生成和 s_i 及进位 c_{i+1}，进位 c_{i+1} 将作为高位的进位输入。全加器真值表如表 4.25 所示。

表 4.25 全加器真值表

c_i	a_i	b_i	s_i	c_{i+1}
0	0	0	0	0
0	0	1	1	0
0	1	0	1	0
0	1	1	0	1
1	0	0	1	0
1	0	1	0	1
1	1	0	0	1
1	1	1	1	1

根据表 4.25 所示的全加器真值表，通过卡诺图可以得到全加器的逻辑表达式：

$$s_i = c_i \wedge (a_i \wedge b_i) \tag{4-17}$$
$$c_{i+1} = a_i \& b_i | c_i \wedge (a_i \wedge b_i) \tag{4-18}$$

4.7.3 4 位加法器

4 位加法器框图如图 4.54 所示，从图中可知 4 位加法器可用 4 个 1 位全加器构成，最低位的进位输入被置为 0，之后每一位的进位输入均来自低位的进位输出，最高位的进位输出为整个加法运算的进位。

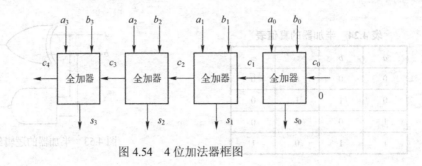

图 4.54 4 位加法器框图

例 4.20 利用逻辑表达式描述四位无符号加法器。

程序 4.20a 给出了图 4.54 所示的四位加法器的 Verilog 程序。采用的逻辑表达式来自式（4-17）和式（4-18），进位输出 cf 被定义为内部连线。

（1）程序 4.20a：4 位加法器 Verilog 程序。

```
module adder4a(
    input wire [3:0]  a,
    input wire [3:0]  b,
    output wire [3:0] s,
    output wire       cf
);
    wire [4:0]  c;
    assign c[0]=0;
    assign s = a ^ b ^ c[3:0];
    assign c[4:1] = a & b | c[3:0] & (a ^ b);
    assign cf = c[4];
endmodule
```

图 4.55 给出了程序 4.20a 中程序的仿真结果。

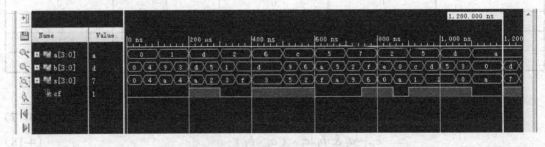

图 4.55 4 位加法器仿真波形图

我们可以在板卡上验证程序 4.20a 所示的 adder4a 模块，为此将它和程序 4.12a 中的 x7seg 模块连接起来形成顶层模块，如图 4.56 所示。加数 sw[7:4]显示在最左侧的 7 段数码管上，被加数 sw[3:0]显示在左起第 2 个数码管上。将这两个数作为加数输入加法器，其结果显示在最右侧的数码管上，而进位则显示在左起的第 3 个数码管上。程序 4.20b 给出了该顶层模块的 Verilog 程序。

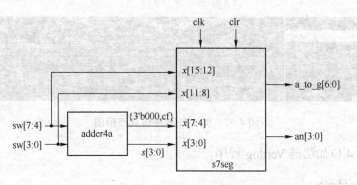

图 4.56 4 位加法器 adder4a 顶层模块框图

（2）程序 4.20b：4 位加法器 adder4a 顶层模块 Verilog 程序。

```
module adder4a_top(
  input wire clk,
  input wire   btn,
  input wire [7:0] sw,
  output wire [6:0] a_to_g,
  output wire [3:0] an,
  output wire dp
);
  wire [15:0] x;
  wire cf;
  wire [3:0] s;
  assign x[15:12] = sw[7:4];
  assign x[11:8] = sw[3:0];
  assign x[7:4] = {3'b000,cf};
  assign x[3:0] = s;
  adder4a A1 (.a(sw[7:4]),
              .b(sw[3:0]),
              .s(s),
              .cf(cf)
  );
  x7seg X1 (.x(x),
            .clk(clk),
            .clr(btn),
            .a_to_g(a_to_g),
            .an(an),
            .dp(dp)
  );
endmodule
```

例 4.21 利用行为语句描述 4 位加法器。

本例利用行为语句描述 4 位加法器，关键是如何设计进位输出，方法就是在加数 a 和 b 之前添加 0，用 5 位的临时变量 temp 来做加法运算。仿真波形图如图 4.57 所示。

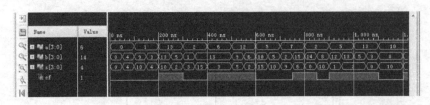

图 4.57 例 4.21 程序仿真波形图

程序 4.21：4 位加法器 Verilog 程序。

```
module adder4b(
    input wire [3:0] a,
    input wire [3:0] b,
    output reg [3:0] s,
    output reg cf
);
    reg [4:0] temp;
    always @(*)
      begin
        temp = {1'b0,a}+{1'b0,b};
        s = temp[3:0];
        cf = temp[4];
      end
endmodule
```

例 4.22 N 位加法器。

N 位加法器的程序代码如下。当 $N=8$ 时，其仿真波形图如图 4.58 所示。

图 4.58 8 位加法器仿真波形图

程序 4.22：4 位加法器 Verilog 程序。

```
module adderN
    #(parameter N=8)
    ( input wire [N-1:0] a,
      input wire [N-1:0] b,
      output reg [N-1:0] y
);
    always @(*)
      begin
        y = a + b;
      end
endmodule
```

4.8 减法器

4.8.1 半减器

图 4.59 所示为半减器的逻辑结构图，其中，a 为被减数，b 为减数，可以得到差值 d 及借位 c。表 4.26 所示为半减器真值表。

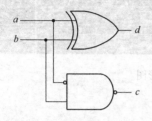

图 4.59 半减器的逻辑结构图

表 4.26 半减器真值表

a	b	d	c
0	0	0	0
0	1	1	1
1	0	1	0
1	1	0	0

通过半减器真值表可以写出半减器的逻辑表达式：

$$d = a \wedge b \tag{4-19}$$

$$c = \sim a \& b \tag{4-20}$$

4.8.2 全减器

表 4.27 所示为全减器真值表。其中，差值 d 的表达式为：

$$d_i = a_i - b_i - c_i \tag{4-21}$$

将全减器和全加器的真值表进行比较，可以看到全减器的差值 d_i 的表达式与全加器的和 s_i 的表达式完全一致。因此，全减器和全加器的区别仅在于借位和进位的差异。根据表 4.27 可以得到借位的表达式为：

$$c_{i+1} = \sim a_i \& b_i | c_i \& b_i | c_i \& a_i \tag{4-22}$$

表 4.27 全减器真值表

c_i	a_i	b_i	d_i	c_{i+1}
0	0	0	0	0
0	0	1	1	1
0	1	0	1	0
0	1	1	0	0
1	0	0	1	1
1	0	1	0	1
1	1	0	0	0
1	1	1	1	1

例 4.23 N 位减法器。

与程序 4.22 描述的加法器一样,也可以用算数操作符"-"来构建减法器。程序 4.23 给出了一个 N 位减法器的 Verilog 程序代码,其中运用了 parameter 常量声明语句。本例中不考虑借位。图 4.60 所示为该程序的仿真结果。

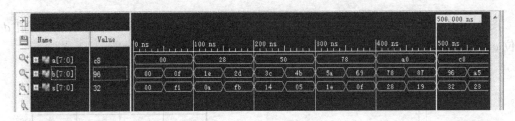

图 4.60 8 位减法器仿真波形图

程序 4.23:N 位减法器 Verilog 程序。

```
module subtractN
#(parameter N=8)
( input wire [N-1:0] a,
input wire [N-1:0] b,
output reg [N-1:0] y
);
always @(*)
    begin
        y = a - b;
    end
endmodule
```

例 4.24 4 位加/减法器。

4 位加/减法器电路图如图 4.61 所示,当 $e=0$ 时,实现加法器功能;当 $e=1$ 时,实现为减法器功能,图 4.62 所示为该 4 位加/减法器的仿真波形图。本例是在程序 4.20a 基础上得到的,当实现减法器功能时,输出信号 cf 为借位输出的反码。

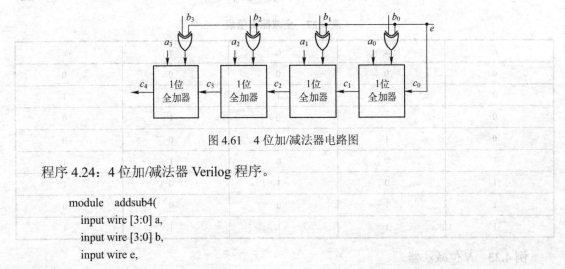

图 4.61 4 位加/减法器电路图

程序 4.24:4 位加/减法器 Verilog 程序。

```
module addsub4(
    input wire [3:0] a,
    input wire [3:0] b,
    input wire e,
```

```
        output wire [3:0] s,
        output wire cf,
    );
        wire [4:0]    c;
        wire [3:0]    bx;
        assign bx = b ^ {4{E}};
        assign c[0]=E;
        assign s = a ^ bx ^ c[3:0];
        assign c[4:1] = a & bx | c[3:0] & (a ^ bx);
        assign cf = c[4];
    endmodule
```

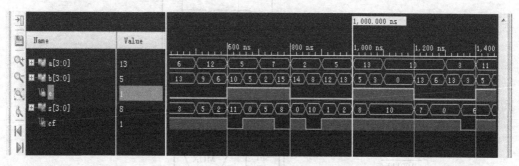

图 4.62　4 位加/减法器仿真波形图

4.9　乘法器

本节将介绍二进制乘法器，并设计一个组合逻辑的 4 位乘法器。

二进制乘法和十进制乘法十分相似，图 4.63 所示为二进制乘法的例子。其中，"1101"与"1011"中的每一位相乘，并且每一步都将中间结果左移一位，这与十进制的乘法运算方式是一致的。其结果也可以直接由表 4.28 所示的十六进制乘法表读出。

```
        十进制              二进制
          13                1101
        × 11              × 1011
         ---               ------
          13                1101
          13               1101
         ---               0000
         143              1101
                         --------
                         10001111
                         8   F_{16}=143_{10}
```

图 4.63　二进制乘法的例子

图 4.63 所示的乘法运算也可以写成图 4.64 所示的形式。在图 4.64 中写出了每一步的中间乘加结果。该乘法运算可以用 4 个相同的模块串接而成，如图 4.65 所示。每一个模块都包含一个加法器、一个 2 选 1 多路选择器及一个移位器。在例 4.25 中，将用移位的方法实现乘法运算。在例 4.25 中，我们将会用 for 语句来实现乘法运算。

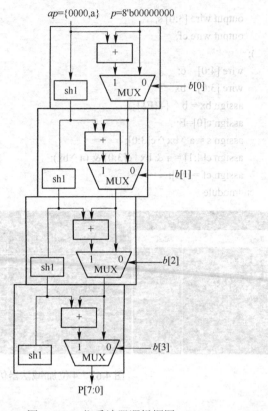

```
    1101
  × 1011
    1101
    1101
   0000
  1101
 10001111
```

图 4.64 二进制乘法　　　　图 4.65　4 位乘法器逻辑框图

表 4.28　十六进制乘法表

	0	1	2	3	4	5	6	7	8	9	A	B	C	D	E	F
0	0	0	0	0	0	0	0	0	0	0	0	0	0	0	0	0
1		1	2	3	4	5	6	7	8	9	A	B	C	D	E	F
2			4	6	8	A	C	E	10	12	14	16	18	1A	1C	1E
3				9	C	F	12	15	18	1B	1E	21	24	27	2A	2D
4					10	14	18	1C	20	24	28	2C	30	34	38	3C
5						19	1E	23	28	2D	32	37	3C	41	46	4B
6							24	2A	30	36	3C	42	48	4E	54	5A
7								31	38	3F	46	4D	54	5B	62	69
8									40	48	50	58	60	68	70	78
9										51	5A	63	6C	75	7E	87
A											64	6E	78	82	8C	96
B												79	84	8F	9A	A5
C													90	9C	A8	B4
D														A9	B6	C3
E															C4	D2
F																E1

例 4.25 二进制数与常数相乘。

我们知道,将二进制数左移一位相当于乘以 2,右移一位相当于除以 2,因此与 2 的任意次幂(如 2^n)的乘积,都可以通过向左移 n 位得到。假设要将某二进制数与常数相乘,此时可以把此常数写成 2 的幂之和,这样就可以通过移位相加操作来完成乘法运算。与图 4.64 所示的乘法电路相比,通常这种计算方式更高效且占用更少的硬件资源(当被乘数、乘数比较大时,图 4.64 所示的电路将占用相当多的硬件资源)。

本例将 9 位的二进制数 $x[8:0]$ 与 100 相乘。最大的 9 位二进制数是 511,它与 100 相乘,得到的结果是 51100,这是一个 16 位的二进制数。因此用 16 进制数 $p[15:0]$ 来表示乘积结果。首先将常数 100 写成如下的形式:

$$100 = 64 + 32 + 4 = 2^6 + 2^5 + 2^2$$

因此,只需将 x 左移 6 位、5 位和 2 位的结果相加,即可得到最后的结果。程序 4.24 给出了相应的 Verilog 程序代码。

程序 4.25:二进制数与常数相乘 Verilog 程序。

```
module mult100(
    input wire [8:0] x,
    output wire [15:0] p
);
    assign p = {1'b0,x,6'b000000} + {2'b00,x,5'b00000} + {5'b00000,x,2'b00};
endmodule
```

图 4.66 给出了程序的仿真结果。其中,5 个 x 十进制值分别是 0,40,80,120,160 及 200,乘以 100 后得到结果分别为 0,4000,8000,12000,16000 和 20 000,证明此程序是正确的。

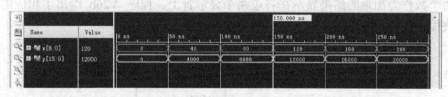

图 4.66 与常数 100 相乘仿真图

例 4.26 4 位乘法器。

图 4.64 所示的 4 位乘法器可以用 Verilog 程序来描述。本例中通过 for 语句来重复"打开"每一个子模块,通过 if 语句来实现多路选择器。该程序的仿真结果如图 4.67 所示。

(1)程序 4.26a:4 位乘法器 Verilog 程序。

```
module mult4(
    input wire [3:0] a,
    input wire [3:0] b,
    output reg [7:0] p
);
    reg [7:0] pv;
    reg [7:0] ap;
```

```
        integer i;
        always @(*)
            begin
                pv = 8'b00000000;
                ap = {4'b0000,a};
                for(i = 0; i <= 3; i = i + 1)
                    begin
                        if(b[i]==1)
                            pv = pv + ap;
                        ap = {ap[6:0],1'b0};
                    end
                p = pv;
            end
endmodule
```

图 4.67 4 位乘法器仿真波形图

可以在板卡上验证例 4.26a 所示的 mult4 模块，为此可以将它和程序 4.12a 中的 x7seg 模块连接起来形成顶层模块，如图 4.68 所示。被乘数 sw[7:4]和乘数 sw[3:0]由拨码开关控制，并将被乘数 sw[7:4]显示在最左侧的 7 段数码管上，乘数 sw[3:0]显示在左起第 2 个数码管上。这两个数作为加乘的结果显示在右边两个显示管上。程序 4.26b 给出了相应的 Verilog 顶层模块程序代码。可利用表 4.28 所示的乘法表来验证测试结果。

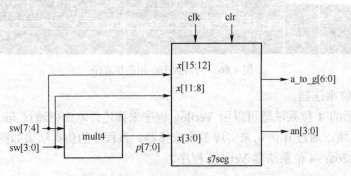

图 4.68 测试 4 位乘法器的顶层模块框图

（2）程序 4.26b：4 位乘法器顶层模块 Verilog 程序。

```
module mult4_top(
    input wire clk,
    input wire    btn,
    input wire [7:0] sw,
```

```
        output wire [6:0] a_to_g,
        output wire [3:0] an,
        output wire dp
    );
        wire [15:0] x;
        wire [7:0] p;
        assign x[15:12] = sw[7:4];
        assign x[11:8] = sw[3:0];
        assign x[7:0] = p;
        mult4 M1 (.a(sw[7:4]),
                  .b(sw[3:0]),
                  .p(p)
        );
        x7seg X1 (.x(x),
                  .clk(clk),
                  .clr(btn),
                  .a_to_g(a_to_g),
                  .an(an),
                  .dp(dp)
        );
    endmodule
```

4.10 除法器

本节将介绍二进制除法器，并设计一个 8 位的组合逻辑除法器。其中，用一个 8 位的被除数除以一个 4 位的二进制除数，得到一个 8 位的商及一个 4 位的余数。

二进制除法运算和十进制除法运算类似，可以通过长除法得到，如图 4.69（a）所示。这等价于十六进制中用 D 去除 87，产生商 A 及余数 5。可利用表 4.28 验证这一结果。

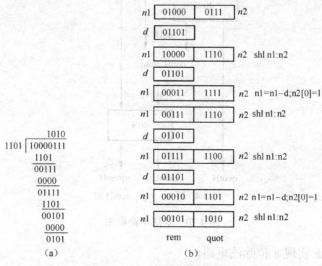

图 4.69 二进制除法的例子

图 4.68（b）显示了如何用 div4 算法进行二进制除法运算。div4 算法的步骤如下：
（1）将被除数以 $\{n_1,n_2\}$ 拼接的形式存储；
（2）存储除数 d；
（3）重复 4 次：将 $\{n_1,n_2\}$ 左移一位。Verilog 程序如下：

```
if(n1>=d)
  begin
    n1 = n1 - d;
    n2[0] = 1;
  end
```

（4）商和余数的结果如下：

```
quot = n2;
rem = n1[3:0];
```

算法 div4 的一个问题是，用 4 位的除数去除 8 位的被除数，得到各 4 位的商和余数。如果除数太小（小于被除数的高 4 位），那么商就将多于 4 位，这就产生了溢出。这时需要一个能生成 8 位商及 4 位余数的算法。这可以通过重复调用 div4 算法来得到。首先用除数去除被除数的高位部分，得到商及余数的高位；高位余数与被除数的低位部分一起构成低位被除数，它除以除数得到商的低位和最终的余数。整个算法流程如图 4.70 所示，将在例 4.26 中用 Verilog 中的 task 语句来实现该算法。

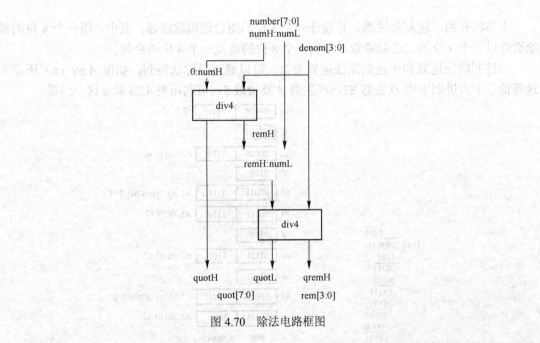

图 4.70 除法电路框图

例 4.27 用 task 实现 8 位除法电路。

程序 4.27 使用了 task 语句来实现图 4.69 所示的 8 位除法运算。其中，任务 task 用于实现 div4,并生成 4 位的商。通过两次调用这个任务即可实现图 4.70 所示的除法电路。图 4.71 所示为程序 4.27 的仿真波形图。

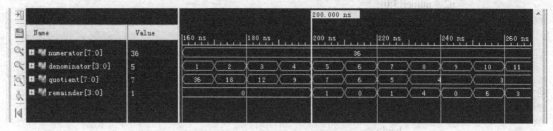

图 4.71 8 位除法电路仿真波形图

注意：任务必须在 always 语句中才能调用,而任务内部不能包含 always 块。顺序语句如 if、case、for 等可以在任务内部使用。

程序 4.27：用 task 实现 8 位除法电路 Verilog 程序。

```
module div84(
    input wire [7:0] numerator,
    input wire [3:0] denominator,
    output reg [7:0] quotient,
    output reg [3:0] remainder
    );
    reg [3:0] remH;
    reg [3:0] remL;
    reg [3:0] quotH;
    reg [3:0] quotL;
    always @(*)
      begin
        div4({1'b0,numerator[7:4]},denominator,quotH,remH);
        div4({remH,numerator[3:0]},denominator,quotL,remL);
        quotient[7:4] = quotH;
        quotient[3:0] = quotL;
        remainder = remL;
       end
    task div4(
      input [7:0] numer,
      input [3:0] denom,
      output [3:0] quot,
      output [3:0] rem
    );
      begin : D4
        reg [4:0] d;
        reg [4:0] n1;
```

```
            reg [3:0] n2;
            d = {1'b0,denom};
            n2 = numer[3:0];
            n1 = {1'b0,numer[7:4]};
            repeat(4)
                begin
                    n1 = {n1[3:0],n2[3]};    //shl n1:n2
                    n2 = {n2[2:0],1'b0};
                    if(n1>=d)
                        begin
                            n1 = n1 - d;
                            n2[0] = 1;
                        end
                end
            quot = n2;
            rem = n1[3:0];
        end
    endtask
endmodule
```

例 4.28　4 位 ALU。

例 4.24 中设计了一个加/减法器，在本例中通过增加一些逻辑单元设计一个被称为算术逻辑单元（ALU）的模块。ALU 整合了一系列算术、逻辑函数，可以很容易地被替换或扩展，以实现不同的操作。

程序 4.28 给出了 4 位 ALU 的 Verilog 程序代码，实现了表 4.29 中的各项操作。与多路选择器中用控制信号从多个输入信号中选择一个作为输出信号类似，在 ALU 中也有一系列的控制信号，用于选择所需的运算或操作。表 4.29 列出了 ALU 中常见的运算和逻辑操作。图 4.72 所示为 4 位 ALU 仿真波形图。

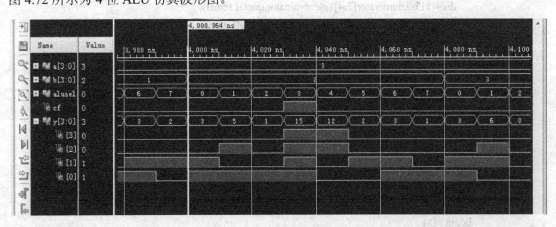

图 4.72　4 位 ALU 仿真波形图

第4章 组合逻辑电路实验

表4.29 ALU中的运算和逻辑操作

alusel[2:0]	函　数	输　出
000	传递 a	a
001	加法	a+b
010	减法1	a-b
011	减法2	b-a
100	取反	~a
101	与	a&b
110	或	a|b
111	异或	a^b

程序4.28：4位ALUVerilog程序。

```
module alu4(
    input wire [2:0] alusel,
    input wire [3:0] a,
    input wire [3:0] b,
    output reg nf,
    output reg zf,
    output reg cf,
    //output reg ovf,
    output reg [3:0] y
    );
reg [4:0] temp;

always @(*)
    begin
      cf = 0;
      //ovf = 0;
      temp = 5'b00000;
    case(alusel)
      3'b000: y=a;
      3'b001:                          //a+b
        begin
          temp = {1'b0,a} + {1'b0,b};
          y = temp[3:0];
          cf = temp[4];
          //ovf = y[3]^a[3]^b[3]^cf;
        end
      3'b010:                          //a-b
        begin
          temp = {1'b0,a} - {1'b0,b};
          y = temp[3:0];
          cf = temp[4];
```

```
                        //ovf = y[3]^a[3]^b[3]^cf;
      end
    3'b011:                              //b-a
      begin
        temp = {1'b0,b} - {1'b0,a};
        y = temp[3:0];
        cf = temp[4];
        //ovf = y[3]^a[3]^b[3]^cf;
      end
    3'b100: y = ~a;
    3'b101: y = a&b;
    3'b110: y = a|b;
    3'b111: y = a^b;
    default: y = a;
  endcase
  nf = y[3];
  if(y==4'b0000)
    zf = 1;
  else
    zf = 0;
  end
endmodule
```

第5章 时序逻辑电路实验

在第 4 章中，我们所学的逻辑电路瞬时输出值都只与当前的输入变量有关。然而，常用的逻辑电路输出不仅与该时刻的输入变量有关，还和输入变量前一时刻的状态有关。这就意味着，电路中必须包含一些存储器件来记住这些输入变量的过去值，这样的电路一般会用到锁存器、触发器等。这种用到锁存器和触发器的电路称为时序逻辑电路。

5.1 锁存器和触发器

5.1.1 锁存器

1. 基本 RS 锁存器

图 5.1 所示为基本 RS 锁存器电路图，它由一对与非门构成。基本 RS 锁存器有两个输入端 $\bar{R}$ 和 $\bar{S}$，两个输出端 Q 和 $\bar{Q}$，其中 $\bar{R}$（Reset）为置 0 端，$\bar{S}$（Set）为置 1 端，Q 和 $\bar{Q}$ 为互补输出端。表 5.1 为基本 RS 锁存器真值表。

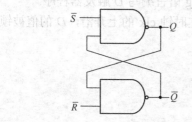

图 5.1 基本 RS 锁存器电路图

表 5.1 基本 RS 锁存器真值表

$\bar{R}$	$\bar{S}$	Q^{n+1}	功能说明
0	0	不定	不允许
0	1	0	置 0
1	0	1	置 1
1	1	Q^n	保持

2. 带时钟触发的 RS 锁存器

图 5.2 所示为带时钟触发的 RS 锁存器电路，它在图 5.1 所示电路的基础上增加了两个与非门。在这个电路中，当 clk = 0 时，锁存器保持原来的状态；当 clk = 1 时，锁存器状态由 R、S 决定。表 5.2 为带时钟触发的 RS 锁存器真值表。

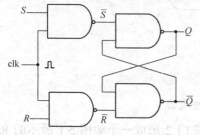

图 5.2 带时钟触发的 RS 锁存器电路

表 5.2 带时钟触发的 RS 锁存器真值表

clk	R	S	Q^{n+1}	功能说明
1	0	0	Q^n	保持
1	0	1	1	置 1
1	1	0	0	置 0
1	1	1	不定	不允许
0	×	×	Q^n	保持

3. D 锁存器

若要消除图 5.2 中的不定状态，就必须保证 R 和 S 的逻辑值总是相反的。我们可以通过加一个反相器实现此功能。如图 5.3 所示的电路被称为 D 锁存器。在此电路中，D 就相当于图 5.2 中的 S，而 $\overline{D}$ 就相当于 R。因此，当 D 和 clk 都为 1 时，输出 Q^n 为 1（置位）。同样，当 D 为 0，clk 为 1 时，输出 Q^n 为 0（复位）；只有当时钟 clk 为 0 时，才能进入存储状态。D 锁存器真值表如表 5.3 所示。

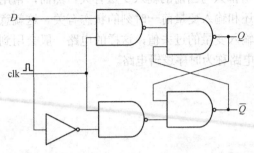

表 5.3　D 锁存器真值表

clk	D	Q^{n+1}	功能说明
1	0	0	置 0
1	1	1	置 1
0	×	Q^n	保持

图 5.3　D 锁存器

5.1.2　触发器

触发器是一种具有存储、记忆二进制码的器件。触发器分为 D 触发器、T'触发器和 JK 触发器等。下面主要学习 D 触发器的结构、原理及用 Verilog 语言编写 D 触发器程序。

图 5.4 所示的电路是一个正边沿触发的 D 触发器，即在时钟 clk 的上升沿，D 的值被锁存在 Q^n 中。

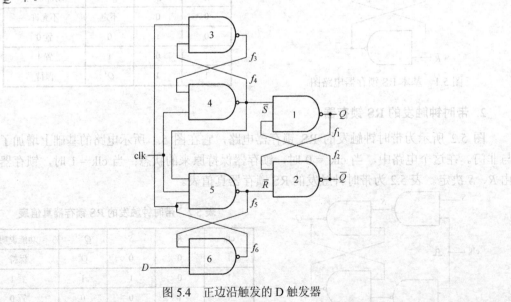

图 5.4　正边沿触发的 D 触发器

下面分析图 5.4 所示电路的原理。与非门 1 和与非门 2 形成一个如图 5.1 所示的 RS 锁存器。当 $\overline{R}$ 和 $\overline{S}$（即图 5.4 中的反馈信号 f_5 和 f_4）都为 1 时，该锁存器处于存储状态。假设时钟信号 clk 为 0，D 为 1，那么信号 f_5 和 f_4 都将为 1，RS 锁存器处于存储状态。同时 f_6 将变为 0，f_3 变为 1。如果时钟信号 clk 为 1，这将会使 f_4（$\overline{S}$）变为 0，输出 Q 被置为 1。如果现在输入 D 为 0，而时钟信号 clk 仍然为 1，那么 f_6 将变为 1，只要时钟信号 clk 为 1，f_3 也将保持为 1。这就意味着 f_4 仍然为 0，因此输出 Q 保持状态 1 不变。也就是说，一旦输出 Q 在时钟信号上升沿被置为 1，那么即使输入 D 变为 0，输出 Q 也仍然保持为 1。而当时钟信号变为 0 时，f_5 和 f_4 都将为 1，那么输出锁存器处于存储状态，输出 Q 保持为 1。

现在让时钟信号 clk 和 D 都为 0，那么 f_5 和 f_4 都将为 1，RS 锁存器处于存储状态。此时，信号 f_3 和 f_6 分别为 0 和 1。假设时钟信号 clk 变为 1，则 f_5 为 0，输出 Q 被清零。如果现在输入 D 为 1，时钟信号 clk 仍为 1，因为 f_5 为 0，所以 f_6 将保持为 1，输出 Q 保持为 0 不变。而当时钟信号变为 0 时，f_5 和 f_4 都将为 1，那么输出锁存器处于存储状态，输出 Q 保持为 0。请参照例 5.1 中的 Verilog 程序，它实现了图 5.4 所示的逻辑电路的功能。

例 5.1 正边沿触发的 D 触发器。

程序 5.1：正边沿触发的 D 触发器 Verilog 程序。

```verilog
module flipflop (
    input wire clk,
    input wire D,
    output wire q,
    output wire notq
);
    wire f1, f2, f3, f4, f5, f6;
    assign    f1 = ~ (f4 & f2);
    assign    f2 = ~ (f1 & f5);
    assign    f3 = ~ (f6 & f4);
    assign    f4 = ~ (f3 & clk);
    assign    f5 = ~ (f4 & clk & f6);
    assign    f6 = ~ (f5 & D);
    assign    q = f1;
    assign    notq = f2;
endmodule
```

图 5.5 所示为例 5.1 所示程序的仿真波形图。

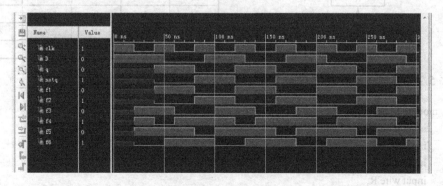

图 5.5　正边沿触发的 D 触发器仿真波形图

例 5.2 带有清零和置位端的 D 触发器。

如图 5.6 所示，我们可以在 D 触发器电路的基础上增加一个异步的置位和复位信号。当输入 S 为 1 时，输出 Q 立即变为 1，而不用等到下一个时钟上升沿的到来。同样，当 R 为 1 时，不用等到下一个时钟上升沿的到来，输出 Q 立即变为 0。

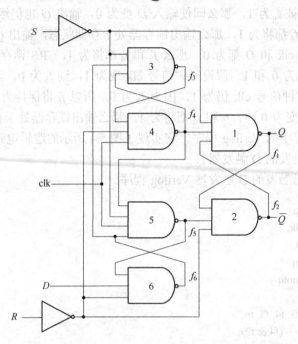

图 5.6 带异步置位和复位的正边沿触发的 D 触发器

带有异步置位和复位的正边沿触发的 D 触发器框图如图 5.7 所示，其真值表如表 5.4 所示。

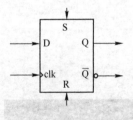

图 5.7 D 触发器框图

表 5.4 D 触发器真值表

clk	R	S	D	Q^{n+1}
↑	0	0	0	0
↑	0	0	1	1
×	0	1	×	1
×	1	0	×	0
×	1	1	×	不允许
0	0	0	×	Q^n

程序 5.2：带有清零和置位端的 D 触发器 Verilog 程序。

```
module flipflopcs (
    input wire clk,
    input wire D,
    input wire S,
    input wire R,
    output Q,
```

第5章 时序逻辑电路实验

```
        output notQ
    );
        wire f1, f2, f3, f4, f5, f6;
        assign  f1 = ~ (f4 & f2 & ~S);
        assign  f2 = ~(f1 & f5 & ~R);
        assign  f3 = ~(f6 & f4 & ~S);
        assign  f4 = ~(f3 & clk & ~R);
        assign  f5 = ~(f4 & clk & f6 & ~S);
        assign  f6 = ~(f5 & D & ~R);
        assign  Q = f1;
        assign  notQ = f2;
    endmodule
```

图 5.8 所示为带异步置位和复位的正边沿触发的 D 触发器仿真波形图。

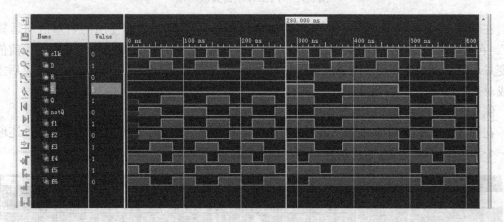

图 5.8　带异步置位和复位的正边沿触发的 D 触发器仿真波形图

例 5.3　Verilog 中的 D 触发器。

在例 5.1 和例 5.2 中，我们用与非门描述了一个正边沿 D 触发器。本例中用另一种方法设计正边沿触发的 D 触发器，其 Verilog 程序如下所示。

程序 5.3：Verilog 中的 D 触发器 Verilog 程序。

```
    module Dff(
        input wire clk,
        input wire clr,
        input wire D,
        output reg Q
    );
        always @ (posedge clk or posedge clr)
            if (clr == 1)
                Q <= 0;
            else
                Q <= D;
    endmodule
```

在 always 语句中，敏感事件 posedge clk 表示时钟信号 clk 的上升沿（clk 的下降沿则用 negedge clk 表示）。注意：如果 clr 等于 1，那么 Q 将立即变为 0；如果 clr 不为 1，那么 always 块将在时钟信号 clk 的上升沿将 Q 设置为当前的 D 值，这正是一个正边沿触发 D 触发器的功能。例 5.3 的仿真结果如图 5.9 所示。

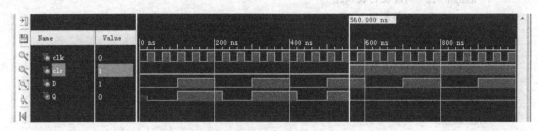

图 5.9 例 5.3 程序仿真波形图

在例 5.3 中，我们使用了非阻塞语句运算符"<="代替之前使用的阻塞语句运算符"="。在前面章节的学习中我们知道，当使用阻塞运算符"="时，赋值语句立即把当前值赋给变量。但是，如果使用非阻塞赋值运算符"<="，则赋值语句要等到 always 块结束后才能完成对变量进行赋值的操作。

例 5.4 Verilog 中带异步清零和置位端的 D 触发器。

在例 5.4 所示的 D 触发器 Verilog 程序中，我们除了增加了一个异步清零端外，还增加了一个异步置位端。这个程序的仿真波形图如图 5.10 所示。

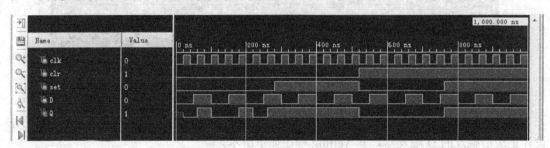

图 5.10 例 5.4 程序仿真波形图

程序 5.4：Verilog 中带有清零和置位端的 D 触发器 Verilog 程序。

```
module Dffsc (
    input wire clk,
    input wire clr,
    input wire set,
    input wire D,
    output reg Q
);
    always @ (posedge clk or posedge clr or posedge set)
        if (set == 1)
            Q <= 1;
        else if (clr == 1)
```

```
            Q <= 0;
        else
            Q <= D;
endmodule
```

例 5.5 二分频计数器。

如图 5.11 所示，我们把一个 D 触发器的输出 $\bar{Q}$ 与它的输入 D 相连。这将会发生什么呢？在每一个时钟的上升沿，$\bar{Q}$ 的值都将会被锁存在 Q 中（经过一些传输延时）。我们把输出 Q 记为 Q_0，输出 $\bar{Q}$ 记为 $\bar{Q}_0$。假设 Q_0 的初始值为 0，那么 $\bar{Q}_0$ 的值为 1，在第一个时钟上升沿，$\bar{Q}_0$ 的值 1 将被锁存在 Q_0。因此，Q_0 将从 0 变为 1，而 $\bar{Q}_0$ 则从 1 变为 0。这就意味着现在的 D 值为

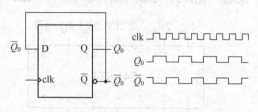

图 5.11 利用触发器设计二分频计数器

0，所以在下一个时钟上升沿，Q_0 的值又将变回 0，而 $\bar{Q}_0$ 变回 1。这个过程将不断重复，这样 Q_0 的频率正好是时钟频率的一半。在例 5.5 中，我们给出了这个二分频计数器的 Verilog 程序，其仿真结果如图 5.12 所示。

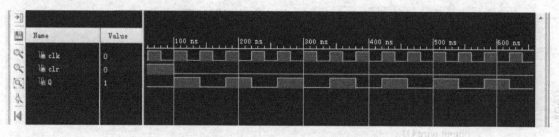

图 5.12 二分频计数器仿真波形图

程序 5.5：二分频计数器 Verilog 程序。

```verilog
module div2cnt (
    input wire clk,
    input wire clr,
    output reg Q0
);
    wire D;         //D 触发器的输入
    assign D = ~Q0;
    // D 触发器
    always @ (posedge clk or posedge clr)
        if (clr == 1)
            Q0 <= 0;
        else
            Q0 <= D;
endmodule
```

注意：always 块中的语句是顺序执行的，而 always 块和 always 块及 assign 语句之间是并发执行的。

5.1.3 74LS74 的 IP 核设计及应用

74LS74 是一种双上升沿触发的 D 触发，其引脚图如图 5.13 所示。其中，$\overline{S}_D$ 为异步置位端，$\overline{R}_D$ 为异步复位端。表 5.5 为 74LS74 的状态转换真值表。

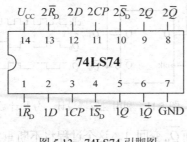

图 5.13 74LS74 引脚图

表 5.5 74LS74 的状态转换真值表

CP	$\overline{R}_D$	$\overline{S}_D$	D	Q^{n+1}
×	0	1	×	0
×	1	0	×	1
×	0	0	×	1
↓	1	1	×	Q^n
↑	1	1	0	0
↑	1	1	1	1

1. 74LS74 的 IP 核设计

芯片 74LS74 的 Verilog 程序代码如下，其仿真波形图如图 5.14 所示。

```
module d_ff_74ls74(
    input   R1_n,
    input   S1_n,
    input   CP1,
    input   D1,
    output wire Q1,
    output wire Q1_n,
    input   R2_n,
    input   S2_n,
    input   CP2,
    input   D2,
    output wire Q2,
    output wire Q2_n
);
    wire q1_reg;
    wire q2_reg;
    FDCPE #(.INIT(1'b0)) u_d_ff1 (
        .Q(q1_reg),              // Data output
        .C(CP1),                 // Clock input
        .CE(1'b1),               // Clock enable input
        .D(D1),                  // Data input
        .CLR((!R1_n) && S1_n),   // Asynchronous clear input
        .PRE(R1_n && (!S1_n))    // Asynchronous set input
    );
```

```
FDCPE #(.INIT(1'b0)) u_d_ff2 (
    .Q(q2_reg),            // Data output
    .C(CP2),               // Clock input
    .CE(1'b1),             // Clock enable input
    .D(D2),                // Data input
    .CLR((!R2_n) && S2_n),    // Asynchronous clear input
    .PRE(R2_n && (!S2_n))     // Asynchronous set input
);
assign Q1   = ((!R1_n) && (!S1_n)) ? 1'b1 : q1_reg;
assign Q1_n = ((!R1_n) && (!S1_n)) ? 1'b1 : ~q1_reg;
assign Q2   = ((!R2_n) && (!S2_n)) ? 1'b1 : q2_reg;
assign Q2_n = ((!R2_n) && (!S2_n)) ? 1'b1 : ~q2_reg;
endmodule
```

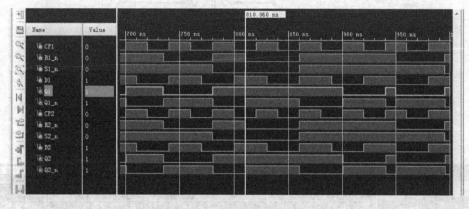

图 5.14　74LS74 仿真波形图

2. 利用 74LS74 设计 2-4 分频器

利用 D 触发器 74LS74 实现 2-4 分频器的电路图如图 5.15 所示，其中，触发器控制端 $\overline{R}_D$、$\overline{S}_D$ 接逻辑电平 1。

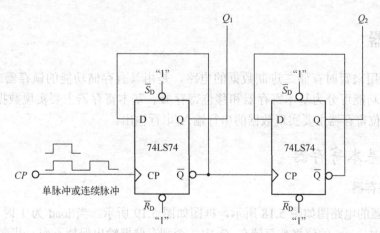

图 5.15　利用 74LS74 实现 2-4 分频器的电路图

利用 74LS74 的 IP 核实现 2-4 分频器的电路图如图 5.16 所示，其仿真波形如图 5.17 所示，观察图 5.17 可以看出 Q1 的频率为时钟频率的一半，Q2 的频率为 Q1 的频率的一半。

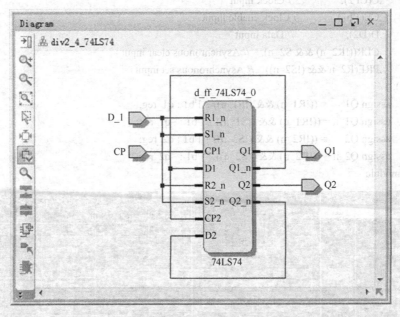

图 5.16　利用 74LS74 的 IP 核实现 2-4 分频器的电路图

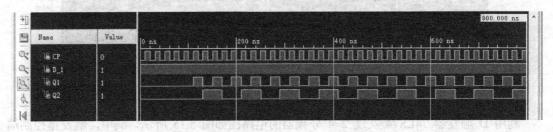

图 5.17　利用 74LS74 的 IP 核实现 2-4 分频器的仿真波形图

5.2　寄存器

寄存器是用来暂时存储二进制数据的电路，是由具有存储功能的锁存器或触发器构成的。寄存器按功能可分为基本寄存器和移位寄存器。基本寄存器主要实现数据的并行输入/并行输出；移位寄存器主要实现数据的串行输入/串行输出。

5.2.1　基本寄存器

1. 1 位寄存器

1 位寄存器的电路图如图 5.18 所示，框图如图 5.19 所示。当 load 为 1 时，在下一个时钟上升沿来到时，inp 的值将被存储在 Q 中，否则存储器输出保持不变。其真值表如表 5.6

所示。

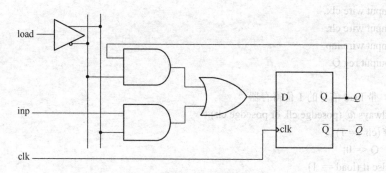

图 5.18 1 位寄存器的电路图

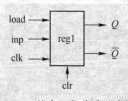

图 5.19 基本 1 位寄存器框图

表 5.6 1 位寄存器真值表

clk	clr	load	inp	Q^{n+1}
×	0	×	×	0
↑	1	1	inp	inp
↑	1	0	×	Q^n
非↑	1	×	×	Q^n

例 5.6 基本 1 位寄存器。

本例给出两种实现方法实现图 5.18 所示电路功能的 Verilog 程序。它的仿真结果如图 5.20 所示。

（1）程序 5.6a：1 位寄存器一 Verilog 程序。

```
module reg1bit (
    input wire load,
    input wire clk,
    input wire clr,
    input wire inp,
    output reg Q
);
    wire D;
    assign D = Q & ~load | inp & load;
    // D 触发器
    always @ (posedge clk or posedge clr)
        if (clr == 1)
            Q <= 0;
        else
            Q <= D;
endmodule
```

（2）程序 5.6b：1 位寄存器二 Verilog 程序。

```
module reg1bitb (
```

```
    input wire load,
    input wire clk,
    input wire clr,
    input wire inp,
    output reg Q
);
// 带 load 信号的 1 位寄存器
always @ (posedge clk or posedge clr)
    if (clr == 1)
        Q <= 0;
    else if (load == 1)
        Q <= inp;
endmodule
```

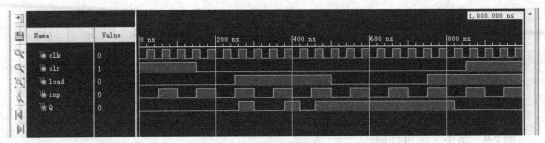

图 5.20　1 位寄存器仿真波形图

2. 4 位寄存器

我们将 4 个如图 5.19 所示的带有 load 和 clk 信号的 1 位寄存器模块组合在一起，构成一个如图 5.21 所示的 4 位寄存器（图中省略了共用的 clr 信号）。

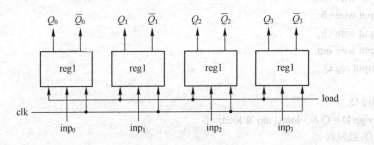

图 5.21　基本 4 位寄存器

例 5.7　基本 4 位寄存器。

程序 5.7：4 位寄存器 Verilog 程序。

```
module reg4bit (
    input wire load,
    input wire clk,
    input wire clr,
    input wire [3:0] inp,
```

```
        output reg [3:0] Q
    );
    // 带 load 信号的 4 位寄存器
    always @ (posedge clk or posedge clr)
        if (clr == 1)
            Q <= 0;
        else if (load == 1)
            Q <= inp;
endmodule
```

基本 4 位寄存器的仿真波形图如图 5.22 所示。

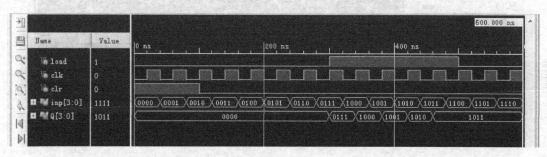

图 5.22 基本 4 位寄存器仿真波形图

3. N 位寄存器

我们可以用 N 个 1 位寄存器构造一个 N 位寄存器。N 位寄存器的框图如图 5.23 所示。当 clr 为 0 时，如果 load 为 1，那么在下一个时钟的上升沿，N 位输入 $D[N-1:0]$ 就被锁存到 N 位输出 $Q[N-1:0]$ 中。

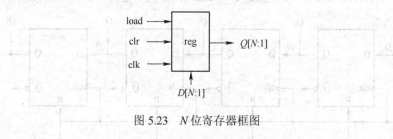

图 5.23 N 位寄存器框图

例 5.8 带有异步清零和加载信号的 N 位寄存器。

程序 5.8：带有异步清零和加载信号的 N 位寄存器 Verilog 程序。

```
module register
    #(parameter N = 8)
    (input wire load,
     input wire clk,
     input wire clr,
     input wire [N-1:0] D,
     output reg [N-1:0] Q
```

```
    );
    always @ (posedge clk or posedge clr)
        if (clr == 1)
            Q <= 0;
        else if (load == 1)
            Q <= D;
endmodule
```

图 5.24 所示为 $N=8$ 时，8 位寄存器仿真波形图。

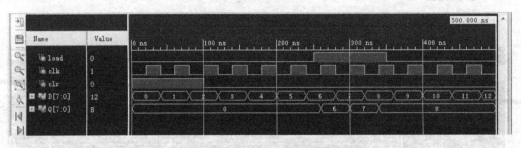

图 5.24 8 位寄存器仿真波形图

5.2.2 移位寄存器

移位寄存器不仅有存储数据的功能还具有移位的功能。

1. 右移寄存器

图 5.25 所示是一个由 4 个触发器组成的 4 位右移寄存器框图。其中，clk 为时钟信号；clr 为清零端，D_{in} 为串行输入端，Q_{out} 为串行输出端，$Q_3 \sim Q_0$ 为并行输出端。

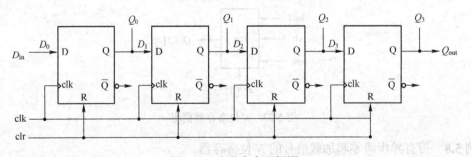

图 5.25 右移寄存器框图

根据图 5.25 的连接方式，可以得到其激励函数为：

$$Q_0=D_{in}, \quad D_1=Q_0^n, \quad D_2=Q_1^n, \quad D_3=Q_2^n$$

例 5.9 4 位右移寄存器。

本例中将用 Verilog 语句实现具有右移功能的 4 位寄存器。注意：在 always 块中，要使用非阻塞赋值运算符"<="，而不能使用阻塞赋值运算符"="。前面我们已经讲过，当使用非阻塞赋值运算符"<="时，变量的值为进入 always 块时所拥有的值，即 always 块中赋值

操作之前的值。在寄存器正常工作时，我们希望将 Q_0 的原值赋给 Q_1，即在 always 块开始时所拥有的值，而非在 always 块中来自 D_{in} 的值，所以要使用非阻塞赋值运算符"<="完成这一功能。如果使用阻塞赋值运算符"="，就不能有移位的功能，而仅是一个位寄存器，即在时钟的上升沿所有的输出都获得 D_{in} 的值。图 5.26 所示为 4 位右移寄存器仿真波形图。

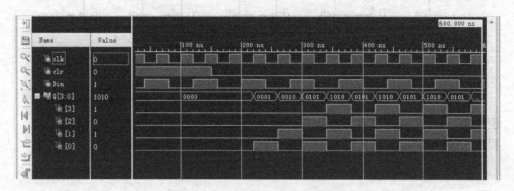

图 5.26 4 位右移寄存器仿真波形图

程序 5.9：4 位右移寄存器 Verilog 程序。

```
module ShiftReg (
    input wire clk,
    input wire clr,
    input wire Din,
    output reg [3:0] Q
);

// 4 位右移移位寄存器
always @ (posedge clk or posedge clr)
    begin
        if (clr == 1)
            Q <= 0;
        else
            begin
                Q[0] <= Din;
                Q[3:1] <= Q[2:0];
            end
    end
endmodule
```

2. 左移寄存器

图 5.27 所示是一个由 4 个触发器组成的 4 位左移寄存器框图。其中，clk 为时钟信号，clr 为清零端，D_{in} 为串行输入端，Q_{out} 为串行输出端，$Q_3 \sim Q_0$ 为并行输出端。

根据图 5.27 所示的连接方式，可以得到其激励函数为：

$$D_0 = Q_1^n, \quad D_1 = Q_2^n, \quad D_2 = Q_3^n, \quad D_3 = D_{in}$$

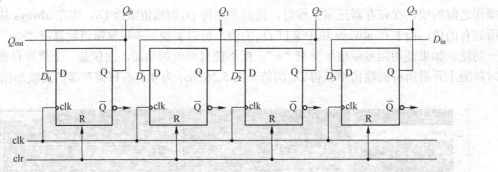

图 5.27 左移寄存器框图

例 5.10 4 位左移寄存器。

程序 5.10：4 位左移寄存器 Verilog 程序。

```verilog
module leftShiftRreg(
    input wire clk,
    input wire clr,
    input wire Din,
    output reg [3:0] Q
);
    // 4 位左移移位寄存器
    always @ (posedge clk or posedge clr)
      begin
        if (clr == 1)
          Q <= 0;
        else
          begin
            Q[3] <= Din;
            Q[2:0] <= Q[3:1];
          end
      end
endmodule
```

图 5.28 所示为 4 位左移寄存器仿真波形图。

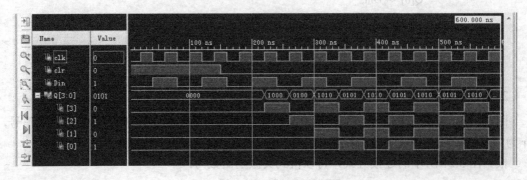

图 5.28 4 位左移寄存器仿真波形图

3. 环形移位寄存器

如果把图 5.25 所示的移位寄存器的 Q_3 与 D_0 相连，并且在这 4 个触发器中只有一个输出为 1，另外 3 个为 0，则称这样的电路为环形计数器，如图 5.29 所示。把 clr 信号接到触发器 Q_0 的 S 输入端，而不是 R 输入端，这样就把 Q_0 的值初始化为 1。在这个环形触发器中唯一的一个 1 将在 4 个触发器中不断循环。也就是说，各触发器每 4 个时钟周期输出一次高电平脉冲，该高电平脉冲沿环形路径在触发器中传递。

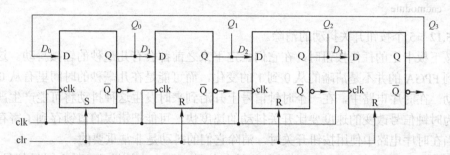

图 5.29 4 位环形移位寄存器框图

例 5.11 4 位环形移位寄存器。

例 5.11 给出了一个如图 5.29 所示的环形计数器的 Verilog 程序。其中，当 clr 等于 1 时，Q 的值被置为 1，即 Q_3、Q_2、Q_1 都为 0，Q_0 为 1。这个 Verilog 程序的仿真结果如图 5.30 所示。

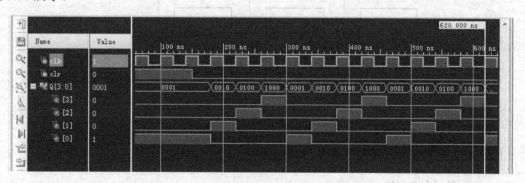

图 5.30 4 位环形移位寄存器仿真波形图

程序 5.11：4 位环形移位寄存器 Verilog 程序。

```verilog
module ring4(
    input wire clk,
    input wire clr,
    output reg [3:0] Q
);
    // 4 位环形寄存器
    always @ (posedge clk or posedge clr)
        begin
            if(clr == 1)
```

```
                Q <= 1;
            else
                begin
                    Q[0] <= Q[3];
                    Q[3:1] <= Q[2:0];
                end
        end
endmodule
```

例 5.12 5 个按钮开关抖动的消除。

当按下板卡上的任何按钮时,在它们稳定下来之前都会有几毫秒的轻微抖动。这就意味着输入到 FPGA 的并不是清晰的从 0 到 1 的变化,而可能是在几毫秒的时间里有从 0 到 1 的来回抖动。在时序电路中,在一个时钟信号上升沿到来时发生这种抖动将可能产生严重的错误。因为时钟信号改变的速度要比开关抖动的速度快,可能把错误的值锁存到了寄存器中。所以,当在时序电路中使用按钮开关时,消除它们的抖动是非常重要的。

图 5.31 所示的电路可以用于消除按钮输入信号 inp 产生的抖动。输入时钟信号 cclk 的频率必须足够低,这样才能够使开关抖动在 3 个时钟周期结束之前消除。一般会使用频率为 190Hz 的 cclk。

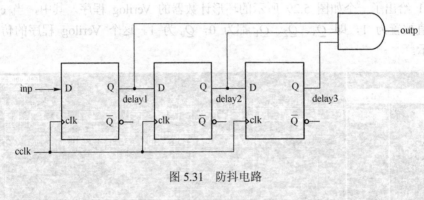

图 5.31 防抖电路

程序 5.12:消除按钮开关抖动的 Verilog 程序。

```
module debounce4(
    input wire [4:0] inp,
    input wire cclk,
    input wire clr,
    output wire [4:0] outp
);
    reg [4:0] delay1;
    reg [4:0] delay2;
    reg [4:0] delay3;
    always @ (posedge cclk or posedge clr)
        begin
            if (clr == 1)
                begin
```

第5章 时序逻辑电路实验

```
            delay1 <= 5'b00000;
            delay2 <= 5'b00000;
            delay3 <= 5'b00000;
        end
        else
        begin
            delay1 <= inp;
            delay2 <= delay1;
            delay3 <= delay2;
        end
    end
    assign outp = delay1 & delay2 & delay3;
endmodule
```

例 5.12 给出了实现图 5.31 所示的防抖电路的 Verilog 程序，用于消除 FPGA 开发板上的按钮抖动。可以通过观察图 5.32 所示的仿真结果来理解这个抖动消除电路是如何消除抖动的。在仿真测试程序中把 inp[0]作为抖动输入信号，从图中可以看到，在按下按钮和释放按钮时都出现了抖动，结果输出信号 outp[0]是一个没有抖动的干净信号。那是因为只有输入信号在连续 3 个时钟周期都为 1 时，输出才为 1；反之，输出将保持为 0。因此，使用一个低频率的时钟信号 cclk，就是为了确保所有的抖动都被消除。

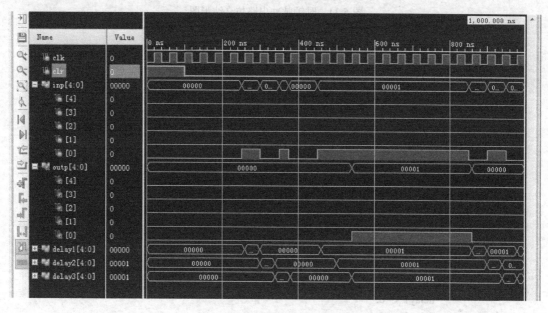

图 5.32 防抖电路仿真波形图

例 5.13 时钟脉冲。

图 5.33 所示是一个可以产生一个单脉冲的电路。和图 5.31 所示的抖动消除电路唯一不同的是，与门的最后一个输入是 $\overline{delay3}$。下面是这个时钟脉冲电路的 Verilog 程序，仿真结果如图 5.34 所示。

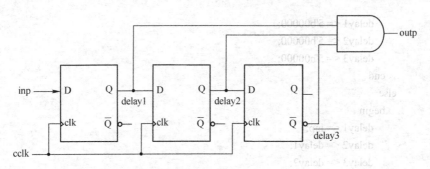

图 5.33 时钟脉冲电路

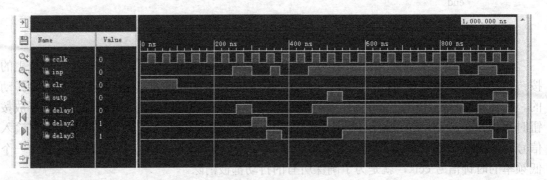

图 5.34 时钟脉冲电路仿真波形图

程序 5.13：时钟脉冲电路 Verilog 程序。

```verilog
module clock_pulse (
    input wire inp,
    input wire cclk,
    input wire clr,
    output wire outp
);
    reg delay1;
    reg delay2;
    reg delay3;
    always @ (posedge cclk or posedge clr)
      begin
        if (clr == 1)
          begin
            delay1 <= 0;
            delay2 <= 0;
            delay3 <= 0;
          end
        else
          begin
            delay1 <= inp;
            delay2 <= delay1;
```

```
                delay3<= delay2;
            end
        end
    assign outp = delay1 & delay2 & ~delay3;
endmodule
```

5.2.3 74LS194 的 IP 核设计及应用

74LS194 是四位同步双向移位寄存器。其输入有串行左移输入、串行右移输入和 4 位并行输入 3 种方式。其引脚图如图 5.35 所示，其功能表如表 5.7 所示。

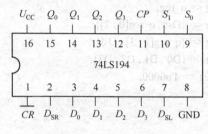

图 5.35 74LS194 引脚图

表 5.7 74LS194 功能表

功能	输入										输出			
	$\overline{CR}$	S_1	S_0	CP	D_{SL}	D_{RL}	D_0	D_1	D_2	D_3	Q_0^{n+1}	Q_1^{n+1}	Q_2^{n+1}	Q_3^{n+1}
复位	0	×	×	×	×	×	×	×	×	×	0	0	0	0
保持	1	×	×	0	×	×	×	×	×	×	Q_0^n	Q_1^n	Q_2^n	Q_3^n
送数	1	1	1	↑	×	×	D_0	D_1	D_2	D_3	D_0	D_1	D_2	D_3
左移	1	1	0	↑	1	×	×	×	×	×	Q_1^n	Q_2^n	Q_3^n	1
左移	1	1	0	↑	0	×	×	×	×	×	Q_1^n	Q_2^n	Q_3^n	0
右移	1	0	1	↑	×	1	×	×	×	×	1	Q_0^n	Q_1^n	Q_2^n
右移	1	0	1	↑	×	0	×	×	×	×	0	Q_0^n	Q_1^n	Q_2^n
保持	1	0	0	×	×	×	×	×	×	×	Q_0^n	Q_1^n	Q_2^n	Q_3^n

1. 74LS194 的 IP 核设计

移位寄存器 74LS194 的 Verilog 程序如下所示，其仿真波形图如图 5.36 所示。

```
module reg_74LS194(
    input CR_n,
    input CP,
    input S0, S1,
    input Dsl, Dsr,
    input D0, D1, D2, D3,
    output Q0, Q1, Q2, Q3
```

```
    );
reg [0 : 3] q_reg = 4'b0000;
wire [1 : 0] s_reg;
assign s_reg = {S1 , S0};
always @ (posedge CP or negedge CR_n)
    begin
        if (!CR_n)
            q_reg <= 4'b0000;
        else
            case (s_reg)
                2'b00 : q_reg <= q_reg;
                2'b01 : q_reg <= {Dsr , q_reg[0 : 2]};
                2'b10 : q_reg <= {q_reg[1 : 3] , Dsl};
                2'b11 : q_reg <= {D0 , D1 , D2 , D3};
                default : q_reg <= 4'b0000;
            endcase
    end
assign Q0 = q_reg[0];
assign Q1 = q_reg[1];
assign Q2 = q_reg[2];
assign Q3 = q_reg[3];
endmodule
```

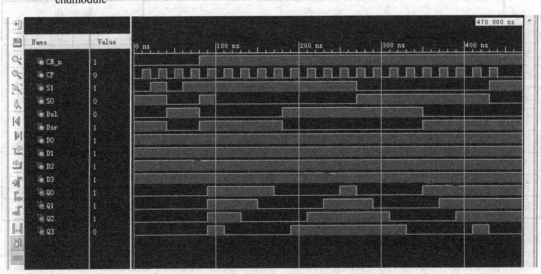

图 5.36 74LS194 的 IP 核的仿真波形图

2. 74LS194 的简单应用

利用 74LS194 构成的 8 位双向移位寄存器的电路图如图 5.37 所示，其中，G=0 时，数据右移；G=1 时，数据左移。8 位双向移位寄存器的仿真波形图如图 5.38 所示。

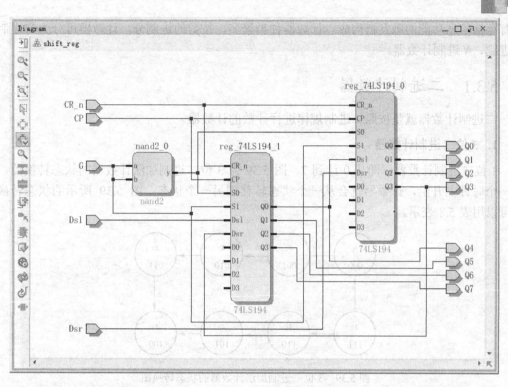

图 5.37　8 位双向移位寄存器的电路图

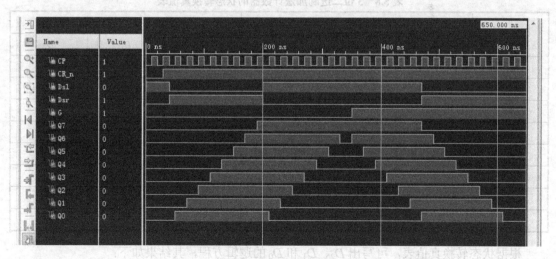

图 5.38　8 位双向移位寄存器仿真波形图

5.3　计数器

　　计数器在数字系统中的主要作用是记录脉冲的个数,以实现计数、定时、产生节拍脉冲和脉冲序列等功能。计数器是由基本的计数单元和一些控制门组成的,计数单元则由一系列具有存储信息功能的触发器构成。计数器种类繁多，按数的进制分，计数器可分为二进制、十进制、N 进制计数器。

5.3.1 二进制计数器

二进制计数器就是按照二进制规律进行计数的计数器。

1. 3 位二进制计数器

3 位二进制计数器，即从 0 计到 7。图 5.39 为 3 位二进制加法计数器的状态转换图。在每一个时钟上升沿，计数器就会从一个状态转移到另一个状态。图 5.39 所示的状态转换过程可以用表 5.8 表示。

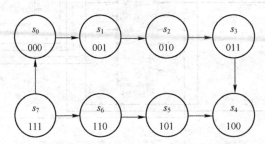

图 5.39　3 位二进制加法计数器的状态转换图

表 5.8　3 位二进制加法计数器的状态转换真值表

	现　态			次　态		
	Q_2	Q_1	Q_0	D_2	D_1	D_0
s_0	0	0	0	0	0	1
s_1	0	0	1	0	1	0
s_2	0	1	0	0	1	1
s_3	0	1	1	1	0	0
s_4	1	0	0	1	0	1
s_5	1	0	1	1	1	0
s_6	1	1	0	1	1	1
s_7	1	1	1	0	0	0

根据状态转换真值表，可写出 D_2、D_1 和 D_0 的逻辑方程，其结果如下：

$$D_2 = \sim Q_2 \& Q_1 \& Q_0 | Q_2 \& \sim Q_1 | Q_2 \& \sim Q_0 \tag{5-1}$$

$$D_1 = \sim Q_1 \& Q_0 | Q_1 \& \sim Q_0 \tag{5-2}$$

$$D_0 = \sim Q_0 \tag{5-3}$$

计数器中的计数单元是由触发器构成的，触发器的个数决定了计数的位数，3 位二进制计数器则由 3 个触发器构成，结合式（5-1）～式（5-3）可以得到图 5.40 所示的 3 位二进制计数器的逻辑电路图。

第 5 章 时序逻辑电路实验

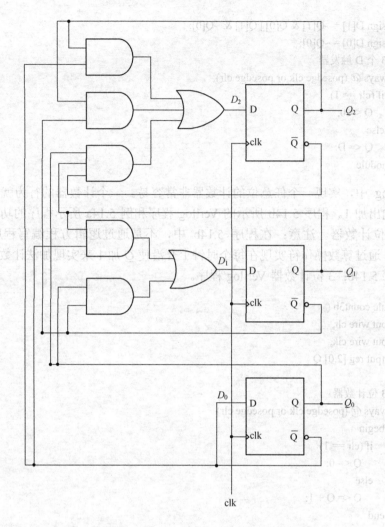

图 5.40 3 位二进制计数器的逻辑电路图

例 5.14 3 位二进制加法计数器。

根据逻辑方程（5-1）～方程（5-3）编写 3 位二进制计数器的程序如下。注意：程序中只有时钟输入端和清零输入端，所以在不清零的情况下，只要时钟连续输入，输出就不断地从 000～111 循环计数。

（1）程序 5.14a：利用逻辑方程设计 3 位计数器 Verilog 程序。

```
module count3a (
    input wire clr,
    input wire clk,
    output reg [2:0] Q
);
    wire [2:0] D;
    assign D[2] = ~Q[2] & Q[1] & Q[0] | Q[2] & ~Q[1] | Q[2] & ~Q[0];
```

```
assign D[1] = ~Q[1] & Q[0] | Q[1] & ~Q[0];
assign D[0] = ~Q[0];
// 3 个 D 触发器
always @ (posedge clk or posedge clr)
    if (clr == 1)
        Q <= 0;
    else
        Q <= D;
endmodule
```

在 Verilog 中，实现一个任意位的计数器非常容易。一个计数器的行为就是在每个时钟的上升沿使输出加 1。程序 5.14b 所示的 Verilog 程序和例 5.14a 所示程序的功能一样，可以实现一个 3 位计数器。注意：在程序 5.14b 中，不是通过逻辑方程编写程序的，而是在 always 块中，通过算数操作符实现在每个时钟上升沿使 Q 加 1 来实现加法计数功能。

（2）程序 5.14b：3 位计数器 Verilog 程序。

```
module count3b (
    input wire clr,
    input wire clk,
    output reg [2:0] Q
);
    // 3 位计数器
    always @ (posedge clk or posedge clr)
        begin
            if (clr == 1)
                Q <= 0;
            else
                Q <= Q + 1;
        end
endmodule
```

程序 5.14a 和程序 5.14b 所得的仿真结果是一样的，仿真波形图如图 5.41 所示。观察图 5.41 可以发现，Q[0]的波形频率是时钟频率的一半，Q[1]的波形频率是 Q[0]频率的一半，Q[2]的波形频率是 Q[1]频率的一半。这样，信号 Q[2]的频率就是时钟频率的 1/8。所以称这种 3 位计数器为 8 分频计数器。

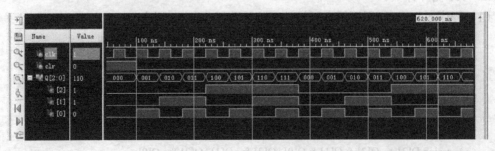

图 5.41　3 位二进制加法计数器

2. N 位二进制计数器

例 5.15 N 位二进制计数器。

本例将使用 parameter 语句实现一个通用的 N 位计数器,这里取 N 的值为 8。8 位计数器将从 0 计数到 255,它的仿真结果如图 5.42 所示。

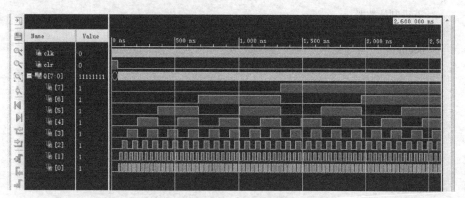

图 5.42 8 位二进制计数器仿真波形图

程序 5.15:N 位二进制计数器 Verilog 程序。

```
module counterN
# (parameter N =8)
    (input wire clr,
     input wire clk,
     output reg [N-1:0] Q
);
    // N-位计数器
    always @ (posedge clk or posedge clr)
    begin
        if (clr == 1)
            Q <= 0;
        else
            Q <= Q + 1;
    end
endmodule
```

5.3.2 N 进制计数器

1. 五进制计数器

五进制计数器的功能是 0～4 重复计数。也就是说,它一共要经历 5 个状态,输出从 000 变到 100 再回到 000。程序 5.16 就是一个五进制计数器的 Verilog 程序。它的仿真结果如图 5.43 所示。

例 5.16 五进制计数器。

程序 5.16:五进制计数器 Verilog 程序。

```
module mod5cnt (
    input wire clr,
    input wire clk,
    output reg [2:0] Q
);
    // 五进制计数器
    always @ (posedge clk or posedge clr)
        begin
            if (clr == 1)
                Q <= 0;
            else if (Q == 4)
                Q <= 0;
            else
                Q <= Q + 1;
        end
endmodule
```

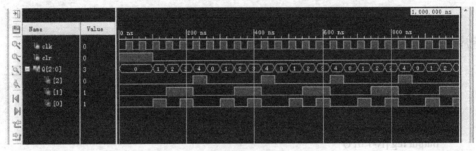

图 5.43　五进制计数器仿真波形图

2. 10k 进制计数器

10k 进制计数器的功能是从 0～9999 重复计数（注：k 表示 1000，10k 则为 10000）。程序 5.17a 就是一个 10k 进制计数器的 Verilog 程序。

例 5.17　10k 进制计数器。

（1）程序 5.17a：10k 进制计数器 Verilog 程序。

```
module mod10kcnt (
    input wire clr,
    input wire clk,
    output reg [13:0] q
);
    // 10k 进制计数器
    always @ (posedge clk or posedge clr)
        begin
            if (clr == 1)
                q <= 0;
            else if (q == 9999)
```

```
            q <= 0;
        else
            q <= q + 1;
    end
endmodule
```

将程序 5.17a 在板卡上进行验证，用数码管显示十进制数 0~9999，其顶层模块框图如图 5.44 所示。图 5.44 包括 10kcnt（10k 进制计数器）模块、clkdiv（时钟分频）模块、binbcd14（14 位二进制-BCD 码转换器）模块、x7segbc（7 段显示数码管）模块，它们的 Verilog 程序代码分别为程序 5.17a、程序 5.17b、程序 5.17c、程序 5.17d，顶层模块（mod10kcnt_top）为程序 5.17e。

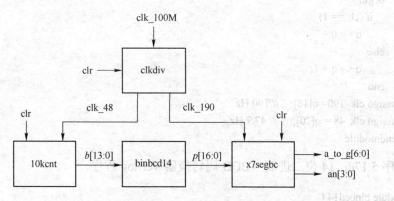

图 5.44 利用 7 段数码管显示 10k 进制计数器框图

板卡引脚 W5 的时钟频率为 100MHz，可以参照表 5.9 得到不同频率的时钟分频器。在例 5.17b 中利用时钟分频产生 190Hz 和 48Hz 的时钟。

表 5.9 时钟分频器

$Q(i)$	频率（Hz）	周期（ms）	$Q(i)$	频率（Hz）	周期（ms）
I	100 000 000.00	0.000 01	12	12 207.03	0.081 92
0	50 000 000.00	0.000 02	13	6 103.52	0.163 84
1	25 000 000.00	0.000 04	14	3 051.76	0.327 68
2	12 500 000.00	0.000 08	15	1 525.88	0.655 36
3	6 250 000.00	0.000 16	16	962.94	1.310 72
4	3 125 000.00	0.000 32	17	381.47	2.621 44
5	1 562 500.00	0.000 64	18	190.73	5.242 88
6	718 250.00	0.001 28	19	95.37	10.485 76
7	390 625.00	0.002 56	20	47.68	20.971 52
8	195 312.50	0.005 12	21	23.84	41.943 04
9	97 656.25	0.010 24	22	11.92	83.886 08
10	48 828.13	0.020 48	23	5.96	167.772 16
11	24 414.06	0.040 96	24	2.98	355.544 32

（2）程序 5.17b：时钟分频器 Verilog 程序。

```verilog
module clkdiv (
    input wire clk,
    input wire clr,
    output wire clk_190,
    output wire clk_48
);
    reg [24:0] q;
    // 25 位计数器
    always @ (posedge clk_100M or posedge clr)
      begin
        if (clr == 1)
            q <= 0;
        else
            q <= q + 1;
      end
    assign clk_190= q[18];   // 190 Hz
    assign clk_48 = q[20];   // 47.7 Hz
endmodule
```

（3）程序 5.17c：14 位二进制 - BCD 码转换器 Verilog 程序。

```verilog
module binbcd14 (
    input wire [13:0] b,
    output reg [16:0] p
);
    // 中间变量
    reg [32:0] z;
    integer i;
    always @ ( * )
      begin
        for (i = 0; i <= 32; i = i+1)
            z[i] = 0;
        z[16:3] = b;              // shift b left 3 places
        repeat (11)               // 重复 11 次
          begin
            if (z[17:14] > 4)     // 如果个位大于 4
                z[17:14] = z[17:14] + 3;   // 加 3
            if (z[21:18] > 4)     // 如果十位大于 4
                z[21:18] = z[21:18] + 3;   // 加 3
            if (z[25:22] > 4)     // 如果百位大于 4
                z[25:22] = z[25:22] + 3;   // 加 3
            if (z[29:26] > 4)     // 如果千位大于 4
                z[29:26] = z[29:26] + 3;   // 加 3
            z[32:1] = z[31:0];    // 左移一位
```

```
        end
      p = z[30:14];              // BCD 输出
    end
endmodule
```

(4) 程序 5.17d：带消隐的 7 段数码管显示 Verilog 程序。

```verilog
// 输入时钟信号 cclk 应为 190 Hz
module x7segbc (
    input wire [15:0] x,
    input wire cclk,
    input wire clr,
    output reg [6:0] a_to_g,
    output reg [3:0] an,
    output wire dp
);
    reg [1:0] s;
    reg [3:0] digit;

    assign dp = 1;          // decimal points off
    // set aen[3:0] for leading blanks
    assign aen[3] = x[15] | x[14] | x[13] | x[12];
    assign aen[2] = x[15] | x[14] | x[13] | x[12]
                  | x[11] | x[10] | x[9] | x[8];
    assign aen[1] = x[15] | x[14] | x[13] | x[12]
                  | x[11] | x[10] | x[9] | x[8]
                  | x[7] | x[6] | x[5] | x[4];
    assign aen[0] = 1;      // digit 0 always on
    //   4-to-1 MUX: mux44
    always @ ( * )
      case (s)
        0: digit = x[3:0];
        1: digit = x[7:4];
        2: digit = x[11:8];
        3: digit = x[15:12];
        default: digit = x[3:0];
      endcase
// 7 段解码器：hex7seg
    always @ ( * )
      case (digit)
        0: a_to_g = 7'b0000001;
        1: a_to_g = 7'b1001111;
        2: a_to_g = 7'b0010010;
        3: a_to_g = 7'b0000110;
        4: a_to_g = 7'b1001100;
        5: a_to_g = 7'b0100100;
```

```
        6: a_to_g = 7'b0100000;
        7: a_to_g = 7'b0001111;
        8: a_to_g = 7'b0000000;
        9: a_to_g = 7'b0000100;
        'hA: a_to_g = 7'b0001000;
        'hB: a_to_g = 7'b1100000;
        'hC: a_to_g = 7'b0110001;
        'hD: a_to_g = 7'b1000010;
        'hE: a_to_g = 7'b0110000;
        'hF: a_to_g = 7'b0111000;
        default: a_to_g = 7'b0000001;   // 0
      endcase
// 数字选择
   always @ ( * )
      begin
        an = 4'b1111;
        an[s] = 0;
      end
// 2-位计数器
   always @ (posedge cclk or posedge clr)
      begin
        if (clr ==1)
           s <= 0;
        else
           s <= s + 1;
      end
endmodule
```

（5）程序 5.17e：10000 进制计数器顶层模块 Verilog 程序。

```
module mod10kcnt_top(
   input wire clk_100M,
   input wire    btn,
   output wire [6:0] a_to_g,
   output wire [3:0] an,
   output wire dp
   );
   wire [16:0] p;
   wire clr, clk_48, clk_190;
   wire [13:0] b;
   assign clr = btn;
   clkdiv U1 ( .clk(clk_100M),
               .clr(clr),
               .clk_190(clk_190,
               .clk_48(clk_48)
   );
```

```
        mod10Kcnt U2 ( .clr(clr),
                       .clk(clk_48),
                       .q(b)
        );
        binbcd14 U3 ( .b(b),
                      .p(p)
        );
        x7segbc U4 ( .x(p[15:0]),
                     .cclk(clk_190),
                     .clr(clr),
                     .a_to_g(a_to_g),
                     .an(an),
                     .dp(dp)
        );
    endmodule
```

5.3.3 任意波形的实现

如果将计数器的输出作为一个组合电路的输入，就可以产生特定形式的波形。例如，产生 Morse 码中字符 A 的电码（A 的电码符号为"·—"，划（—）是点（·）时间长度的 3 倍）。图 5.45 给出了如何使 3 位加法计数器产生 Morse 码 A 的框图，其中模块 C 为组合模块，模块 C 的输出为表 5.10 所示真值表的输出 A。根据表 5.10，可得 Morse 码 A 的逻辑方程为：

$$A=\sim Q_1 \& Q_0 | Q_2 \& \sim Q_0 \tag{5-4}$$

表 5.10 利用 3 位计数器产生 Morse 码中字符 A 真值表

状态	Q_2	Q_1	Q_0	A
s_0	0	0	0	0
s_1	0	0	1	1（点）
s_2	0	1	0	0
s_3	0	1	1	0
s_4	1	0	0	1
s_5	1	0	1	1（划）
s_6	1	1	0	1
s_7	1	1	1	1

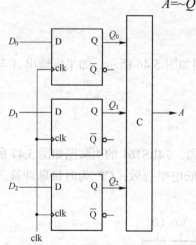

图 5.45 利用 3 位计数器产生 Morse 码框图

例 5.18 Morse 码的字母 A。

本例将利用 3 位计数器和逻辑方程（5-4）实现 Morse 码 A 的电码。将逻辑方程（5-4）加入到例 5.14b 的程序中，就可以获得例 5.18 所示的程序，其仿真结果如图 5.46 所示。如果把输出 A 连接到一个 LED，那么 LED 将连续显示字符 A 的 Morse 码。

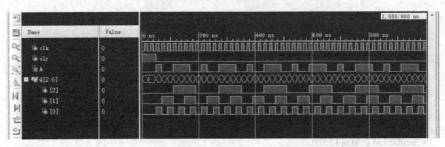

图 5.46 生成 Morse 码字符 A 的仿真波形图

程序 5.18：Morse 码的字母 A 的 Verilog 程序。

```
module morsea (
    input wire clr,
    input wire clk,
    output wire A
);
    reg [2:0] Q;
    // 3 位计数器
    always @ (posedge clk or posedge clr)
        begin
            if (clr == 1)
                Q <= 0;
            else
                Q <= Q + 1;
        end
    assign a = ~Q[1] & Q[0] | Q[2] & ~Q[0];
endmodule
```

利用计数器产生 Morse 码中字符 A 的仿真波形图如图 5.46 所示。如果将输出 A 与一个 LED 连接，那么 LED 将连续显示字符 A 的 Morse 码。

5.3.4 74LS161 的 IP 核设计及应用

74LS161 是可预置 4 位二进制数的同步加法计数器。74LS161 的引脚图如图 5.47 所示，其功能表如表 5.11 所示。其中 $\overline{CR}$ 为异步复位端，低电平有效；CP 为时钟脉冲输入端；$\overline{LD}$ 为并行输入控制端。

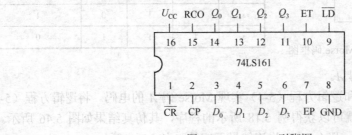

图 5.47 74LS161 引脚图

表 5.11　74LS161 功能表

工作方式	输入						输出
	$\overline{CR}$	CP	EP	ET	$\overline{LD}$	D_n	Q_n
复位	0	×	×	×	×	×	0
置数	1	↑	×	×	0	1/0	1/0
保持	1	×	0	0	1	×	保持
	1	×	0	1	1	×	保持
	1	×	1	0	1	×	保持
计数	1	↑	1	1	1	×	计数

1. 74LS161 的 IP 核设计

计数器 74LS161 的 Verilog 程序如下，其仿真波形图如图 5.48 所示。

```verilog
module ls161(
    input    CR_n,
    input    CP,
    input    D0,
    input    D1,
    input    D2,
    input    D3,
    input    LD_n,
    input    EP,
    input    ET,
    output wire Q0,
    output wire Q1,
    output wire Q2,
    output wire Q3
    );
wire [3:0] Data_in;
reg [3:0] Data_out;
assign Data_in = {D3,D2,D1,D0};
always @(posedge CP or negedge CR_n)
  begin
    if(CR_n == 0)
       Data_out <= 0;
    else if(LD_n == 0)
       Data_out <= Data_in;
    else if(LD_n == 1 && EP == 0 && ET == 0)
       Data_out <= Data_out;
    else if(LD_n == 1 && EP == 0 && ET == 1)
       Data_out <= Data_out;
    else if(LD_n == 1 && EP == 1 && ET == 0)
       Data_out <= Data_out;
```

```
            else if(LD_n == 1 && EP == 1 && ET == 1)
                Data_out <= Data_out + 1;
        end
    assign Q0 = Data_out[0];
    assign Q1 = Data_out[1];
    assign Q2 = Data_out[2];
    assign Q3 = Data_out[3];
endmodule
```

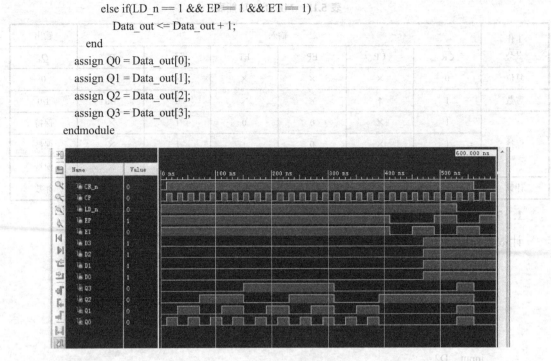

图 5.48　74LS161 仿真波形图

2. 74LS161 IP 核的简单应用

利用 74LS161 的异步清零功能设计六进制计数器的电路图如图 5.49 所示。其中，D0～D3 接低电平；LD_n、EP、ET 接高电平。六进制计数器仿真波形图如图 5.50 所示。

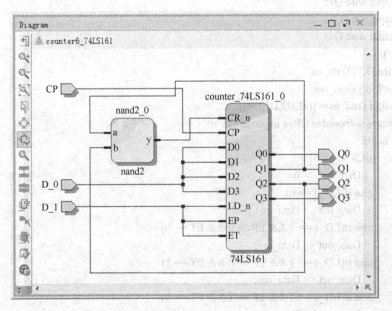

图 5.49　利用 74LS161 设计六进制计数器的电路图

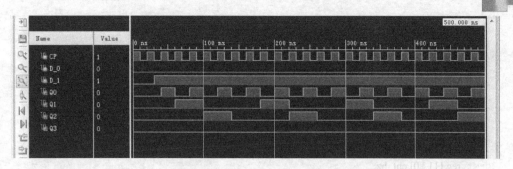

图 5.50 利用 74LS161 设计六进制计数器仿真波形图

使用板卡验证六进制计数器的电路图如图 5.51 所示，其中模块 clk_div 为时钟分频器，因为板卡的时钟频率为 100MHz，以此时钟作为计数器 74LS161 的时钟输入，肉眼是不能识别计数器输出的变化的，所以要设计一个频率足够低的时钟。图 5.51 中 clk_div 的 IP 核在输入时钟频率为 100MHz 的情况下能够输出 1Hz、5Hz、10Hz、20Hz、50Hz 和 100Hz 的时钟频率；hex7seg IP 核为利用 7 段数码管显示计数器输出结果模块。IP 核 clk_div 和 IP 核 hex7seg 的 Verilog 程序代码如下。

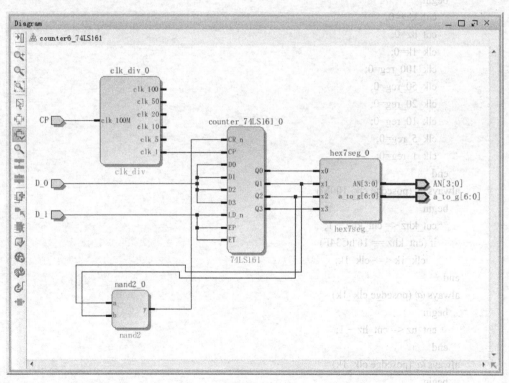

图 5.51 六进制计数器测试电路图

（1）clk_div IP 核 Verilog 程序。

```
module clk_div(
    input    clk_100M,
```

```verilog
    output clk_100,
    output clk_50,
    output clk_20,
    output clk_10,
    output clk_5,
    output clk_1
    );
reg [15 : 0] cnt_khz;
reg [11 : 0] cnt_hz;
reg clk_1k;
reg clk_100_reg;
reg clk_50_reg;
reg clk_20_reg;
reg clk_10_reg;
reg clk_5_reg;
reg clk_1_reg;
initial
    begin
        cnt_khz=0;
        cnt_hz=0;
        clk_1k=0;
        clk_100_reg=0;
        clk_50_reg=0;
        clk_20_reg=0;
        clk_10_reg=0;
        clk_5_reg=0;
        clk_1_reg=0;
    end
always @ (posedge clk_100M)
    begin
        cnt_khz <= cnt_khz + 1;
        if (cnt_khz == 16'hC34F)
            clk_1k <= ~clk_1k;
end
always @ (posedge clk_1k)
    begin
        cnt_hz <= cnt_hz + 1;
    end
always @ (posedge clk_1k)
    begin
        if (cnt_hz[2:0] == 3'b100)
            clk_100_reg <= ~clk_100_reg;
        else if (cnt_hz[3:0] == 4'b1001)
            clk_50_reg <= ~clk_50_reg;
        else if (cnt_hz[4:0] == 5'b11000)
```

```
                clk_20_reg <= ~clk_20_reg;
            else if (cnt_hz[5:0] == 6'b110001)
                clk_10_reg <= ~clk_10_reg;
            else if (cnt_hz[6:0] == 7'b1100011)
                clk_5_reg <= ~clk_5_reg;
            else if (cnt_hz[8:0] == 9'b11_1110_011)
                clk_1_reg <= ~clk_1_reg;
        end
        assign clk_100 = clk_100_reg;
        assign clk_50  = clk_50_reg;
        assign clk_20  = clk_20_reg;
        assign clk_10  = clk_10_reg;
        assign clk_5   = clk_5_reg;
        assign clk_1   = clk_1_reg;
endmodule
```

（2）hex7seg IP 核的 Verilog 程序。

```
module hex7seg (
    input wire   x0,x1,x2,x3,
    output wire [3:0] AN,
    output reg [6:0] a_to_g
);
    wire [3:0]x;
    assign x={x3,x2,x1,x0};
    assign AN=4'b1110;        // 只使用一个数码管显示
    always @ ( * )
    case (x)
      0: a_to_g = 7'b0000001;
      1: a_to_g = 7'b1001111;
      2: a_to_g = 7'b0010010;
      3: a_to_g = 7'b0000110;
      4: a_to_g = 7'b1001100;
      5: a_to_g = 7'b0100100;
      6: a_to_g = 7'b0100000;
      7: a_to_g = 7'b0001111;
      8: a_to_g = 7'b0000000;
      9: a_to_g = 7'b0000100;
      'hA: a_to_g = 7'b0001000;
      'hB: a_to_g = 7'b1100000;
      'hC: a_to_g = 7'b0110001;
      'hD: a_to_g = 7'b1000010;
      'hE: a_to_g = 7'b0110000;
      'hF: a_to_g = 7'b0111000;
      default: a_to_g = 7'b0000001;
    endcase
```

endmodule

5.4 脉冲宽度调制

脉宽宽度调制(PWM, Pulse Width Modulation)是利用微处理器的数字输出来对模拟电路进行控制的一种非常有效的技术,广泛应用在测量、通信到功率控制等领域中。

PWM 是一种对模拟信号电平进行数字编码的方法。通过高分辨率计数器的使用,方波的占空比被调制,用来对一个具体模拟信号的电平进行编码,PWM 信号仍然是数字的。

例 5.19 脉冲宽度调制器(PWM)。

本例中,将介绍如何使用 Verilog 语句产生脉宽调制(PWM)信号。它的基本思想就是使用一个计数器,当计数值 count 小于 duty 时,让 pwm 信号为 1;而当 count 大于等于 duty 时,让 pwm 信号为 0。当 count 的值等于 period-1 时,计数器将复位。

程序 5.19:pwmVerilog 程序。

```
module pwmN
# (parameter N = 4)
  (input wire clk,
   input wire clr,
   input wire [N-1:0] duty,
   input wire [N-1:0] period,
   output reg pwm
);
   reg [N-1:0] count;
   always @ (posedge clk or posedge clr)
     if (clr == 1)
       count <= 0;
     else if (count == period - 1)
       count <= 0;
     else
       count <= count + 1;
   always @ ( * )
     if (count < duty)
       pwm <= 1;
     else
       pwm <= 0;
endmodule
```

图 5.52 所示为例 5.19 所示程序的仿真波形图,图中 duty 分别为 1 和 2,当计数值 count 小于 duty 时,pwm 信号为 1,否则 pwm 信号为 0;period 为十六进制 F,当 count 值等于 E(period-1)时,则在下一个时钟上升沿到来时,count 清零。

例 5.20 产生一个频率为 2kHz 的 PWM 信号。

假设希望产生一个频率为 2kHz 的 PWM 信号,那么它的周期就是 0.5ms,FPGA 开发板提供 100MHz 的时钟频率,从表 5.9 中可以看到,Q[15]的周期为 0.655 36ms,刚刚超

0.5ms。因此，可以用一个频率为 390.625kHz($Q[7]$)的时钟驱动 8 位计数器去控制这个 PWM 信号。这样，就可以得到周期为 0.5ms 的 PWM 信号，即

$$period = (0.5 / 0.65536) \times 255 = 195（十六进制数 C3）$$

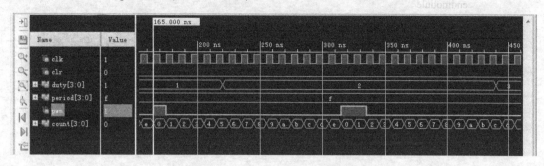

图 5.52　例 5.19 所示程序的仿真波形图

duty 的值可以在 00～C3 范围内变化。图 5.53 所示的仿真结果中使用的是一个时钟频率为 390.625kHz 的 8 位计数器，可以看出，产生了一个频率为 2kHz 的 PWM 信号。

程序 5.20：2kHz 的 PWM 信号 Verilog 程序。

```verilog
module PWM_2k(
    input wire clk,
    input wire clr,
    input wire [7:0] duty,
    output reg pwm
    );
    wire clk_390k;
    reg [7:0] count;
    reg [25:0]q;
    always@(posedge clk or posedge clr)
    begin
        if(clr==1)
            q<=0;
        else
            q<=q+1;
    end
    assign clk_390k=q[7];
    always @ ( clk_390k or posedge clr)
        if (clr ==1)
            count <= 0;
        else if (count == 194)
            count <= 0;
        else
            count <= count + 1;
    always @ ( * )
        if (count < duty)
```

```
            pwm <= 1;
    else
        pwm <= 0;
endmodule
```

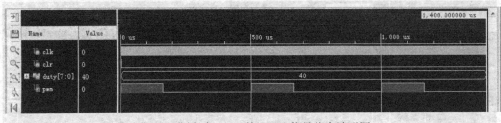

图 5.53　频率为 2kHz 的 PWM 信号仿真波形图

5.5　时序逻辑电路综合设计

本节将介绍下面 4 个可以在 XUP A7 板卡上实现的时序逻辑电路综合设计实验例程。

- 例 5.21 将描述如何把拨码开关的数据存储到一个 8 位寄存器中；
- 例 5.22 将描述如何使用两个按钮把一个二进制数据移入一个移位寄存器中；
- 例 5.23 将描述如何在 7 段显示管上滚动显示电话号码；
- 例 5.24 将描述如何在 7 段显示管上显示小于 9999 的全部 Fibonacci 数列。

例 5.21　把开关数据加载到一个寄存器中。

在本例中，设计一个可以把拨码开关的数据存储到一个 8 位寄存器的电路，并用两个 7 段显示管显示这个寄存器存储的十六进制数值。程序 5.21 给出了这个顶层模块的 Verilog 程序，使用程序 5.13 中的 clock_pulse 模块，用 btn[0]作为输入；使用例 5.8 中的 8 位寄存器模块，用 btn[2]作为加载信号；使用程序 5.17d 中的模块 x7segbc，在 7 段显示管上显示结果；使用程序 5.17b 中的 clkdiv 模块，用以产生模块 clock_pulse 和 x7segbc 的时钟信号。注意：应该修改 clkdiv 程序，使其只输出 190Hz（clk_190）时钟信号。例 5.21 中顶层模块框图如图 5.54 所示。

程序 5.21：将开关数据加载到寄存器的 Verilog 程序。

```
module sw_reg_top (
    input wire clk_100M,
    input wire [3:0] btn,
    input wire [7:0] sw,
    output wire [7:0] ld,
    output wire [6:0] a_to_g,
    output wire [3:0] an,
    output wire dp
    );
    wire [7:0] q;
    wire clr, clk_190, clkp;
    wire [15:0] x;
```

第 5 章 时序逻辑电路实验

```
        assign clr = btn[3];
        assign x = {8'b00000000,q};
        assign ld = sw;
        clkdiv U1 ( .clk(clk_100M),
                    .clr(clr),
                    .clk_190(clk_190)
        );
        clock_pulse U2 ( .inp(btn[0]),
                         .cclk(clk_190),
                         .clr(clr),
                         .outp(clkp)
        );
        register U3 ( .load(~btn[2]),
                      .clk(clkp),
                      .clr(clr),
                      .D(sw),
                      .Q(q)
        );
        x7segbc U4 ( .x(x),
                     .cclk(clk_190),
                     .clr(clr),
                     .a_to_g(a_to_g),
                     .an(an),
                     .dp(dp)
        );
        endmodule
```

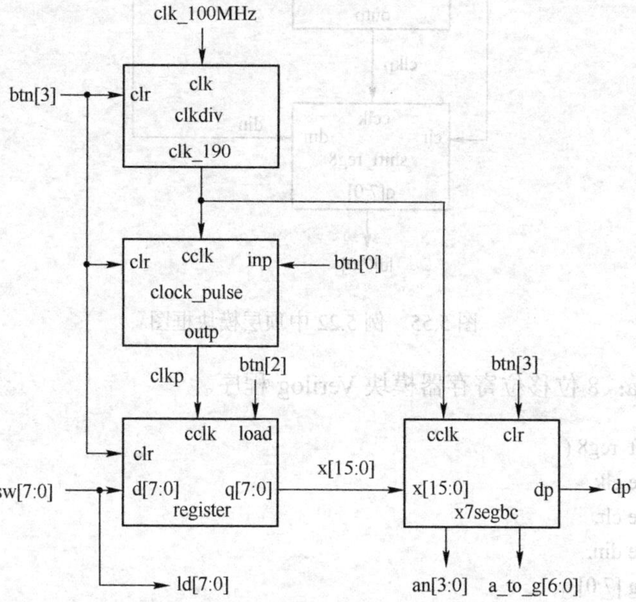

图 5.54 例 5.20 中顶层模块框图

在用板卡验证此功能时应注意，用拨码开关输入要存储在寄存器中的值后，8 个 LED 会显示当前的开关值，但是直到按下 btn[0]产出单脉冲后 7 段数码管显示才会改变，寄存器中的内容才会被存储，7 段数码管才会显示对应开关设置值的十六进制数。

例 5.22 把数据移入一个移位寄存器中。

本例将设计一个输入数据可以改变的 8 位移位寄存器。输入的二进制数由两个按钮 btn[0]和 btn[1]控制。其中，如果按下 btn[0]，将输入一个 0；如果按下 btn[1]，将输入一个 1。图 5.55 所示为本例的顶层模块框图。我们使用程序 5.17b 中的 clkdiv 模块产生 190Hz（c1k_190）的时钟信号。使用程序 5.13 中的 clock_pulse 模块产生脉冲信号，把 btn[0]和 btn[1]的或作为 clock_pulse 模块的输入，无论是按下 btn[0]还是 btn[1]，都将会产生一个时钟脉冲。但是，移入移位寄存器的输入是来自 btn[1]的值（当输入二进制数 0 时，btn[0]=1，此时 btn[1]=0，输入 0；当输入二进制数 1 时，btn[0]=0，此时 btn[1]=1，输入 1）。模块 shift_reg8 为一个 8 位的移位寄存器，din 的值将被移入到最低位 q[0]。程序 5.22a 为模块 shift_reg8 的 Verilog 程序，这个 8 位移位寄存器的仿真结果如图 5.56 所示。程序 5.22b 为顶层模块的 Verilog 程序。

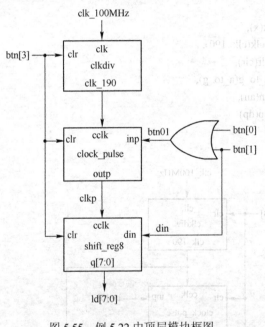

图 5.55　例 5.22 中顶层模块框图

（1）程序 5.22a：8 位移位寄存器模块 Verilog 程序。

```
module shift_reg8 (
    input wire clk,
    input wire clr,
    input wire din,
    output reg [7:0] q
);
```

第5章 时序逻辑电路实验

```
// 8 位移位寄存器
always @ (posedge clk or posedge clr)
  begin
    if(clr ==1)
      q <= 0;
    else
      begin
        q[0] <= din;
        q[7:1] <= q[6:0];
      end
  end
endmodule
```

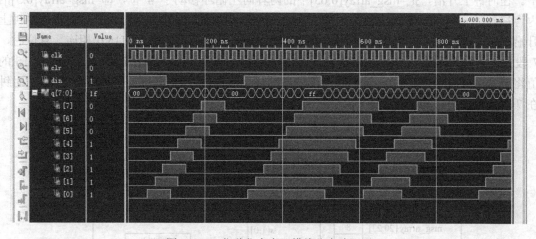

图 5.56　8 位移位寄存器模块仿真波形图

（2）程序 5.22b：8 位移位寄存器顶层模块 Verilog 程序。

```
module shift_reg8_top (
    input wire clk_100M,
    input wire [3:0] btn,
    output wire [7:0] ld
);
    wire clr, clk_190, clkp, btn01;
    assign clr = btn[3];
    assign btn01 = btn[0] | btn[1];
    clkdiv U1 ( .clk(clk_100M),
                .clr(clr),
                .clk_190(clk_190)
    );
    clock_pulse U2 ( .inp(btn01), //btn[0] 按下移入一个 0,btn[1]按下移入一个 1
                .cclk(clk_190),
                .clr(clr),
                .outp(clkp)
```

```
    );
    shift_reg8 U3 ( .clk(clkp),
                    .clr(clr),
                    .din(btn[1]),
                    .q(ld)
    );
endmodule
```

例 5.23 在 7 段显示管上滚动显示电话号码。

在本例中,将介绍如何在 7 段显示管上滚动显示电话号码 0451-86413602。图 5.57 显示了滚动号码是如何实现的。电话号码中的数字被存储在一个 64 位的寄存器 msg_array[0:63] 中。在时钟上升沿,把 msg_array[0:63] 中的内容向左循环移动了 4 位,即 msg_array[0:3] 的内容移到了 msg_array[60:63] 中(注意:msg_arrays 数组的 0 位为高位),之后在每个时钟上升沿时进行循环移位。图中 msg_array[0:15] 与 x7seg_msg 模块的输入 x[15:0] 相连。复位时,7 段数码管将显示第一组 4 位字符,即 0451。因此,经过一个时钟脉冲,msg_array[0:15] 的值将包含 451-。在每一个时钟上升沿,信息都将会被循环左移 4 位。用频率为 3Hz 的时钟在 7 段数码管上移动字符。

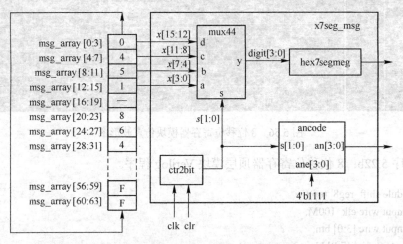

图 5.57 在 7 段数码管上滚动显示信息框图

程序 5.23a 为模块 x7seg_msg 的 Verilog 程序,它的设计思想就是修改 x7seg 模块中 hex7seg 译码器部分,当输入一个十六进制数 D 时,显示一个划线 (-); 当输入一个十六进制数 F 时,显示一个空格。

(1) 程序 5.23a:7 段数码管显示 x7seg_msg 的 Verilog 程序。

```
module x7seg_msg(
    input wire [15:0] x,
    input wire cclk,
    input wire clr,
    output reg [6:0] a_to_g,
    output reg [3:0] an,
```

```verilog
        output wire dp
    );
        reg [1:0] s;
        reg [3:0] digit;
        wire [3:0] aen;
        assign dp = 1;
        assign aen = 4'b1111;    // all digits on
    // 2 位计数器
        always @ (posedge cclk or posedge clr)
          begin
            if (clr ==1)
               s <= 0;
            else
               s<=s+1;
          end
    // 数字选择
        always @ ( * )
          begin
            an = 4'b1111;
            if(aen[s] == 1)
               an[s] = 0;
          end
    // 4 选 1 MUX:   mux44
        always @ ( * )
          case (s)
            0: digit = x[3:0];
            1: digit = x[7:4];
            2: digit = x[11:8];
            3: digit = x[15:12];
            default: digit = x[3:0];
          endcase
    // 7 段解码器：hex7seg
        always @ ( * )
          case (digit)
            0: a_to_g = 7'b0000001;
            1: a_to_g = 7'b1001111;
            2: a_to_g = 7'b0010010;
            3: a_to_g = 7'b0000110;
            4: a_to_g = 7'b1001100;
            5: a_to_g = 7'b0100100;
            6: a_to_g = 7'b0100000;
            7: a_to_g = 7'b0001111;
            8: a_to_g = 7'b0000000;
            9: a_to_g = 7'b0000100;
            'hA: a_to_g = 7'b0001000;
```

```
'hB: a_to_g = 7'b1100000;
'hC: a_to_g = 7'b0110001;
'hD: a_to_g = 7'b1111110;    // - 划线
'hE: a_to_g = 7'b0110000;
'hF: a_to_g = 7'b1111111;    // 空白
default: a_to_g = 7'b1111111; // 空白
endcase
endmodule
```

程序 5.23b 给出了移位寄存器模块 msg_array 的 Verilog 程序。注意：这里使用 parameter 语句把电话号码定义为一个 64 位二进制的常量：

parameter PHONE_NO =0451D86413602FFF;

当 clr 信号为 1 时，将 PHONE_NO 赋给 msg_array。当 clr 信号为 0 时，在时钟的上升沿，msg_array 中的内容循环向左移动 4 位。这个移位数组的输出 x[15:0]刚好就是 msg_array[0:15]的值。这个移位数组程序的仿真结果如图 5.58 所示。

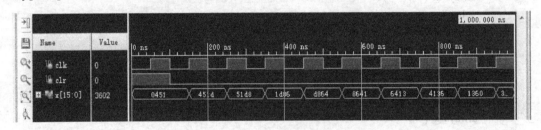

图 5.58 shift_array 模块仿真波形图

（2）程序 5.23b：移位寄存器模块 shift_array 的 Verilog 程序。

```
module shift_array (
    input wire clk,
    input wire clr,
    output wire [15:0] x
);
    reg [0:63] msg_array;
    parameter PHONE_NO = 64'h0451D86413602FFF;
    always @ (posedge clk or posedge clr)
        begin
            if (clr == 1)
                begin
                    msg_array <= PHONE_NO;
                end
            else
                begin
                    msg_array[0:59] <= msg_array[4:63];
                    msg_array[60:63] <= msg_array[0:3];
```

```
            end
        end
    assign x = msg_array[0:15];
endmodule
```

程序 5.23c 为 7 段数码管滚动显示数字的顶层模块 Verilog 程序。使用程序 5.17b 中的 clkdiv 模块产生 3Hz（clk_3）和 190Hz（clk_190）的时钟信号。

（3）程序 5.23c：7 段显示管上滚动显示顶层模块 Verilog 程序。

```
module scroll_top(
    input wire clk_100M,
    input wire [3:3] btn,
    output wire [6:0] a_to_g,
    output wire [3:0] an,
    output wire dp
);
    wire clr, clk_190, clk_3;
    wire [15:0] x;
    assign clr = btn[3];
    clkdiv U1 ( .clk(clk_100M),
                .clr(clr),
                .clk_3(clk_3),
                .clk_190(clk_190)
    );
    shift_array U2 ( .clk (clk_3),
                     .clr(clr),
                     .x(x)
    );
    x7seg_msg U3 ( .x(x),
                   .cclk(clk_190),
                   .clr(clr),
                   .a_to_g(a_to_g),
                   .an(an),
                   .dp(dp)
    );
endmodule
```

例 5.24 Fibonacci 序列。

本例中，将学习如何设计 Fibonacci 序列（0，1，1，2，3，5，8，13，21，34，…），并用 4 个 7 段数码管显示 9999 以内的 Fibonacci 数列，下面是产生 Fibonacci 数列的方程：

$$F(0)=0$$
$$F(1)=1$$
$$F(n+2)=F(n)+F(n+1) \quad n \geq 0 \quad (5\text{-}5)$$

Fibonacci 数列从 0 和 1 开始，下一个数字就是前两个数字之和。这就需要存储前面的两个数字。使用两个寄存器 fn 和 fn1 完成数字的存储。图 5.59 所示是计算 Fibonacci 数列的框图,当信号 clr=0 时,给两个寄存器 fn 和 fn1 赋初值 0 和 1。在时钟的上升沿,fn 的值更新为 fn1 原来的值;fn1 的值更新为 fn 与 fn1 的和 fn2(fn2 = fn + fn1)。一旦 fn1 超出 9999,那么输出 f = fn 将是 Fibonacci 数列在小于 9999 这个范围内的最大值。

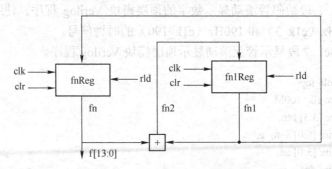

图 5.59 计算 Fibonacci 数列的框图

十进制数 9999 等于十六进制数 270E 或二进制数 10011100001111。因此,程序 5.24a 中的寄存器 f 必须是 14 位宽的。程序 5.24a 中的 Verilog 程序实现 Fibonacci 数列算法。这个 Verilog 程序的仿真结果如图 5.60 所示。

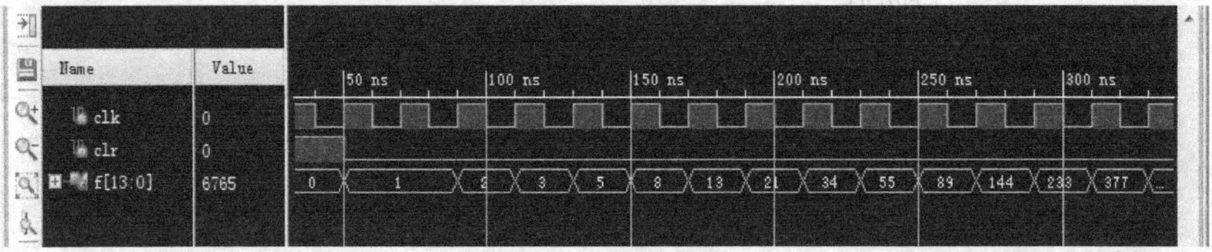

图 5.60 Fibonacci 数列仿真波形图

(1)程序 5.24a:Fibonacci 数列模块 Verilog 程序。

```
module fib (
    input wire clk,
    input wire clr,
    output wire [13:0] f
);
    reg [13:0] fn, fn1;
    always @ (posedge clk or posedge clr)
    begin
        if (clr == 1)
        begin
            fn <= 0;
            fn1<= 1;
        end
        else if (fn1 < 9999)
```

```
            begin
                fn <= fn1;
                fn1 <= fn + fn1;
            end
    end
    assign f = fn;
endmodule
```

程序 5.24b 为 Fibonacci 数列顶层模块的 Verilog 程序，它的顶层模块框图如图 5.61 所示。在本例中需要修改程序 5.17b 模块 clkdiv 的程序，使其能够产生 3Hz 的时钟脉冲。

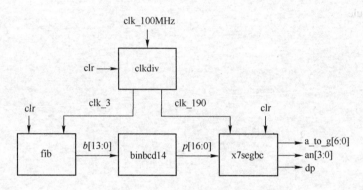

图 5.61　Fibonacci 数列顶层模块框图

（2）程序 5.24b：Fibonacci 数列顶层模块 Verilog 程序。

```
module fib_top (
    input wire clk_100M,
    input wire [3:3] btn,
    output wire [6:0] a_to_g,
    output wire [3:0] an,
    output wire dp
);

    wire [16:0] p;
    wire clr, clk_3, clk_190;
    wire [13:0] b;
    assign clr = btn[3];
    clkdiv U1 ( .clk(clk_100M),
                .clr(clr),
                .clk_3(clk_3),
                .clk_190(clk_190)
    );
    fib U2 ( .clk(clk_3),
             .clr(clr),
             .f(b)
```

```
        );
        binbcd14 U3 ( .b(b),
                      .p(p)
        );
        x7segbc U4 ( .x(p[15:0]),
                     .cclk(clk_190),
                     .clr(clr),
                     .a_to_g(a_to_g),
                     .an(an),
                     .dp(dp)
        );
endmodule
```

第6章 数字逻辑设计和接口实验

6.1 有限状态机

有限状态机（FSM，Finite State Machine）简称状态机，是表示有限多个状态及在这些状态之间转移和动作的数学模型。状态机主要分为 Moore 状态机和 Mealy 状态机。

6.1.1 Moore 状态机和 Mealy 状态机

1. Moore 状态机

Moore 状态机的输出只和当前状态有关而与输入无关，其示意图如图 6.1 所示。

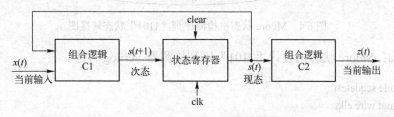

图 6.1 Moore 状态机

2. Mealy 状态机

Mealy 状态机的输出不仅和当前状态有关，而且和输入也有关，其示意图如图 6.2 所示。

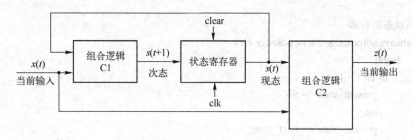

图 6.2 Mealy 状态机

6.1.2 有限状态机设计例程

例 6.1 序列检测器。

本例中将分别采用 Moore 状态机和 Mealy 状态机设计序列检测器。序列检测器的框图如图 6.3 所示。要求：当检测到输入序列 din 为 "1101" 时，dout 为 1；否则为 0。

图 6.3 序列检测器框图

（1）Moore 状态机设计方法

Moore 状态机的状态转换图如图 6.4 所示。注意：当在状态 S_4 时，如果输入为 1，则返回到状态 S_2；如果输入为 0，则返回初始状态 S_0。

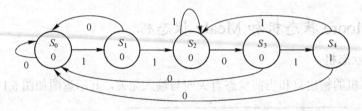

图 6.4 Moore 状态机检测序列 "1101" 状态转换图

程序 6.1a：Moore 状态机设计 "1101" 序列检测器 Verilog 程序。

```
module seqdetea(
    input wire clk,
    input wire clr,
    input wire din,
    output reg dout
);
reg [2:0] present_state, next_state;
parameter S0 = 3'b000, S1 = 3'b001, S2 = 3'b010, S3 = 3'b011, S4 = 3'b100;   // 状态

//状态寄存器
always @(posedge clk or posedge clr)
  begin
    if( clr == 1)
      present_state <= S0;
    else
      present_state <= next_state;
  end
//C1 模块
always @(*)
  begin
    case(present_state)
      S0: if(din == 1)
            next_state <= S1;
          else
```

第6章 数字逻辑设计和接口实验

```
                    next_state <= S0;
            S1: if(din == 1)
                    next_state <= S2;
                else
                    next_state <= S0;
            S2: if(din == 0)
                    next_state <= S3;
                else
                    next_state <= S2;
            S3: if(din == 1)
                    ext_state <= S4;
                else
                    next_state <= S0;
            S4: if(din == 0)
                    next_state <= S0;
                else
                    next_state <= S2;
            default: next_state <= S0;
            endcase
        end
//C2 模块
    always @(*)
        begin
            if(present_state == S4)
                dout = 1;
            else
                dout = 0;
        end
endmodule
```

在程序 6.1a 中首先用 parameter 语句定义了 5 个状态，S0（000）、S1（001）、S2（010）、S3（011）、S4（100），这 5 个状态将作为状态寄存器的输出。在 C1 模块中的 always 块使用 case 语句实现图 6.4 所示的状态转换图的功能。C2 模块中的 always 块则根据当前状态判断输出结果。程序 6.1a 的仿真结果如图 6.5 所示。

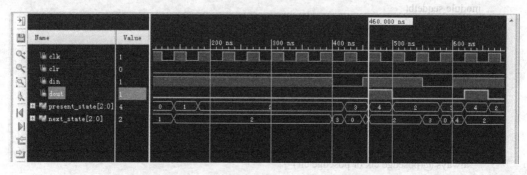

图 6.5 Moore 状态机检测序列"1101"的仿真波形图

（2）Mealy 状态机设计方法

采用 Mealy 状态机设计"1101"序列检测器的状态转换图如图 6.6 所示。与图 6.4 所示的 Moore 状态机不同，采用 Mealy 状态机设计"1101"序列只有 4 个状态，所以只需要用 2 位的二进制数对状态进行编码即可。注意：当状态为 S_3（程序检测到序列"110"）且输入为 1 时，在下一个时钟上升沿，状态将变为 S_1，输出变为 0。也就是说，输出不会一直被锁存为 1，如果希望状态将变为 S_1 时输出值被锁存，可以为输出添加一个触发器。这样，当状态机处于状态 S_3 且输入变为 1 时，状态机输出将为 1，在下一个时钟上升沿到来时，状态转移到 S_1，输出值 1 保持不变。程序 6.1b 的仿真结果如图 6.7 所示。

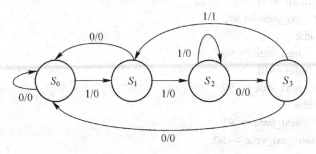

图 6.6　Mealy 状态机检测序列"1101"状态转换图

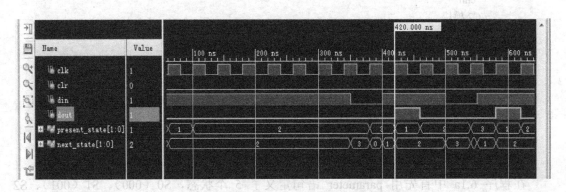

图 6.7　Mealy 状态机检测序列"1101"仿真波形图

程序 6.1b：Mealy 状态机设计"1101"序列检测器 Verilog 程序。

```
module seqdetb(
    input wire clk,
    input wire clr,
    input wire din,
    output reg dout
);
    reg [1:0] present_state, next_state;
    parameter S0 = 3'b00, S1 = 3'b01, S2 = 3'b10, S3 = 3'b11;    // 状态
    //State registers
    always @(posedge clk or posedge clr)
        begin
```

```verilog
      if( clr == 1)
        present_state <= S0;
      else
        present_state <= next_state;
    end
//C1 模块
  always @(*)
    begin
      case(present_state)
        S0: if(din == 1)
              next_state <= S1;
            else
              next_state <= S0;
        S1: if(din == 1)
              next_state <= S2;
            else
              next_state <= S0;
        S2: if(din == 0)
              next_state <= S3;
            else
              next_state <= S2;
        S3: if(din == 1)
              next_state <= S1;
            else
              next_state <= S0;
        default: next_state <= S0;
      endcase
    end
//C2 模块
  always @( posedge clk or posedge clr)
    begin
      if( clr == 1)
        dout <= 0;
      else
        if((present_state == S3) && (din==1))
          dout <= 1;
        else
          dout <= 0;
    end
endmodule
```

（3）Mealy 状态机顶层模块

将程序 6.1b 所示的 Mealy 状态机在板卡上进行验证，其顶层模块框图如图 6.8 所示。其中，模块 clkdiv 和 clock_pulse 分别为程序 5.17b 和程序 5.13，btn[1]和 btn[0]用于输入 1 和 0。相应的顶层模块框图如图 6.8 所示。

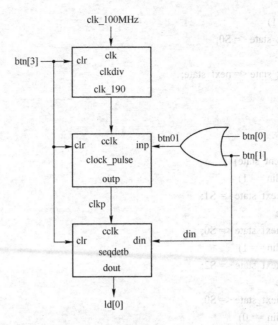

图 6.8 Mealy 状态机检测序列 "1101" 顶层模块框图

程序 6.1c：Mealy 状态机检测序列 "1101" 顶层模块程序。

```verilog
module seqdeta_top(
    input wire clk_100MHz,
    input wire [3:0] btn,
    output wire [0:0] ld
);
    wire clr, clk_190Hz, clkp, btn01;
    assign clr = btn[3];
    assign btn01 = btn[0] | btn[1];

    clkdiv U1 (.clk(clk_100MHz),
               .clr(clr),
               .clk_190Hz(clk_190Hz)
    );
    clock_pulse U2 (.inp(btn01),
                    .cclk(clk_190Hz),
                    .clr(clr),
                    .outp(clkp)
    );
    seqdetb U3 (.clk(clkp),
                .clr(clr),
                .din(btn[1]),
                .dout(ld[0])
    );
endmodule
```

例 6.2 交通信号灯。

程序 6.2 为一个十字路口（南北和东西方向）交通灯的程序设计，其中南北和东西方向都有红、黄、绿三种颜色的信号灯。表 6.1 给出了交通灯的状态表，图 6.9 所示为交通灯的状态转换图。如果用频率 3Hz 的时钟来驱动电路，那么延迟 1s 可以用 3 个时钟得到。类似地，用 15 个时钟可以得到 5s 的延迟。图 6.9 中的计数器 count 用于延迟计数，在状态转移时将归零，并重新开始计数。

表 6.1 交通灯状态表

状 态	南 北	东 西	延迟（s）
0	绿	红	5
1	黄	红	1
2	红	红	1
3	红	绿	5
4	红	黄	1
5	红	红	1

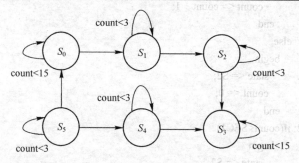

图 6.9 交通灯的状态转换图

（1）程序 6.2a：交通灯模块程序。

```
module traffic(
    input wire clk_3,
    input wire clr,
    output reg [5:0] lights
);
    reg [2:0] state;
    reg [3:0] count;
    parameter S0 = 3'b000, S1 = 3'b001, S2 = 3'b010, //状态
              S3 = 3'b011, S4 = 3'b100, S5 = 3'b101;
    parameter SEC5 = 4'b1110, SEC1 = 4'b0010;
    always @(posedge clk_3 or posedge clr)
      begin
        if(clr==1)
          begin
            state <= S0;
```

```
                    count <= 0;
                end
            else
                case(state)
                    S0: if(count<SEC5)
                            begin
                                state <= S0;
                                count <= count + 1;
                            end
                        else
                            begin
                                state <= S1;
                                count <= 0;
                            end
                    S1: if(count<SEC1)
                            begin
                                state <= S1;
                                count <= count + 1;
                            end
                        else
                            begin
                                state <= S2;
                                count <= 0;
                            end
                    S2: if(count<SEC1)
                            begin
                                state <= S2;
                                count <= count + 1;
                            end
                        else
                            begin
                                state <= S3;
                                count <= 0;
                            end
                    S3: if(count<SEC5)
                            begin
                                state <= S3;
                                count <= count + 1;
                            end
                        else
                            begin
                                state <= S4;
                                count <= 0;
                            end
                    S4: if(count<SEC1)
```

```
                    begin
                        state <= S4;
                        count <= count + 1;
                    end
                else
                    begin
                        state <= S5;
                        count <= 0;
                    end
            S5: if(count<SEC1)
                    begin
                        state <= S5;
                        count <= count + 1;
                    end
                else
                    begin
                        state <= S0;
                        count <= 0;
                    end
            default state <= S0;
        endcase
    end
    always @(*)
        begin
            case(state)
                S0: lights = 6'b100001;    //6'h21
                S1: lights = 6'b100010;    //6'h22
                S2: lights = 6'b100100;    //6'h24
                S3: lights = 6'b001100;    //6'h0c
                S4: lights = 6'b010100;    //6'h14
                S5: lights = 6'b100100;    //6'h24
                default lights = 6'b100001;
            endcase
        end
endmodule
```

在程序 6.2a 中的第二个 always 块使用 case 语句，实现了在不同状态下对东西和南北方向红、黄、绿交通灯的控制。程序 6.2a 的仿真结果如图 6.10 所示。

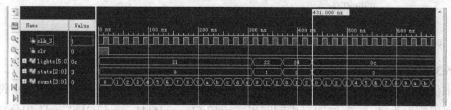

图 6.10　交通灯仿真波形图

程序 6.2b 所示的 clkdiv 模块能产生频率为 3Hz 时钟，程序 6.2c 给出了整个设计的顶层模块代码。

（2）程序 6.2b：时钟分频程序。

```verilog
module clkdiv(
    input wire clk,
    input wire clr,
    output wire clk_3
);
    reg [24:0] q;
    //   25-bit counter
    always @(posedge clk or posedge clr)
      begin
        if(clr == 1)
          q <= 0;
        else
          q <= q + 1;
      end

    assign clk_3 = q[24];      // 3 Hz
endmodule
```

（3）程序 6.2c：交通灯顶层模块程序。

```verilog
module traffic_lights_top(
    input wire clk_100MHz,
    input wire [3:3] btn,
    output wire [7:2] ld
);
    wire clk_3;
    wire clr;
    assign clr = btn[3];
    clkdiv U1 (.clk(clk_100MHz),
              .clr(clr),
              .clk_3(clk_3)
    );
    traffic U2 (.clk_3(clk_3),
               .clr(clr),
               .lights(ld)
    );
endmodule
```

例 6.3 密码锁设计。

在本例中，将把序列检测器扩展为一个密码锁电路。利用拨码开关 sw[7:0] 来设置初始密码（密码假设为 4 个 2 位的二进制密码，sw[7:6]、sw[5:4]、sw[3:2]和 sw[1:0]分别对应密码的第 1、2、3、4 位的数值),通过按钮 btn[3:0]来输入密码(btn[0]、btn[1]、btn[2]、btn[3]分别对应密码值 0、1、2、3;当依次按下按钮 btn[0]、btn[1]、btn[2]、btn[3]时,门锁模块对应的 2 位输入 bn[1:0]的值分别为 "00"、"01"、"10" 和 "11")。图 6.11 所示的状态转换图用于比较输入密码与拨码开关设置的密码是否一致。如果密码是正确的,则 pass 为 1,fail 为 0;如果密码错误,则 pass 为 0,fail 为 1。注意:即使密码输入错误,也必须完成完整的 4 位密码输入,才能进入 "fail"(E_4)状态。程序 6.3a 给出了实现图 6.11 所示功能的 Verilog 程序。

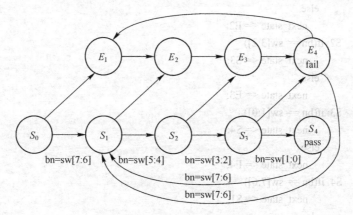

图 6.11 密码锁电路的状态转换图

(1)程序 6.3a:密码锁模块程序。

```
module doorlock(
    input wire clk,
    input wire clr,
    input wire [7:0] sw,
    input wire [1:0] bn,
    output reg pass,
    output reg fail
    );
reg [3:0] present_state, next_state;
parameter S0 = 4'b0000, S1 = 4'b0001, S2 = 4'b0010, S3 = 4'b0011,
          S4 = 4'b0100, E1 = 4'b0101, E2 = 4'b0110, E3 = 4'b0111, E4 = 4'b1000;
//状态寄存器
always @(posedge clk or posedge clr)
    begin
      if(clr==1)
        present_state <= S0;
      else
        present_state <= next_state;
    end
//C1 模块
 always @(*)
```

```
        begin
           case(present_state)
              S0: if(bn == sw[7:6])
                     next_state <= S1;
                  else
                     next_state <= E1;
              S1: if(bn == sw[5:4])
                     next_state <= S2;
                  else
                     next_state <= E2;
              S2: if(bn == sw[3:2])
                     next_state <= S3;
                  else
                     next_state <= E3;
              S3: if(bn == sw[1:0])
                     next_state <= S4;
                  else
                     next_state <= E4;
              S4: if(bn == sw[7:6])
                     next_state <= S1;
                  else
                     next_state <= E1;
              E1: next_state <= E2;
              E2: next_state <= E3;
              E3: next_state <= E4;
              E4: if(bn == sw[7:6])
                     next_state <= S1;
                  else
                     next_state <= E1;
              default: next_state <= S0;
           endcase
        end
    //C2 模块
    always @(*)
       begin
          if(present_state == S4)
             pass = 1;
          else
             pass = 0;
          if(present_state == E4)
             fail = 1;
          else
             fail = 0;
       end
endmodule
```

第6章 数字逻辑设计和接口实验

程序 6.3a 的仿真波形图如图 6.12 所示。在仿真测试代码中假设密码为 "2-0-1-2",观察图 6.12 可以看到,当密码正确时,pass 为 1,不正确时为 0,符合密码锁设计要求。

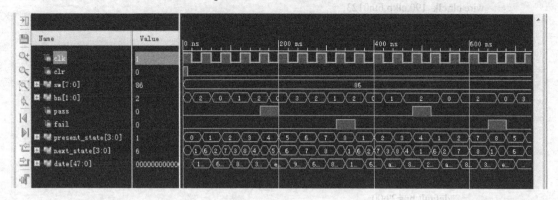

图 6.12 门锁程序仿真波形图

将程序 6.3a 所示的密码锁程序在 FPGA 开发板上进行验证。其顶层模块框图如图 6.13 所示。其中,模块 clkdiv 和 clock_pulse 分别如程序 5.17b 和程序 5.13 所示。相应的顶层模块程序见程序 6.3b。

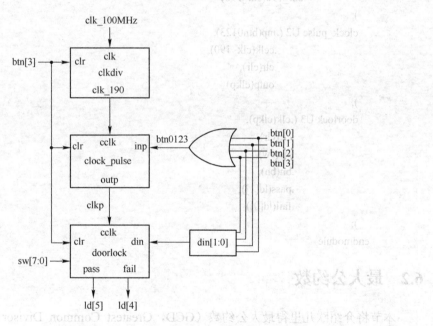

图 6.13 密码锁顶层模块框图

(2)程序 6.3b:密码锁顶层模块程序。

```
module doorlock_top(
    input wire clk_100M,
    input wire [7:0] sw,
    input wire [4:0] btn,
```

```
    output wire [1:0] ld
    );
    wire clr,clk_190,clkp,btn0123;
    reg [1:0] bn;
    assign clr = btn[4];
    assign btn0123 = btn[0] | btn[1] | btn[2]| btn[3];
    always@(*)
      begin
         case(btn)
            8:bn=2'b11;
            4:bn=2'b10;
            2:bn=2'b01;
            0:bn=2'b00;
            default:bn=2'b00;
         endcase
    end
    clkdiv U1 (.clk(clk_100M),
               .clr(clr),
               .clk_190(clk_190)
    );
    clock_pulse U2 (.inp(btn0123),
                    .cclk(clk_190),
                    .clr(clr),
                    .outp(clkp)
    );
    doorlock U3 (.clk(clkp),
                 .clr(clr),
                 .sw(sw),
                 .bn(bn),
                 .pass(ld[1]),
                 .fail(ld[0])
    );
    endmodule
```

6.2 最大公约数

本节将介绍欧几里得最大公约数（GCD，Greatest Common Divisor）算法。程序6.4为欧几里得GCD算法的Verilog代码，但该代码存在一定的问题，后面进行分析。将该代码进行仿真，得到的仿真结果如图6.14所示。

例6.4 GCD算法一。

程序6.4：欧几里得最大公约数算法Verilog程序。

```
module gcd1(
    input wire [3:0] x,
```

```
    input wire [3:0] y,
    output reg [3:0] gcd
);
  reg [3:0] xs,ys;
  always @(*)
    begin
      xs = x;
      ys = y;
      while(xs != ys)
        begin
          if(xs < ys)
            ys = ys - xs;
          else
            xs = xs - ys;
        end
      gcd = xs;
    end
endmodule
```

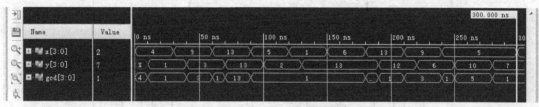

图 6.14　程序 6.4 的仿真波形图

如果试着将程序 6.4 中的代码进行综合，就会得到错误提示。这是为什么呢？问题出在 while 语句上，在程序开始运行之前没有办法得知具体的循环次数。当输入值在程序运行过程中变化时，就没有办法在电路设计之初确定程序的循环次数。所以综合后会有错误提示。

6.2.1　GCD 算法

本节将介绍一种新实现 GCD 算法的方法，即采用数字处理器实现 GCD 算法。该算法能够很好地解决程序 6.4 所遇到的问题。图 6.15 所示为数字处理器的通用结构。其中，控制单元（Control Unit）一般由状态机组成，以完成对时序的控制；数据通道（datapath）单元由寄存器、数据选择器和不同的组合逻辑模块组成。数字处理器的数据通道将一些输出信号送入控制单元，如各种条件标志；而控制单元为数据通道提供各种控制信号，如寄存器信号 load、数据选择器信号 select 等。

下面介绍构建数据通道单元的步骤。

（1）为算法中的每个变量都设计一个寄存器（矩形符号，输入信号在顶端，输出信号在底端），如图 6.16 所示，包含三个变量 x、y、gcd。每个寄存器都应包含 clr、clk 和 ld 信号。当 clr 为高电平时，给寄存器输出赋初值（一般为 0）。当 load 为高电平且在时钟上升沿时，存储输入信号。

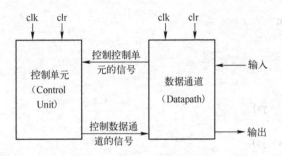

图 6.15　数字处理器的通用结构

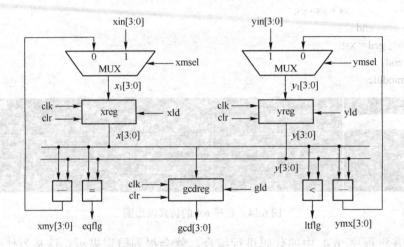

图 6.16　GCD 算法中的数据通道单元

（2）定义组合逻辑模块，以实现算法所需的算术、逻辑操作。

（3）将寄存器输出端连接到合适的算术和逻辑操作单元的输入端，将算术、逻辑操作的输出端接到合适的寄存器输入端。如果一个寄存器的输入端有多个信号，则可以添加数据选择器。

注意：数据通道只能决定什么寄存器存储哪些数据，而没有任何时序信息。所有时序信息都由控制单元通过状态机来提供。

图 6.16 中的数据单元包含 3 个寄存器、两个数据选择器、两个减法器和两个逻辑比较器。信号 clk、clr、xin[3:0]、yin[3:0]来自外部，而数据通道输入信号 xmsel、ymsel、xld、yld 和 gld 则来自控制单元，如图 6.17 所示。数据道的输出 eqflg 和 ltflg 被送入控制单元，而 gcd[3:0]则连接到电路的输出端 gcd_out[3:0]。图 6.17 中的输入信号 go 用于启动算法，可以由开发板上的按钮开关提供。clr 信号同样由按钮开关设置，而 xin[3:0]和 yin[3:0]输入信号来自开发板上的拨码开关，输出信号 gcd_out[3:0]可以连接到 7 段数码管上。

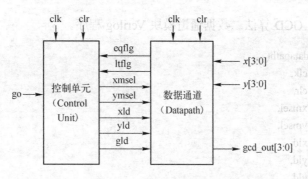

图 6.17 GCD 算法中的数据通道和控制单元

图 6.18 所示为欧几里德 GCD 算法的状态转换图，状态机开始时处于 start 状态，等待 go 输入信号，当信号 go 变为高电平时，状态机就进入状态 input。在 input 状态中，将信号 xmsel、ymsel、xld 和 yld 置 1，输入信号 xin 和 yin 在时钟上升沿存储到寄存器 xreg 和 yreg 中。状态机进入到状态 testl，此时数据通道输出的 eqflg 决定接下来的状态。如果 eqflg 为 1，意味着 $x=y$，下一个状态为 done，如图 6.18 所示；如果 eqflg 不等于 1，下一个状态则为 test2。在 test2 状态中将比较 x 和 y 的大小，如果 $x<y$，标志信号 ltflg 为 1，控制单元中的状态机将转移到状态 update1，计算 $y=y-x$。此时，将 ymsel 置 0、yld 置 1，$y-x$ 的值被存储到 y 寄存器中。完成计算后状态机将返回到状态 testl，测试 x 和 y 是否相等。如果在状态 test2 中，状态标志 ltflg 为 0，意味着 x 大于 y。此时，需要计算 $x=x-y$，为此将 xmsel 置 0、xld 置 1，$x-y$ 存储到 x 寄存器中。如果算法进入 done 状态，将 gld 设为 1，状态机一直停留在 done 状态，并一直存储 x 的值直到 gcd 输出。

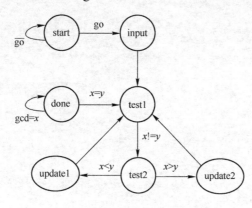

图 6.18 GCD 算法的状态转换图

例 6.5 GCD 算法之二。

程序 6.5 给出了实现以上算法的程序。其中，程序 6.5a 给出了图 6.16 所示数据通道单元的程序代码，程序中使用了例 4.7 中的数据选择器模块 mux2g 和例 5.8 中的寄存器模块 register（$N=4$）；减法器和比较器则用相应的操作符运算实现。程序 6.5b 给出了控制单元的程序代码，它以摩尔状态机的方式实现图 6.18 所示的状态转换。在程序 6.5c 中将控制单元和数据通道连接在一起，形成完整的 GCD 算法。

(1) 程序 6.5a：GCD 算法二数据通道模块 Verilog 程序。

```verilog
module gcd_datapath(
    input wire clk,
    input wire clr,
    input wire xmsel,
    input wire ymsel,
    input wire xld,
    input wire yld,
    input wire gld,
    input wire [3:0] xin,
    input wire [3:0] yin,
    output wire [3:0] gcd,
    output reg eqflg,
    output reg ltflg
    );
    wire [3:0] xmy,ymx,gcd_out;
    wire [3:0] x,y,x1,y1;
    assign xmy = x - y;
    assign ymx = y - x;
    always @(*)
        begin
            if(x == y)
                eqflg = 1;
            else
                eqflg = 0;
        end
    always @(*)
        begin
            if(x<y)
                ltflg = 1;
            else
                ltflg = 0;
        end
    mux2g #(.N(4))
        M1 (.a(xmy),
            .b(xin),
            .s(xmsel),
            .y(x1)
        );
    mux2g #( .N(4))
        M2 (.a(ymx),
            .b(yin),
            .s(ymsel),
            .y(y1)
```

```
    );
    register #( .N(4))
        R1 (.load(xld),
            .clk(clk),
            .clr(clr),
            .D(x1),
            .Q(x)
    );
    register #(.N(4))
        R2 (.load(yld),
            .clk(clk),
            .clr(clr),
            .D(y1),
            .Q(y)
    );
    register #(.N(4))
        R3 (.load(gld),
            .clk(clk),
            .clr(clr),
            .D(x),
            .Q(gcd_out)
    );
    assign gcd = gcd_out;
endmodule
```

(2) 程序 6.5b：GCD 算法二控制单元模块 Verilog 程序。

```
//Example 64b: gcd_control
module gcd_control(
    input wire clk,
    input wire clr,
    input wire go,
    input wire eqflg,
    input wire ltflg,
    output reg xmsel,
    output reg ymsel,
    output reg xld,
    output reg yld,
    output reg gld
);
    reg [2:0] present_state, next_state;
    parameter start = 3'b000, input = 3'b001, test1 = 3'b010,
              test2 = 3'b011, update1 = 3'b100, update2 = 3'b101,
              done = 3'b110;    //states
//状态寄存器
    always @(posedge clk or posedge clr)
```

```verilog
   begin
     if(clr == 1)
        present_state <= start;
     else
        present_state <= next_state;
   end
//C1 模块
always @(*)
   begin
      case(present_state)
        start: if(go == 1)
                 next_state = input;
               else
                 next_state = start;
        input: next_state = test1;
        test1: if(eqflg == 1)
                 next_state = done;
               else
                 next_state = test2;
        test2: if(ltflg == 1)
                 next_state  = update1;
               else
                 next_state  = update2;
        update1: next_state = test1;
        update2: next_state = test1;
        done: next_state = done;
        default next_state   = start;
      endcase
   end
//C2 模块
   always @(*)
     begin
       xld = 0; yld = 0; gld = 0;
       xmsel = 0; ymsel = 0;
       case(present_state)
         input1:
           begin
             xld = 1; yld = 1;
             xmsel = 1; ymsel = 1;
           end
         update1: yld = 1;
         update2: xld = 1;
         done: gld = 1;
         default;
       endcase
```

第6章 数字逻辑设计和接口实验

```
        end
endmodule
```

（3）程序6.5c：GCD 算法二模块 Verilog 程序。

```
module gcd2(
    input wire clk,
    input wire clr,
    input wire go,
    input wire [3:0] xin,
    input wire [3:0] yin,
    output wire [3:0] gcd_out
);
    wire eqflg,ltflg,xmsel,ymsel;
    wire xld,yld,gld;

    gcd_datapath U1(.clk(clk),
                    .clr(clr),
                    .xmsel(xmsel),
                    .ymsel(ymsel),
                    .xld(xld),
                    .yld(yld),
                    .gld(gld),
                    .xin(xin),
                    .yin(yin),
                    .gcd(gcd_out),
                    .eqflg(eqflg),
                    .ltflg(ltflg)
    );
    gcd_control U2(.clk(clk),
                    .clr(clr),
                    .go(go),
                    .eqflg(eqflg),
                    .ltflg(ltflg),
                    .xmsel(xmsel),
                    .ymsel(ymsel),
                    .xld(xld),
                    .yld(yld),
                    .gld(gld)
    );
endmodule
```

图 6.19 所示为程序 6.5c 所示程序的仿真结果。图中给出了求解数字 8 和 2 的最大公约数的运算过程和结果。注意：图 6.19 中给出了数据通道产生的 x 和 y 信号，以及控制单元产生的 present_state 和 next_state 信号，这有助于对运算过程的理解。

基于 Xilinx Vivado 的数字逻辑实验教程

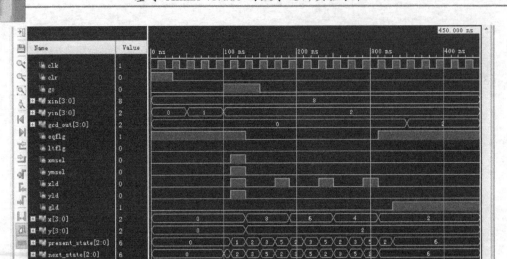

图 6.19 程序 6.5c 程序仿真波形图

为了能在板卡上测试上述程序，采用图 6.20 所示的顶层模块框图。其中，采用例 5.17b 中的 clkdiv 模块来产生频率为 25MHz（clk_25M）和 190Hz（clk_190）的时钟。同样地，我们使用例 5.17d 中的 x7segbc 模块，用最右端的 7 段显示管来显示结果。gcd2 模块的顶层模块程序见程序 6.5d。xin[3:0]和 yin[3:0]的值由开关 sw[7:4]和 sw[3:0]设定，这两个输入值同时显示在 LED 上。使用 btn[0]作为 go 信号，使用 btn[3]作为 clr 信号，程序 6.5d 给出了顶层模块的 Verilog 代码。需要注意信号 gcd_out[3:0]与二进制数 12'b0 通过拼接操作符组成 16 位信号送入 x7segbc 模块。将程序下载到开发板上，并运行程序。改变拨码开关的位置，按下 btn[0]（go）启动运算。因为每次运算完成后将停留在 done 状态，需要按下 btn[3]（clr）以重启程序。

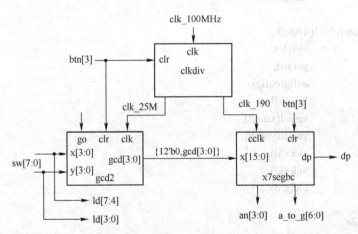

图 6.20 程序 6.5d 顶层模块框图

（4）程序 6.5d：GCD 算法二顶层模块 Verilog 程序。

    module gcd2_top(

```
        input wire clk_100M,
        input wire [3:0] btn,
        input wire [7:0] sw,
        output wire [7:0] ld,
        output wire dp,
        output wire [6:0] a_to_g,
        output wire [3:0] an
    );
    wire clk_25M,clk_190,clr;
    wire [15:0] x;
    wire [3:0] gcd;
    assign clr = btn[3];
    assign x = {12'b0,gcd};
    assign ld = sw;
    clkdiv U1 (.clk(clk_100M),
               .clr(clr),
               .clk_190(clk_190),
               .clk_25M(clk_25M)
    );
    gcd2 U2 (.clk(clk_25M),
             .clr(clr),
             .go(btn[0]),
             .xin(sw[7:4]),
             .yin(sw[3:0]),
             .gcd_out(gcd)
    );
    x7segbc U3 (.x(x),
                .cclk(clk_190),
                .clr(clr),
                .a_to_g(a_to_g),
                .an(an),
                .dp(dp)
    );
    endmodule
```

6.2.2 改进的 GCD 算法

在程序 6.4 中，while 循环不能被综合，而程序 6.5 完成 GCD 算法使用了 5 个模块。本节将使用 1 个模块 gcd3 实现 GCD 算法，如程序 6.6a 所示。gcd3 模块的输入信号 go 是持续一个时钟周期（时钟频率为 25MHz）的单脉冲信号。当 go 变为高电平时，在下一个时钟上升沿给 x 和 y 赋初值，calc 变为高电平。在接下来的时钟上升沿，go 信号被拉低，而 calc 信号保持高电平。注意：当 x=y 且 gcd 寄存器得到最终结果时，calc 信号被拉低，done 信号被拉高。done 信号是单脉冲信号，只持续一个周期。程序的仿真波形图如图 6.21 所示。

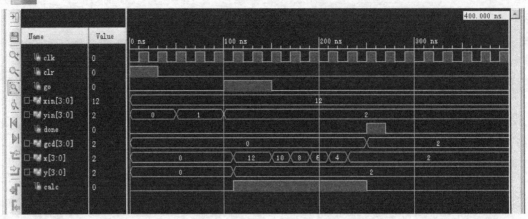

图 6.21 程序 6.6a 仿真波形图

例 6.6 GCD 算法三。

（1）程序 6.6a：GCD 算法三模块程序。

```verilog
module gcd3(
    input wire clk,
    input wire clr,
    input wire go,
    input wire [3:0] xin,
    input wire [3:0] yin,
    output reg done,
    output reg [3:0] gcd
);
    reg [3:0] x,y;
    reg calc;
    always @(posedge clk or posedge clr)
      begin
        if(clr == 1)
          begin
            x <= 0;
            y <= 0;
            gcd <= 0;
            done <= 0;
            calc <= 0;
          end
        else
          begin
            done <= 0;
            if(go == 1)
              begin
                x <= xin;
                y <= yin;
```

```
                    calc <= 1;
                end
            else
                begin
                    if(calc == 1)
                        if(x == y)
                            begin
                                gcd <= x;
                                done <= 1;
                                calc <= 0;
                            end
                        else
                            if(x < y)
                                y <= y - x;
                            else
                                x <= x - y;
                end
        end
endmodule
```

可以采用图 6.22 所示的顶层模块在板卡上测试上述程序。gcd3 模块的顶层模块程序如程序 6.6b 所示。其中，采用 cx 5.17b 中的 clkdiv 模块产生频率为 25MHz（c1k_25M）和 190Hz（clk_l90）的时钟；采用程序 5.13 中的 clock_pulse 模块来产生 go 信号（go 信号只持续一个时钟周期）。程序 5.12 所示的 debounce4 模块用于消除输入按钮抖动，还使用了程序 5.17d 中的 x7segbc 模块，用 7 段数码管来显示结果。

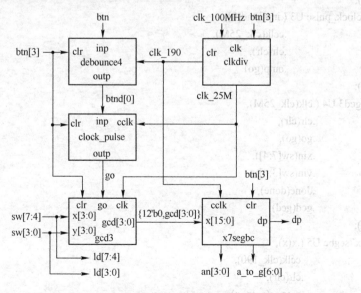

图 6.22　GCD 算法三顶层模块框图

（2）程序 6.6b：GCD 算法三顶层模块 Verilog 程序。

```verilog
module gcd3_top(
    input wire clk_100M,
    input wire [3:0] btn,
    input wire [7:0] sw,
    output wire [7:0] ld,
    output wire dp,
    output wire [6:0] a_to_g,
    output wire [3:0] an
);
    wire clk_25M,clk_190,clr,done,go;
    wire [15:0] x;
    wire [3:0] gcd,btnd;
    assign clr = btn[3];
    assign x = {12'b0,gcd};
    assign ld = sw;
    clkdiv U1 (.clk(clk_100M),
               .clr(clr),
               .clk_190(clk_190),
               .clk_25M(clk_25M)
    );
    debounce4 U2 (.inp(btn),
                  .cclk(clk_190),
                  .clr(clr),
                  .outp(btnd)
    );
    clock_pulse U3 (.inp(btnd[0]),
                    .cclk(clk_25M),
                    .clr(clr),
                    .outp(go)
    );
    gcd3 U4 (.clk(clk_25M),
             .clr(clr),
             .go(go),
             .xin(sw[7:4]),
             .yin(sw[3:0]),
             .done(done),
             .gcd(gcd)
    );
    x7segbc U5 (.x(x),
                .cclk(clk_190),
                .clr(clr),
                .a_to_g(a_to_g),
                .an(an),
```

```
            .dp(dp)
        );
endmodule
```

6.3 整数平方根

用 C 语言程序实现求解输入值 *a* 的平方根的算法如下所示。其算法演示如表 6.2 所示，从表 6.2 中可以看出，两个连续平方数之间的差值 delta 是奇数数列。只要 square 值小于等于输入值 *a*，while 循环将一直进行。平方根的值 delta/2-1 出现在相应 square 值的下一行。

```
unsigned long sqrt(unsigned long a){
    unsigned long square=1;
    unsigned long delta =3;
    while(square <a)
    {
        square=square+delta;
        delta = delta+2;
    }
    return (delta/2-1);
}
```

表 6.2 整数平方根算法演示

n	square=n^2	delta	delta/2-1
0	0		
1	1	3	
2	4	5	1
3	9	7	2
4	16	9	3
5	25	11	4
6	36	13	5
7	49	15	6
8	64	17	7
9	81	19	8
10	100	21	9
11	121	23	10
12	144	25	11
13	169	27	12
14	196	29	13
15	225	31	14
16	256	33	15

6.3.1 整数平方根算法

根据 6.2.1 中的学习内容，本节将使用数字处理器来实现整数平方根算法，如例 6.7 所示。

例 6.7 整数平方根算法一。

整数平方根算法的数据通道框图如图 6.23 所示，输入数据 a[7:0] 为 8 位二进制数，由开发板上的 8 个拨码开关 sw[7:0] 提供。根据表 6.2 可知，delta 的最大值是 33，应该需要 6 位的寄存器来存储 delta。然而，程序最后需要将 delta 的值除以 2 再减 1 才能得到最终结果。如果使用 5 位寄存器来存储 delta，当 delta 值为 33 时，除以 2 得到 0，再减 1 得到 11111，低四位等于 15，这个结果是正确的。因此，完全可以为 delta 指定 5 位的寄存器。表 6.2 中，square 的最大值是 256，所以其对应的寄存器是 9 位。而最大的平方根是 15，所以用 4 位寄存器来存储它。除 4 个寄存器 aReg、sqReg、delReg 和 outReg 之外，数据通道还包含 4 个组合逻辑模块。

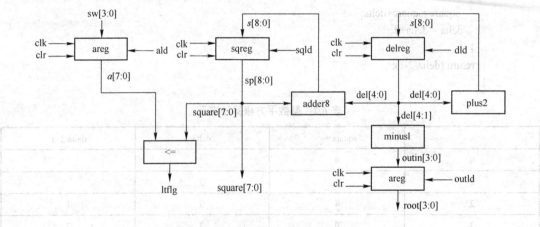

图 6.23 平方根算法的数据通道结构图

程序 6.7a 给出了图 6.23 所示的数据通道的 Verilog 程序。4 个寄存器位宽各不相同，所以被赋予了不同的初始值。程序 6.7b 中的 regr2.v 模块用来实例化数据通道中的 4 个寄存器。其中，参数 BIT0 和 BIT1 用来设置寄存器低两位的初始化值。注意：在例 6.7a 中，寄存器 sqreg 初始化为 1，寄存器 delreg 则初始化为 3。组合逻辑模块 adder8、plus2、minusl 用 assign 语句赋值，而图 6.23 中的（<=）模块则用单独的一个 always 块实现。

（1）程序 6.7a：整数平方根算法一的数据通道单元模块程序。

```
module SQRTpath(
    input wire clk,
    input wire reset,
    input wire    ald,
    input wire    sqld,
    input wire    dld,
    input wire    outld,
```

```verilog
    input wire    [7:0] sw,
    output reg lteflg,
    output wire [3:0] root
    );
    wire [7:0] a;
    wire [8:0] sq,s;
    wire [4:0] del,dp2;
    wire [3:0] dml;
    assign s = sq + {4'b0000,del};
    assign dp2 = del + 2;
    assign dml = del[4:1] - 1;
    always @(*)
      begin
        if(sq <= {1'b0,a})
          lteflg <= 1;
        else
          lteflg <= 0;
      end
    regr2 #(.N(8),
            .BIT0(0),
            .BIT1(0))
         aReg (.load(ald),
               .clk(clk),
               .reset(reset),
               .d(sw),
               .q(a)
    );
    regr2 #(.N(9),
            .BIT0(1),
            .BIT1(0))
         sqReg (.load(sqld),
                .clk(clk),
                .reset(reset),
                .d(s),
                .q(sq)
    );
    regr2 #(.N(5),
            .BIT0(1),
            .BIT1(1))
         delReg (.load(dld),
                 .clk(clk),
                 .reset(reset),
                 .d(dp2),
                 .q(del)
    );
```

```
            regr2 #(.N(4),
                   .BIT0(0),
                   .BIT1(0))
                outReg (.load(outld),
                        .clk(clk),
                        .reset(reset),
                        .d(dml),
                        .q(root)
                );
endmodule
```

（2）程序 6.7b：整数平方根算法一的寄存器模块程序。

```
module regr2
    #(parameter N = 4,
      parameter BIT0 = 1,
      parameter BIT1 = 1)
    (input wire load,
     input wire clk,
     input wire reset,
     input wire [N-1:0] d,
     output reg [N-1:0] q
    );
    always @(posedge clk or posedge reset)
        if(reset == 1)
           begin
              q[N-1:2] <= 0;
              q[0] <= BIT0;
              q[1] <= BIT1;
           end
        else if(load == 1)
              q <= d;
endmodule
```

程序 6.7a 给出了实现平方根算法中的数据通道单元功能的程序。这里将设计相应的控制单元，配合数据通道实现平方根算法，如图 6.24 所示。图中数据通道将 ltflg 送入控制单元，而控制单元为数据通道提供各装载信号 ald、sqld、dld 和 outld。

本例中控制单元的状态机共需要 4 个状态：start、test、update 和 done，如图 6.25 所示。状态机由 start 状态开始，并且在 go 信号变为高电平前一直停留在此状态。接着状态机进入 test 状态，此时将检测 square<=a 是否成立。如果不等式成立，状态机进入状态 update。此时，将更新 square 和 delta 的值。如果不等式不成立，状态机转入 done 状态，计算最终结果并持续停留在此状态。

程序 6.7c 给出了采用摩尔状态机实现平方根算法的控制单元 Verilog 程序。其中，用了 3 个 always 块：时序状态寄存器块及两个组合逻辑块 C1 和 C2。注意：思考 C1 模块中如何运用 case 语句找到状态机的下一个状态。输出模块 C2 也运用了 case 语句来为每个状态设定正确的寄存器加载信号。

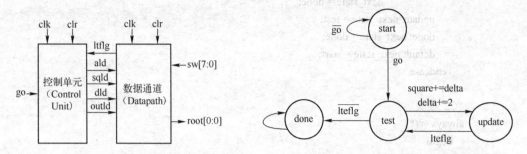

图 6.24　平方根算法的顶层模块结构图　　　图 6.25　平方根算法的状态转移图

（3）程序 6.7c：整数平方根算法一的控制单元模块程序。

```
module SQRTctrl(
    input wire clk,
    input wire clr,
    input wire lteflg,
    input wire go,
    output reg ald,
    output reg sqld,
    output reg dld,
    output reg outld
);
    reg[1:0] present_state, next_state;
    parameter start = 2'b00, test = 2'b01, update = 2'b10,
              done = 2'b11;
    // 状态寄存器
    always @(posedge clk or posedge clr)
        begin
            if(clr == 1)
                present_state <= start;
            else
                present_state <= next_state;
        end
    //C1 模块
    always @(*)
        begin
            case(present_state)
                start: if(go == 1)
                           next_state = test;
                       else
                           next_state = start;
                test:  if(lteflg == 1)
```

```
                    next_state = update;
                else
                    next_state = done;
            update: next_state = test;
            done: next_state = done;
            default next_state = start;
        endcase
    end
//C2 模块
    always @(*)
        begin
            ald = 0; sqld = 0;
            dld = 0; outld = 0;
            case(present_state)
                start: ald = 1;
                test: ;
                update:
                    begin
                        sqld = 1; dld = 1;
                    end
                done: outld = 1;
                default ;
            endcase
        end
endmodule
```

程序 6.7d 给出了平方根算法的 Verilog 程序。其中，只需将数据通道和控制单元实例化就可以了。注意：引入了一个 done 信号，只要状态机进入 done 状态，done 信号将变成高电平，表明计算已经结束。图 6.26 所示为程序 6.7d 的仿真结果，展示了对 17 和 35 进行求解平方根运算的过程和结果。

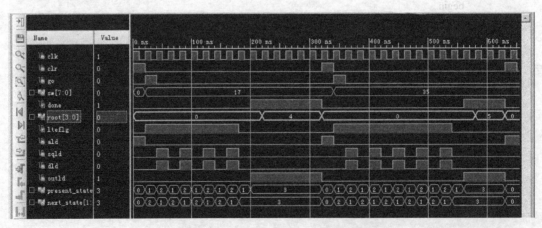

图 6.26 整数平方根算法一仿真波形图

(4) 程序 6.7d：整数平方根算法一模块程序。

```verilog
module sqrt1(
    input wire clk,
    input wire clr,
    input wire go,
    input wire [7:0] sw,
    output wire done,
    output wire [3:0] root
);
    wire lteflg,ald,sqld,dld,outld;
    assign done = outld;
    SQRTctrl S1(.clk(clk),
                .clr(clr),
                .lteflg(lteflg),
                .go(go),
                .ald(ald),
                .sqld(sqld),
                .dld(dld),
                .outld(outld)
    );
    SQRTpath S2 (.clk(clk),
                .reset(clr),
                .ald(ald),
                .sqld(sqld),
                .dld(dld),
                .outld(outld),
                .sw(sw),
                .lteflg(lteflg),
                .root(root)
    );
endmodule
```

为了能在板卡上测试上述程序，可以使用图 6.27 所示的顶层模块框图，见程序 6.7e。其中，使用程序 5.17b 中的 clkdiv 模块产生频率为 25MHz（clk_25M）和 190Hz（clk_190）的时钟；使用程序 5.17d 中的 x7segbc 模块，用 7 段数码管来显示结果。使用程序 4.17a 中 binbcd8 模块实现二进制-BCD 码转换；还使用了程序 4.7 中的 mux2g 模块，控制数码管显示的内容。当按钮 btn[3]按下时，拨码开关的状态将以十进制的形式显示在 7 段数码管上，当按下 btn[0](go)启动运算后，sqrt 模块对拨码开关所设置的值进行整数平方根运算，运算完成后信号 done 的值为 1，控制数据选择器使 7 段数码管显示运算后的平方根值。

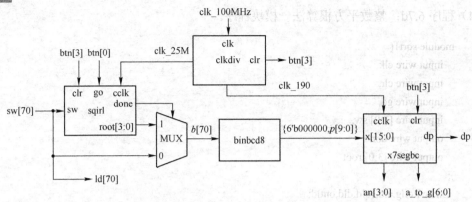

图 6.27　整数平方根算法一的顶层模块框图

（5）程序 6.7e：整数平方根算法一的顶层模块程序。

```verilog
module sqrt1_top(
    input wire clk_100M,
    input wire [3:0] btn,
    input wire [7:0] sw,
    output wire [7:0] ld,
    output wire dp,
    output wire [6:0] a_to_g,
    output wire [3:0] an
    );
    wire clk_25M,clk_190,clr,done;
    wire [15:0] x;
    wire [9:0] p;
    wire [3:0] root;
    wire [7:0] b,r;
    assign clr = btn[3];
    assign r = {4'b0000,root};
    assign x = {6'b000000,p};
    assign ld = sw;
    clkdiv U1 (.clk(clk_100M),
               .clr(clr),
               .clk_190(clk_190),
               .clk_25M(clk_25M)
    );
    sqrt U2 (.clk(clk_25M),
             .clr(clr),
             .go(btn[0]),
             .sw(sw),
             .done(done),
```

第6章 数字逻辑设计和接口实验

```
                .root(root)
        );
        mux2g #( .N(8))
            U3 (.a(sw),
                .b(r),
                .s(done),
                .y(b)
        );
        binbcd8 U4 (.b(b),
                .p(p)
        );
        x7segbc U5 (.x(x),
                .cclk(clk_190),
                .clr(clr),
                .a_to_g(a_to_g),
                .an(an),
                .dp(dp)
        );
endmodule
```

6.3.2 改进的整数平方根算法

例 6.8 整数平方根算法二。

本节将用更简便的编程方式来实现整数平方根算法，其 Verilog 程序见程序 6.8a。图 6.28 所示为对应的仿真结果。图中对数字 17 和 35 进行了整数平方根的运算，得到结果 4 和 5。

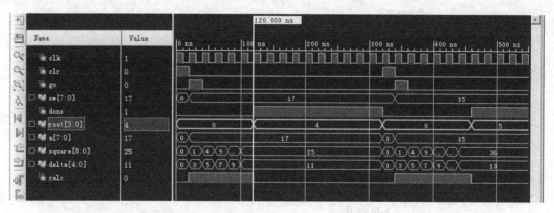

图 6.28 整数平方根算法二模块仿真波形图

(1) 程序 6.8a：整数平方根算法二 sqirt2 模块程序。

```
module sqirt2(
    input wire clk,
```

```
    input wire clr,
    input wire go,
    input wire [7:0] sw,
    output reg done,
    output reg [3:0] root
);
    reg [7:0] a;
    reg [8:0] square;
    reg [4:0] delta;
    reg calc;
    always @(posedge clk or posedge clr)
      begin
        if(clr == 1)
          begin
            a <= 0;
            square <= 0;
            delta <= 0;
            root <= 0;
            done <= 0;
            calc <= 0;
          end
        else
          if(go == 1)
            begin
              a <= sw;
              square <= 1;
              delta <= 3;
              calc <= 1;
              done <= 0;
            end
          else
            begin
              if(calc == 1)
                if(square > a)
                  begin
                    root <= delta[4:1] - 1;
                    done <= 1;
                    calc <= 0;
                  end
                else
                  begin
                    square <= square + delta;
                    delta <= delta + 2;
```

            end
         end
      end
endmodule

为了能够使用板卡测试 sqirt2 模块功能，可以使用图 6.29 所示的整数平方根算法二的顶层模块框图。程序 6.8b 给出了 sqirt2 模块的顶层模块 Verilog 程序，我们采用程序 5.12 中的 debounce4 模块和程序 5.13 中 clock_pulse 模块来产生 go 信号（go 信号只持续一个时钟周期）。运算完成后，信号 done 保持高电平，控制数据选择器使 7 段数码管显示运算后的平方根值。如还想对其他数值进行整数平方根运算，需要按下复位按钮 btn[3]，通过拨码开关设置新的输入值，接着按下 btn[0]对新的输入值进行整数平方根运算。

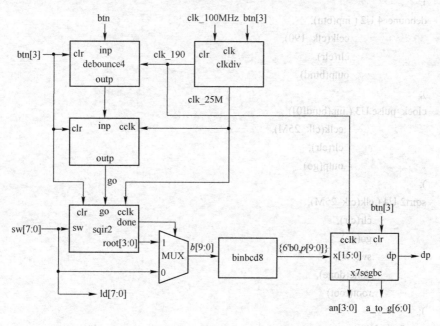

图 6.29 整数平方根算法二的顶层模块框图

（2）程序 6.8b：整数平方根算法二顶层模块 Verilog 程序。

```
module sqirt2_top(
    input wire clk_100M,
    input wire [3:0] btn,
    input wire [7:0] sw,
    output wire [7:0] ld,
    output wire dp,
    output wire [6:0] a_to_g,
    output wire [3:0] an
);
    wire clk_25M, clk_190, clr, go, done;
    wire [15:0] x;
```

```verilog
    wire [9:0] p;
    wire [3:0] root, btnd;
    wire [7:0] b, r;
    assign clr = btn[3];
    assign r = {4'b0000,root};
    assign x = {6'b000000,p};
    assign ld = sw;
    clkdiv U1 (.clk(clk_100M),
               .clr(clr),
               .clk_190(clk_190),
               .clk_25M(clk_25M)
    );
    debounce4 U2 (.inp(btn),
                  .cclk(clk_190),
                  .clr(clr),
                  .outp(btnd)
    );
    clock_pulse U3 (.inp(btnd[0]),
                    .cclk(clk_25M),
                    .clr(clr),
                    .outp(go)
    );
    sqirt2 U4 (.clk(clk_25M),
               .clr(clr),
               .go(go),
               .sw(sw),
               .done(done),
               .root(root)
    );
    mux2g #(.N(8))
       U5 (.a(sw),
           .b(r),
           .s(done),
           .y(b)
    );
    binbcd8 U6 (.b(b),
                .p(p)
    );
    x7segbc U7 (.x(x),
                .cclk(clk_190),
                .clr(clr),
                .a_to_g(a_to_g),
                .an(an),
```

```
        .dp(dp)
    );
endmodule
```

6.4 存储器

6.4.1 只读存储器（ROM）

在例 6.9 中描述了如何使用 Verilog 语句实现一个只读存储器的功能，但这一般适用于小容量的 ROM。对于更大容量的存储器，可以调用 IP Catalog 创建 Distributed Memory Generator（例 6.10）或创建 Block Memory Generator（例 6.11）。另外，XUP A7 板卡包含一个 32MB 的外部闪存（FlashMemory）。

例 6.9 Verilog ROM。

本例将编写一个具有只读存储器（ROM）功能的 Verilog 程序。ROM 是一个输出只与输入有关的组合模块。图 6.30 所示的就是一个包含 8 字节数据的 ROM。其中，输入是一个 3 位的地址 addr[2:0]，输出 M[7:0] 是地址 addr[2:0] 对应的 8 位内容。例如，addr[2:0]= 3b'110，那么输出 M[7:0] 将为地址 6 中的内容，即'h6C。

我们在用 Verilog 实现这个 ROM 时，把这 8 字节数据当作一个 64 位的十六进制数，如图 6.31 所示。程序 6.9a 给出了实现这个 ROM 的 Verilog 代码。在程序 6.9a 中定义参数 N 为 ROM 中每个存储单元所能存放的比特数，参数 N_WORDS 为 ROM 中存储单元的个数。在图 6.30 中，这两个参数的值都为 8；用语句 reg [N-1:0] rom [0:N_WORDS-1]; 定义了一个包含 N_WORDS 个元素的数组，其中每个元素都包含 N 位。语句 parameter data = 64'h00C8F9AF64956CD4; 定义了图 6.31 所示的 64 位十六进制数，参数 1XLEFT 指明了图 6.31 中的最高位是 63 位。

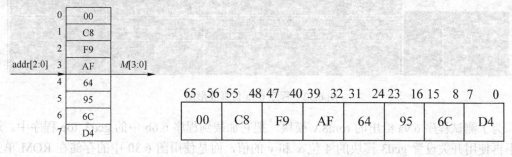

图 6.30 含有 8 个存储单元的 ROM　　　图 6.31 把 ROM 的内容定义为 64 位的十六进制数

（1）程序 6.9a：模块 rom8 程序。

```
module rom8(
    input wire [2:0] addr,
    output wire [7:0] M
    );
    parameter N = 8;              // no. of bits in rom word
```

```
parameter N_WORDS = 8;        // no. of words in rom
reg [N-1:0] rom [0:N_WORDS-1];
parameter data = 64'h00C8F9AF64956CD4;
parameter IXLEFT = N*N_WORDS - 1;
integer i;
initial
  begin
    for (i = 0; i < N_WORDS; i = i + 1)
      rom[i] = data[(IXLEFT - N*i) -:N];
  end
assign M = rom[addr];
endmodule
```

我们用下面的 Verilog 语句，把数组 rom[i]的值初始化为参数 data 中的元素：

```
initial
  begin
    for (i = 0; i < N_WORDS; i = i + 1)
      rom[i] = data[(IXLEFT - N*i) -:N];
  end
```

其中语句 rom[i] = data[(IXLEFT - N*i) -:N]的功能是从 data 中第(IXLEF-N*i)位开始按递减顺序选择 N 位将值赋给 rom[i]。若操作符是"+:"，则其功能为从(IXLEFT-N*i)位开始按递增顺序选择 N 位。当 i=1 时，那么语句为 rom[1]=data[(63-8)-:8] = data[55-: 8] = data[55:48]，它选择了图 6.31 中的字节 C8 并把它存储在图 6.29 所示的 rom[1]中。输出 M 等于 rom(addr)。程序 6.9a 程序的仿真结果如图 6.32 所示。

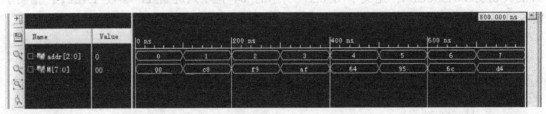

图 6.32 程序 6.9a 仿真波形图

为了测试程序 6.9a 给出的 rom8.v 模块，把它加载到程序 6.6b 中的 gcd3_top 程序中。这里不再使用开关设置 gcd3 模块的 4 位 x 和 y 的值，而是使用图 6.30 中的存储在 ROM 单元的 8 位数据，计算每个字节高 4 位和低 4 位的最大公约数。其框图如图 6.33 所示，3 位计数器 count3 的输出作为 ROM 地址。对于这个计数器，我们将使用程序 5.15 中所示的 counterN 模块。go 信号作为计数器的时钟输入。每次按下 btn[0]时，就会产生个单时钟脉冲。这个信号不仅可以使 ROM 的地址加 1，还可以开始计算新地址下 ROM 输出数据的 GCD 值。按下 btn[3]，电路复位，计数器的输出将为 0，ROM 存储单元中地址为 0 的内容也被清零，所有的 LED 都将关断。此时按下 btn[0]，由计数器产生的地址变为 1，那么输出 M 将为 C8 ，并会显示在 LED 管上。而计算的最大公约数 4 也会显示在 7 段显示管上。如果继续按下 btn[0]，那么将循环显示 ROM 中所有 8 个值，并且每次都会在 7 段显示管上显示对应的 GCD 值。程序 6.9b 给出了图 6.32 所示的顶层模块设计的 Verilog 程序。

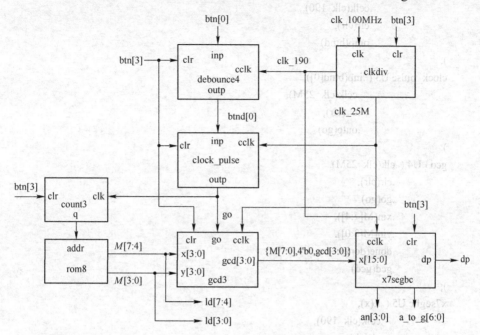

图 6.33 程序 6.9a 的顶层模块框图

（2）程序 6.9b：程序 6.9a 顶层模块程序。

```
module rom8_top (
    input wire clk_100M,
    input wire [3:0] btn,
    output wire [7:0] ld,
    output wire dp,
    output wire [6:0] a_to_g,
    output wire [3:0] an
);
    wire clk_25M, clk_190, clr, go, done;
    wire [15:0] x;
    wire [2:0] addr;
    wire [7:0] M;
    wire [3:0] gcd, btnd;
    assign clr = btn[3];
    assign x = {M[7:0],4'b0000, gcd[3:0]};
    assign ld = M;
    clkdiv U1 ( .clk(clk_100M),
                .clr(clr),
                .clk_190(clk_190),
                .clk_25M(clk_25M)
```

```
                );
                debounce4 U2 ( .inp(btn),
                              .cclk(clk_190),
                              .clr(clr),
                              .outp(btnd)
                );
                clock_pulse U3 ( .inp(btnd[0]),
                                .cclk(clk_25M),
                                .clr(clr),
                                .outp(go)
                );
                gcd3 U4 ( .clk(clk_25M),
                          .clr(clr),
                          .go(go),
                          .xin(M[7:4]),
                          .yin(M[3:0]),
                          .done(done),
                          .gcd(gcd)
                );
                x7segbc U5 ( .x(x),
                            .cclk(clk_190),
                            .clr(clr),
                            .a_to_g(a_to_g),
                            .an(an),
                            .dp(dp)
                );
                counter #( .N(3))
                        U6 ( .clr(clr),
                            .clk(go),
                            .q(addr)
                );
                rom8 U7 ( .addr(addr),
                          .M(M)
                );
            endmodule
```

6.4.2 分布式的存储器

例 6.10 分布式 RAM/ROM。

本例将介绍如何调用 IP Catalog 创建一个 16×8 的分布式 ROM。首先在 Vivado 软件中单击 Window，弹出 IP Catalog 对话框，在 IP Catalog 对话框中选择 Distributed Memory Generator，如图 6.34 所示。弹出 Customize IP 对话框，如图 6.35 所示，这里以分布式 ROM 为例，选择 ROM，若想要进行分布式 RAM 实验则可以选择 RAM。在模块名中输入 "dist_rom16"，深度和位宽文本框中分别输入 "16" 和 "8"，存储器类型选择 "ROM"。然

第 6 章 数字逻辑设计和接口实验

后单击 RST&Initialization，添加".coe"文件，如图 6.36 所示。ROM 中的内容是用一个
".coe"文件定义的，其格式如程序 6.10a 所示。编辑好该文件后，单击"Browse"按钮加载
该文件，然后单击"OK"按钮。至此，就完成了模块 dist_rom16 的创建。dist_rom16 模块
仿真波形图如图 6.37 所示。

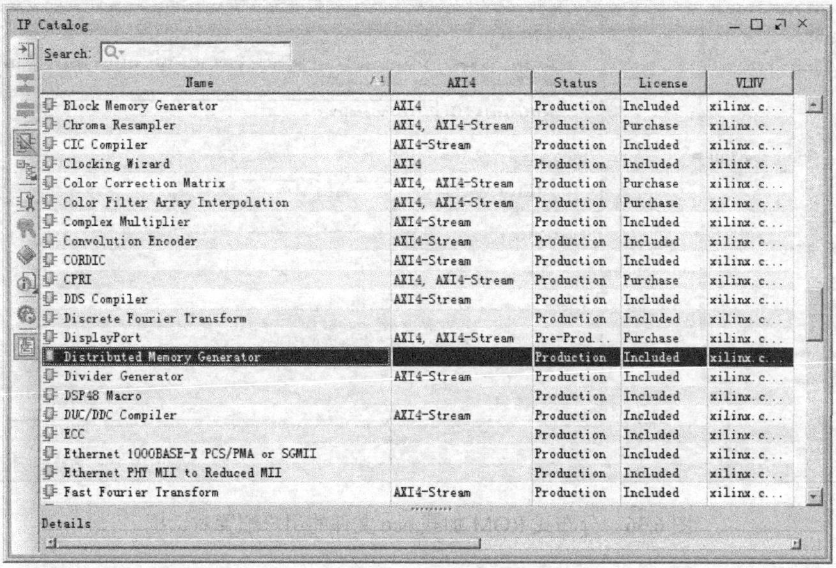

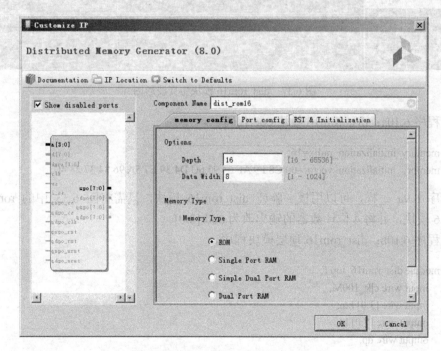

图 6.34 IP 核选择对话框

图 6.35 IP 核配置对话框

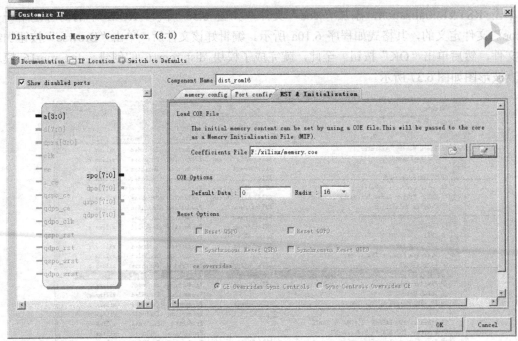

图 6.36 分布式 ROM 加载 .oce 文件的用户配置对话框

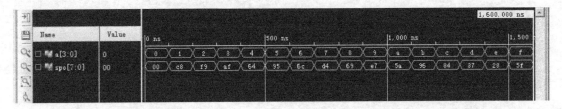

图 6.37 dist_rom16 模块仿真波形图

（1）程序 6.10a：dist_rom16 模块 .coe 代码。

```
memory_initialization_radix=16;
memory_initialization_vector=00 C8 F9 AF 64 95 6C D4 39 E7 5A 96 84 37 28 4C;
```

与程序 6.9a 一样，可以用板卡验证 dist_rom16 模块，只需将图 6.33 中的 rom8 改成 dist_rom16 模块，并将 4 位计数器的输出改为 addr[2:0]。

（2）程序 6.10b：dist_rom16 顶层模块程序。

```
module dist_rom16_top (
    input wire clk_100M,
    input wire [3:0] btn,
    output wire [7:0] ld,
    output wire dp,
    output wire [6:0] a_to_g,
    output wire [3:0] an
```

```
    );
        wire clk_25M, clk_190, clr, go, done;
        wire [15:0] x;
        wire [3:0] addr;
        wire [7:0] M;
        wire [3:0] gcd, btnd;
        assign clr = btn[3];
        assign x = {M[7:0],4'b0000, gcd[3:0]};
        assign ld = addr;
        clkdiv U1 ( .clk(clk_100M),
                    .clr(clr),
                    .clk_190(clk_190),
                    .clk_25M(clk_25M)
        );
        debounce4 U2 ( .inp(btn),
                       .cclk(clk_190),
                       .clr(clr),
                       .outp(btnd)
        );
        clock_pulse U3 ( .inp(btnd[0]),
                         .cclk(clk_25M),
                         .clr(clr),
                         .outp(go)
        );
        gcd3 U4 ( .clk(clk_25M),
                  .clr(clr),
                  .go(go),
                  .xin(M[7:4]),
                  .yin(M[3:0]),
                  .done(done),
                  .gcd(gcd)
        );
        x7segbc U5 ( .x(x),
                     .cclk(clk_190),
                     .clr(clr),
                     .a_to_g(a_to_g),
                     .an(an),
                     .dp(dp)
        );
        counter #( .N(4))
              U6 ( .clr(clr),
                   .clk(go),
                   .q(addr)
        );
        dist_rom16 U7 ( .a(addr),
```

```
            .spo(M)
   );
endmodule
```

6.4.3 块存储器

例 6.11 块 RAM。

XUP A7 板卡使用的 Xilinx AXC7A35T-1CPG236CFPGA 芯片包含了容量为 1800kb 的块状 RAM。本例将介绍如何调用 IP Catalog 创建一个 8×16 块 RAM。首先在 Vivado 软件中单击 Window，弹出 IP Catalog 对话框，在 IP Catalog 对话框中选择 Block Memory Generator，如图 6.38 所示。弹出 Customize IP 对话框，如图 6.39 所示。在模块名文本框中输入"bram8x16"，在 Memory Type 中选择"Signal Port RAM"。在深度和位宽文本框中分别输入"8"和"16"，如图 6.40 所示。然后打开 Other Options 选项卡，添加".coe"文件，如图 6.41 所示。至此，就完成了模块 bram8x16 的创建。RAM 中添加的".coe"如程序 6.11a 所示，图 6.42 为其仿真结果。

图 6.38 分布式存储器 IP 核选择对话框

（1）程序 6.11a：bram8x16 模块.coe 代码。

```
memory_initialization_radix=16;
memory_initialization_vector=0000 1111 2222 3333 4444 5555 6666 7777;
```

第6章 数字逻辑设计和接口实验

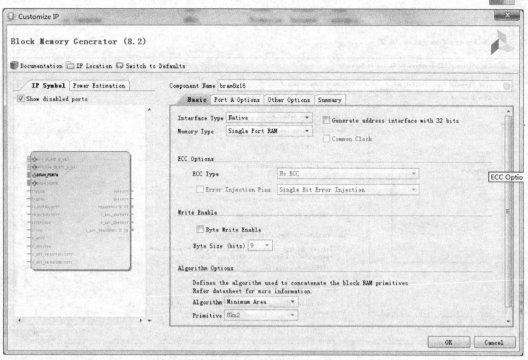

图 6.39 块存储器 IP 核配置对话框 1

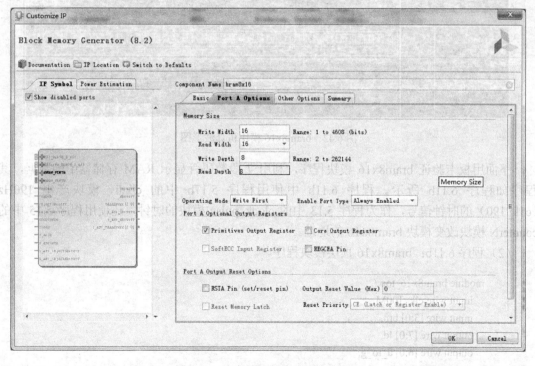

图 6.40 块存储器 IP 核配置对话框 2

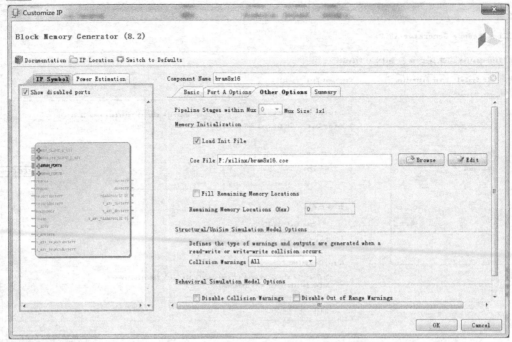

图 6.41　块存储器加载.oce 文件的配置对话框

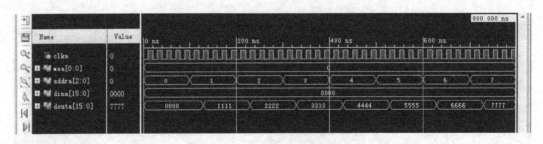

图 6.42　bram8x16 模块仿真波形图

下面用板卡验证 bram8x16 模块程序，利用 7 段数码管显示 RAM 存储器中的数据，其程序如程序 6.11b 所示。程序 6.11b 中使用程序 5.17b 中的 clkdiv 模块产生 190Hz（clk_190）的时钟信号，作为程序 5.13 中的 clock_pulse 模块的时钟，还使用程序 5.15 中的 counterN 模块改变模块 bram8x16 的地址。

（2）程序 6.11b：bram8x16 顶层模块程序。

```
module bram8x16_top (
    input wire clk_100M,
    input wire [3:0] btn,
    output wire [7:0] ld,
    output wire [6:0] a_to_g,
    output wire dp,
    output wire [3:0] an
```

```
        );
        wire clk_190, clr, clkp;
        wire wea;
        wire [15:0]dina;
        wire [15:0] x;
        wire [2:0] addr;
        assign wea=0;
        assign clr = btn[3];
        assign ld = {5'b00000, addr};
        clkdiv U1 ( .clk(clk_100M),
                    .clr(clr),
                    .clk_190(clk_190)
        );
        clock_pulse U2 ( .inp(btn[0]),
                         .cclk(clk_190),
                         .clr(clr),
                         .outp(clkp)
        );
        x7segbc U3 ( .x(x),
                     .cclk(clk_190),
                     .clr(clr),
                     .a_to_g(a_to_g),
                     .an(an),
                     .dp(dp)
        );
        counterN #( .N(3))
                U4( .clr(clr),
                    .clk(clkp),
                    .Q(addr)
        );
        bram8x16 U5 ( .clka(clkp),
                      .wea(wea),
                      .addra(addr),
                      .dina(dina),
                      .douta(x)
        );
    endmodule
```

6.5 VGA 控制器

VGA（Video Graphics Array）控制器是一个控制视频显示的模块，主要控制行同步信号 HS、场同步信号 VS 及三基色信号 R（红）、G（绿）和 B（蓝）。在传统 VGA 显示器上，通过电子枪打在屏幕的红、绿、蓝三色发光极上来产生色彩，屏幕上的每个颜色点称为一个像素。液晶显示器的每个像素点也是由红、绿、蓝三部分发光点构成的，相对于传统显示器只是显示控制方式不同,但 VGA 信号工作原理是相同的。图像的显示一般都是从屏幕的左上角开始,并从左到右、从上到下依次逐行扫描显示,最终抵达屏幕的右下角。每一行扫描结束时,用行同步信号进行同步;扫描完所有的行形成一帧,用场同步信号进行同步。输入到显示器的 R、G 和 B 信号是模拟信号。然而,FPGA 的输出信号却是数字信号,所以需要 D/A 转换器把它转变为模拟信号。XUP A7 板卡使用一个简单的电路(如图 6.43 所示)将一个 4 位的 R 信号 $R[3:0]$ 转换为 16 电平的模拟信号 V_R。同样用此方法将 G 信号和 B 信号转换为模拟信号。板卡支持 12 位的 VGA 彩色显示:4 位红基色、4 位绿基色和 4 位蓝基色。这将产生 4096 种不同的颜色。

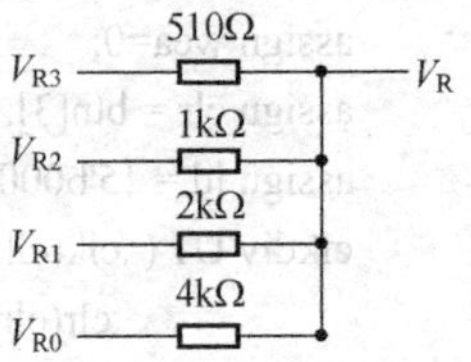

图 6.43 三基色信号的 D/A 转换电路

为了分析图 6.43 所示的电路,设结点 V_R 处的电流和为 0。即:

$$\frac{V_R - V_{R3}}{0.51\mathrm{k}\Omega} + \frac{V_R - V_{R2}}{1\mathrm{k}\Omega} + \frac{V_R - V_{R1}}{2\mathrm{k}\Omega} + \frac{V_R - V_{R0}}{4\mathrm{k}\Omega} = 0 \qquad (6\text{-}1)$$

得到:

$$V_R = \frac{8}{15}V_{R3} + \frac{4}{15}V_{R2} + \frac{2}{15}V_{R1} + \frac{1}{15}V_{R0} \qquad (6\text{-}2)$$

表 6.3 给出了由式(6-2)推出的 V_R 的 15 个可能值(得出的 V_R 值乘以实际高电平电压即为实际输出的电压),这些结果可绘成图 6.44 所示的曲线。

表 6.3 D/A 转换器

R_3	R_2	R_1	R_0	V_R
0	0	0	0	0
0	0	0	1	1/15
0	0	1	0	2/15
0	0	1	1	3/15
0	1	0	0	4/15
0	1	0	1	5/15
0	1	1	0	6/15
0	1	1	1	7/15
1	0	0	0	8/15
1	0	0	1	9/15
1	0	1	0	10/15
1	0	1	1	11/15
1	1	0	0	12/15
1	1	0	1	13/15
1	1	1	0	14/15
1	1	1	1	15/15

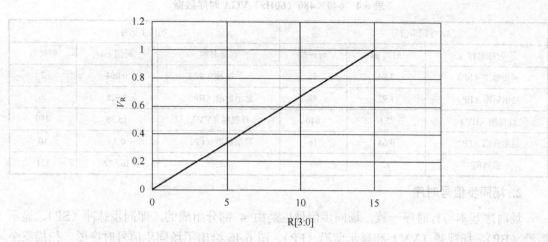

图6.44 表6.3中数据曲线图

6.5.1 VGA的时序

要实现VGA显示就要解决数据存储、时序实现等问题,下面介绍VGA的时序。

1. 行同步信号时序

行同步信号HS包括4部分:同步脉冲(SP)、显示后沿(BP)、行视频(HV)和显示前沿(FP)。图6.45所示为行时序图。行同步信号(HS)通过一个负脉冲标志新一行的开始(也是上一行的结束),在显示后沿区域行同步信号被拉高,直到显示前沿区域HS信号仍然保持为高电平。在行视频(HV)区域RGB数据从左至右驱动一行中的每个像素点显示。同步脉冲(SP)、显示后沿(BP)和显示前沿(FP)都是在行消隐间隔内,当消隐有效时,RGB信号无效,屏幕不显示数据。

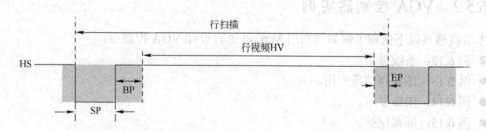

图6.45 行同步信号时序图

在一个频率为25 MHz的像素时钟下,显示一个像素点需要$1/(25\times10^6)= 0.04\mu s$的时间。对于分辨率为640×480的显示器,行视频时间为640个像素所需要时间,即640×0.04μs = 25.60μs。根据VGA一般规范,同步脉冲SP的实际时间大约为行视频时间的3/20;显示后沿和显示前沿大约各为行视频时间的3/40和1/40,如表6.4所示。

表 6.4　640×480（60Hz）VGA 时序数据

行同步信号			场同步信号		
时序名称	时间 μs	时钟数	时序名称	时间 ms	时钟数
同步脉冲（SP）	3.84	96	同步脉冲（SP）	0.064	2
显示后沿（BP）	1.92	48	显示后沿（BP）	0.928	29
行视频（HV）	25.6	640	行视频（VV）	15.36	480
显示前沿（FP）	0.64	16	显示前沿（FP）	0.32	10
总时间	32	800	总时间	16.672	521

2. 场同步信号时序

场时序基本与行时序一致，场同步信号也是由 4 部分组成的，即同步脉冲（SP）、显示后沿（BP）、场视频（VV）和显示前沿（FP）。图 6.46 给出了场同步信号时序图。扫描整个屏幕（一帧）需要 1/60s 或 16.67ms，而行扫描时间为 32μs，所以每帧有 16.67ms/32μs = 521 行。我们已经知道场视频区域必须有 480 行。场视频时间为 480 行× 32μs/行=15.360ms。根据规范，场同步脉冲应大约为场视频时间的 1/240。最后分别用 75%和 25%作为分割规范来分割显示前沿和显示后沿之间的 39 行。场同步信号时序数据如表 6.4 所示。

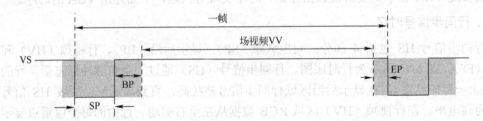

图 6.46　场同步信号时序图

6.5.2　VGA 控制器实例

本节将通过以下例程了解如何利用 Verilog 语言设计 VGA 控制器。
- 例 6.12：条纹显示。
- 例 6.13：图像存储器应用。
- 例 6.14：图像显示。
- 例 6.15：屏幕保护。

例 6.12　条纹显示。

本例中，将编写一段 Verilog 程序，实现在屏幕上显示 15 行绿色和红色相间隔的水平条纹，如图 6.47 所示。其顶层模块设计框图如图 6.48 所示。其中，vga_640x480 模块将产生行同步信号 hsync 和场同步信号 vsync；模块 vga_stripes 将产生 red、green 和 blue 三个输出信号。本节中的所有例子都可以使用 vga_640x480 模块，只需改变模块 vga_stripes 以产生不同的色彩显示即可。

第 6 章　数字逻辑设计和接口实验

图 6.47　例 6.12 的屏幕显示

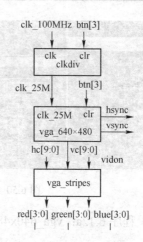

图 6.48　程序 6.12 顶层模块设计框图

　　程序 6.12a 给出了图 6.48 所示模块 vga_640x480 的 Verilog 程序。对于输入信号，模块定义了频率为 25MHz 的时钟信号 clk_25M、清零信号 clr、行同步信号 hsync、场同步信号 vsync、行计数器 hc、场计数器 vc。当行计数器和场计数器在 640×480 显示区域内时，可见视频区标志 vidon 值为 1。

　　程序 6.12b 所示的是图 6.48 中 vga_stripes 模块的 Verilog 程序。它给出了驱动 red、green 和 blue 的信号，所有的信号都默认为低电平。在可见视频区域，当 vidon 为高电平且 vc[4]为高电平时，四位 red 信号输出为高电平，4 位 green 信号输出为低电平。这样会交替显示 16 行宽的绿色条纹和 16 行宽的红色条纹。

　　程序 6.12c 给出了图 6.48 所示顶层模块设计的 Verilog 程序。图 6.49 和图 6.50 是它的仿真结果。其中，图 6.50 所示的是前 20 可见行的仿真结果，其中每 16 行交替显示红色和绿色。

图 6.49　VGA 控制器一帧的仿真波形图

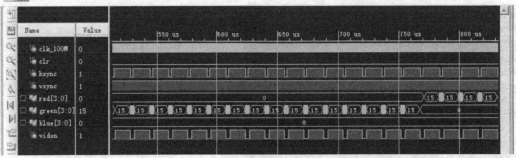

图 6.50 VGA 控制器前 20 可见行的仿真波形图

(1) 程序 6.12a: vga_640x480 模块程序。

```verilog
module vga_640x480 (
    input wire clk,
    input wire clr,
    output reg hsync,
    output reg vsync,
    output reg [9:0] hc,
    output reg [9:0] vc,
    output reg vidon
);
    parameter hpixels = 10'b1100100000;// 行像素点=800
    parameter vlines  = 10'b1000001001; // 行数 = 521
    parameter hbp = 10'b0010010000;// 行显示后沿 = 144 (128+16)
    parameter hfp = 10'b1100010000;// 行显示前沿 = 784 (128+16+640)
    parameter vbp = 10'b0000011111;// 场显示后沿 = 31 (2+29)
    parameter vfp = 10'b0111111111;// 场显示前沿 = 511 (2+29+480)
    reg vsenable;    // 使能 vc
    // 行同步信号计数器
    always @ (posedge clk or posedge clr)
      begin
        if(clr == 1)
          hc <= 0;
        else
          begin
            if(hc == hpixels - 1)
              begin
                // The counter has reached the end of pixel count
                hc <= 0;    // 计数器复位
                vsenable <= 1;
                // Enable the vertical counter to increment
              end
            else
              begin
```

```
                    hc <= hc + 1;      // 行计数器加 1
                    vsenable <= 0;
                end
            end
        end
// 产生 hsync 脉冲
always @ ( * )
    begin
        if(hc < 96)
            hsync = 0;
        else
            hsync = 1;
    end
// 场同步信号计数器
always @ (posedge clk or posedge clr)
    begin
        if(clr == 1)
            vc <= 0;
        else
            if(vsenable == 1)
                begin
                    if (vc == vlines -1)
                        // Reset when the number of lines is reached
                        vc <= 0;
                    else
                        vc <= vc + 1;      // 场计数器加 1
                end
    end
// 产生 vsync 脉冲
always @ ( * )
    begin
        if( vc < 2)
            vsync = 0;
        else
            vsync = 1;
    end
// 使能显示器显示
always @ ( * )
    begin
        if((hc < hfp) && (hc >= hbp) && (vc < vfp) && (vc >=vbp))
            vidon = 1;
        else
            vidon = 0;
    end
endmodule
```

（2）程序 6.12b：vga_stripes 模块程序。

```verilog
module vga_stripes(
   input wire vidon,
   input wire [9:0] hc, vc,
   output reg [3:0] red, green,blue
   );
   // 输出 16 行宽的红绿条纹
   always @(*)
     begin
       red = 0;
       green = 0;
       blue = 0;
       if(vidon == 1)
         begin
           red = {vc[4], vc[4], vc[4], vc[4]};
           green = ~{vc[4], vc[4], vc[4], vc[4]};
         end
     end
endmodule
```

（3）程序 6.12c：vga_stripes 顶层模块程序。

```verilog
module vga_stripes_top(
   input wire clk_100M,
   input wire [3:3] btn,
   output wire hsync, vsync,
   output wire [3:0] red, green,blue
   );
wire clk_25M, clr, vidon;
wire [9:0] hc, vc;
assign clr = btn[3];
clkdiv U1(.clk(clk_100M),
          .clr(clr),
          .clk_25M(clk_25M)
);
vga_640x480 U2(.clk(clk_25M),
               .clr(clr),
               .hsync(hsync),
               .vsync(vsync),
               .hc(hc),
               .vc(vc),
               .vidon(vidon)
);
vga_stripes U3 (.vidon(vidon),
                .hc(hc),
```

第 6 章 数字逻辑设计和接口实验

```
                    .vc(vc),
                    .red(red),
                    .green(green),
                    .blue(blue)
        );
        endmodule
```

（4）vga 部分引脚约束。

```
set_property PACKAGE_PIN N19 [get_ports {red[3]}]
set_property PACKAGE_PIN J19 [get_ports {red[2]}]
set_property PACKAGE_PIN H19 [get_ports {red[1]}]
set_property PACKAGE_PIN G19 [get_ports {red[0]}]
set_property PACKAGE_PIN D17 [get_ports {green[3]}]
set_property PACKAGE_PIN G17 [get_ports {green[2]}]
set_property PACKAGE_PIN H17 [get_ports {green[1]}]
set_property PACKAGE_PIN J17 [get_ports {green[0]}]
set_property PACKAGE_PIN J18 [get_ports {blue[3]}]
set_property PACKAGE_PIN K18 [get_ports {blue[2]}]
set_property PACKAGE_PIN L18 [get_ports {blue[1]}]
set_property PACKAGE_PIN N18 [get_ports {blue[0]}]
set_property PACKAGE_PIN P19 [get_ports {hsync}]
set_property PACKAGE_PIN R19 [get_ports {vsync}]
set_property IOSTANDARD LVCMOS33 [get_ports {red[3]}]
set_property IOSTANDARD LVCMOS33 [get_ports {red[2]}]
set_property IOSTANDARD LVCMOS33 [get_ports {red[1]}]
set_property IOSTANDARD LVCMOS33 [get_ports {red[0]}]
set_property IOSTANDARD LVCMOS33 [get_ports {green[3]}]
set_property IOSTANDARD LVCMOS33 [get_ports {green[2]}]
set_property IOSTANDARD LVCMOS33 [get_ports {green[1]}]
set_property IOSTANDARD LVCMOS33 [get_ports {green[0]}]
set_property IOSTANDARD LVCMOS33 [get_ports {blue[3]}]
set_property IOSTANDARD LVCMOS33 [get_ports {blue[2]}]
set_property IOSTANDARD LVCMOS33 [get_ports {blue[1]}]
set_property IOSTANDARD LVCMOS33 [get_ports {blue[0]}]
set_property IOSTANDARD LVCMOS33 [get_ports {hsync}]
set_property IOSTANDARD LVCMOS33 [get_ports {vsync}]
```

例 6.13 图像存储器应用。

本例将设计一个能够通过拨码开关改变字母"HIT"在显示屏位置的 VGA 控制器。本例中将采用例 6.9 的方法来存储英文字母"HIT"的信息，其程序如程序 6.13a 所示，该模块包含一个 16 乘以 32 位的存储区域，称为图像数据存储器。存储器的每一位表示屏幕上一个相应的像素点的信息。如果是 0，表明这个像素点被关闭；如果是 1，表明这个像素点在屏幕上相应的位置被显示（一个以"0"位为背景、由所有"1"构成字母"HIT"的显示图像）。将包含在图像存储器中的 16×32 图像与程序 6.12 中的 vga_640x480 控制模块整合在一起，就能在屏幕上显示这 3 个大写字母。这种被整合到一个更大背景中的二位小图像被称为 sprite。

（1）程序 6.13a：vga_640x480 模块程序。

```verilog
module prom_HIT(
    input wire [3:0] addr,
    output wire [0:31] M
);
    reg [0:31] rom[0:15];
    parameter data= {
        32'b00000000000000000000000000000000,
        32'b01000001000011111110001111111110,
        32'b01000001000000001000000000100000,
        32'b01000001000000001000000000100000,
        32'b01000001000000001000000000100000,
        32'b01000001000000001000000000100000,
        32'b01000001000000001000000000100000,
        32'b01111111000000001000000000100000,
        32'b01000001000000001000000000100000,
        32'b01000001000000001000000000100000,
        32'b01000001000000001000000000100000,
        32'b01000001000000001000000000100000,
        32'b01000001000000001000000000100000,
        32'b01000001000011111110000000100000,
        32'b00000000000000000000000000000000
    };
    integer i;
    initial
        begin
            for(i=0; i<16; i=i+1)
                rom[i] = data[(511-32*i)-:32];
        end
    assign M = rom[addr];
endmodule
```

图 6.51 所示的是在屏幕上显示字母 HIT 的顶层模块框图。程序 6.13b 所示的是 vga_initial 模块的 Verilog 程序。在程序 6.13b 中，参数 W 和 H 分别是指图像的宽和高。在本例中，根据存储器模块中的数据，字母 HIT 的图像应为 32 位宽和 16 行高。信号 c 和 r 是当前图像左上角位置的行与列，c 和 r 的值由拨码开关 sw[7:0]控制。信号 rom_addr4[3:0] 和 M[0:31]用于连接 prom_HIT 模块和 vga_initials 模块。信号 rom_addr[9:0]被设置为(vc-vbp-r) 指向存储器的当前地址（行），信号 rom_pix 被设置为(hc-hbp-c)，是该地址中一个字的特定位（列），它们一起就构成了字母 HIT 图像中的像素坐标(rom_addr, rom_pix)。信号 spriteon 用来表明当前的像素值(vc, hc)是否在图像显示块所在的区域中，和模块 vga_640×480 中的信

号 vidon 相似，如果当前的像素坐标(vc, hc)位于字母 HIT 的区域内，那么它的值就为 1。程序 6.13b 中最后一个 always 块控制像素颜色，这里字母显示为白色。像素是否被点亮取决于数组 M[0:31]的值。

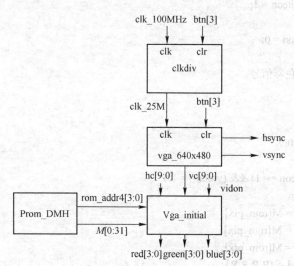

图 6.51 程序 6.13a 顶层模块框图

（2）程序 6.13b：vga_initials 模块程序。

```
module vga_initials(
    input wire vidon,
    input wire [9:0] hc,
    input wire [9:0] vc,
    input wire [0:31] M,
    input wire [7:0] sw,
    output wire [3:0] rom_addr4,
    output reg [3:0] red, green, blue
);
    parameter hbp = 10'b0010010000;   // 行显示后沿 = 144 (128 +16)
    parameter vbp = 10'b0000011111;   // 场显示后沿 = 31 (2+29)
    parameter W = 32;
    parameter H = 16;
    wire [10:0] c, r, rom_addr, rom_pix;
    reg spriteon, R, G, B;
    assign c = {2'b00, sw[3:0], 5'b00001};  //每次移 32 个点
    assign r = {3'b000, sw[7:4], 4'b0001};  //每次移 16 个点
    assign rom_addr = vc - vbp - r;
    assign rom_pix = hc - hbp - c;
    assign rom_addr4 = rom_addr[3:0];
    // Enable sprite video out when within the sprite region
    always @ ( * )
```

```
        begin
          if((hc >= c + hbp) && (hc < c + hbp + W) &&
             (vc >= r + vbp) && (vc < r + vbp + H))
              spriteon = 1;
          else
              spriteon = 0;
        end
// 输出视频色彩信号
  always @(*)
     begin
       red = 0;
       green = 0;
       blue = 0;
       if((spriteon == 1) && (vidon == 1))
          begin
            R = M[rom_pix];
            G = M[rom_pix];
            B = M[rom_pix];
            red = {R,R,R,R};
            green = {G,G,G,G};
            blue = {B,B,B,B};
          end
     end
endmodule
```

图 6.52 所示的是一个显示屏数据显示原理示意图。vc 和 hc 为行场扫描计数值；vbp 和 hbp 为行场消隐区数值；r 和 c 为图像 HIT 位置的决定值。图 6.52 描述了随着 vc、hc 的变化

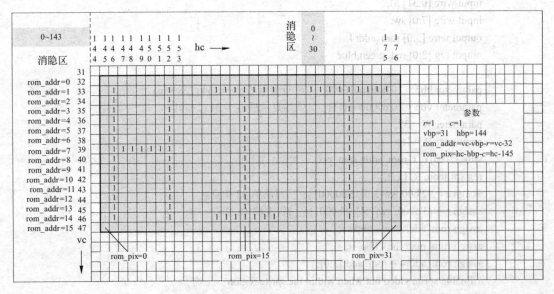

图 6.52 在屏幕上绘制图像显示块

rom_addr 和 rom_pix 的值是如何计算的。在图 6.52 所示的例子中，r=1 和 c=1。rom_addr 和 rom_pix 将用图 6.52 中标记为"参数"框中的数据进行计算。当场计数器 vc 和行计数器 hc 计数递增至第一个可见的像素点(32，145)时，spriteon 变为高电平，屏幕开始进入显示区域（此前 spriteon 为低电平，显示被关闭）。如图 6.52 所示，rom_addr=0，得到存储器中存储的图像数据的第一行，当 rom_pix=0 时选择数据的第一个位。随着行计数器在屏幕上继续扫描，rom_pix 也在整个数据中移动。一旦行计数器继续增加并超过 sprite 区域 hc=177 时，那么 spriteon 就变为低电平，此时存储器中的数据就无关紧要了。最后，随着场数计数器的递增，rom_addr 也依次指向存储在存储器中的下个数据字。同样地，一旦场计数器增加到 vc = 48，那么 spriteon 就变为低电平，存储器中的数据就无关紧要了。

（3）程序 6.13c：vga_initials 顶层模块程序。

```
module vga_initials_top (
    input wire clk_100M,
    input wire [3:3] btn,
    input wire [7:0] sw,
    output wire hsync,
    output wire vsync,
    output wire [3:0] red, green,blue
    );
    wire clr, clk_25M, vidon;
    wire [9:0] hc, vc;
    wire [0:31] M;
    wire [3:0] rom_addr4;
    assign clr = btn[3];
    clkdiv U1 ( .clk(clk_100M),
                .clr(clr),
                .clk_25M(clk_25M)
    );
    vga_640x480 U2 ( .clk(clk_25M),
                     .clr(clr),
                     .hsync(hsync),
                     .vsync(vsync),
                     .hc(hc),
                     .vc(vc),
                     .vidon(vidon)
    );
    vga_initials U3 ( .vidon(vidon),
                      .hc(hc),
                      .vc(vc),
                      .M(M),
                      .sw(sw),
                      .rom_addr4(rom_addr4),
                      .red(red),
                      .green(green),
```

```
                        .blue(blue)
                   );
           prom_HIT U4 ( .addr(rom_addr4),
                        .M(M)
                   );
   endmodule
```

例 6.14 图像显示。

在例 6.14 中，我们将显示尺寸为 240×160 像素的图像，可以使用块 RAM 中存储的图像数据。例 6.14 中，介绍了如何使用 CORE Generator 创建一个块 RAM，它的初始数据存储在一个 ".coe" 文件中。可以通过例 6.14a 所示的 MATLAB 函数 IMG2coe12C，把 JPEG 图像文件 zebra240x160.jpg 转换成一个相应的 ".coe" 文件 zebra240x160.coe。这个函数也可以转换 JPEG 以外的其他标准图像格式，如 bmp、gif 等格式。注意：在由该函数产生的 ".coe" 文件中，每个像素颜色为 12 位的数据，其格式如下所示：

$$\text{color byte} = [R3, R2, R1, R0, G3, G2, G1, G0, B3, B2, B1, B0] \tag{6-3}$$

在程序 6.14a 中，读入到 MATLAB 函数中的原始图像（见图 6.53）包含 8 位的红基色、8 位的绿基色和 8 位的蓝基色。存储在 ".coe" 文件中的这 12 位的色彩只包含高位的 4 位红基色、4 位绿基色和 4 位蓝基色。那是因为板卡只支持 12 位的 VGA 色彩。得到的 12 位的彩色图像 img2 如图 6.54 所示。从图中可以看到，与原始的图像相比，图像质量下降了一些。

图 6.53　斑马图片

图 6.54　程序 6.14a 产生的图像 img2

（1）程序 6.14a：IMG2COE12.m。

```
function img2 = IMG2COE12(imgfile,outfile)
%Greate.coe file from .jpg image
%.coe file contains 12-bit
%color byte:[R3,R2,R1,R0,G3,G2,G1,G0,B3,B2,B1,B0]
%imgfile=input.bmp file
%outfile=output.coe file
%example:
%img2=IMG2coe12('zebra240x160.jpg','zebra240x160.coe');
```

```
img=imread(imgfile);
height=size(img,1);
width=size(img,2);
s=fopen(outfile,'wb');%opens the output file
fprintf(s,'%s\n','memory_initialization_radix=16;');
fprintf(s,'%s\n','memory_initialization_vector=');
cnt = 0;
img2=img;
for r=1:height
    for c=1:width
        cnt=cnt+1;
        R=img(r,c,1);
        G=img(r,c,2);
        B=img(r,c,3);
        Rb=dec2bin(double(R),8);
        Gb=dec2bin(double(G),8);
        Bb=dec2bin(double(B),8);
        img2(r,c,1)=bin2dec([Rb(1:4) '0000']);
        img2(r,c,2)=bin2dec([Gb(1:4) '0000']);
        img2(r,c,3)=bin2dec([Bb(1:4) '0000']);
        Outbyte=[Rb(1:4) Gb(1:4) Bb(1:4)];
        if(strcmp(Outbyte(1:5),'00000'))
            fprintf(s,'0%X',bin2dec(Outbyte));
        else
            fprintf(s,'%X',bin2dec(Outbyte));
        end
        if((c==width)&&(r==height))
            fprintf(s,'%c',';');
        else
            if(mod(cnt,32)==0)
                fprintf(s,'%c',',');
            else
                fprintf(s,'%c',',');
            end
        end
    end
end
fclose(s);
```

利用程序 6.14a 产生的 ".coe" 文件创建一个块存储器 zebra240x160,即图 6.55 所示的一个位宽为 12、深度为 38400(240×160)的 RAM。这个模块将成为图 6.56 所示的顶层模块设计的一部分。

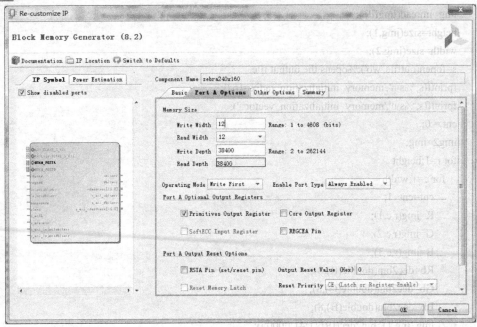

图 6.55 产生模块 zebra240x160

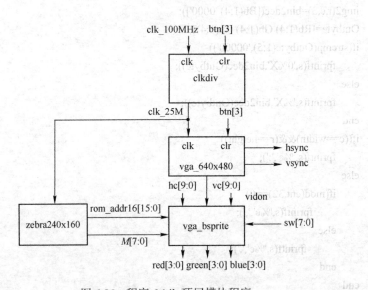

图 6.56 程序 6.14b 顶层模块程序

(2) 程序 6.14b：vga_bsprite 模块程序。

```
module vga_bsprite (
    input wire vidon,
    input wire [9:0] hc,
    input wire [9:0] vc,
    input wire [11:0] M,
```

第6章 数字逻辑设计和接口实验

```verilog
    input wire [7:0] sw,
    output wire [15:0] rom_addr16,
    output reg [3:0] red,green, blue
);
    parameter hbp = 10'b0010010000;   // 行显示后沿 = 144 (128 +16)
    parameter vbp = 10'b0000011111;   // 场显示后沿 = 31 (2+29)
    parameter W = 240;
    parameter H = 160;
    wire [10:0] c, r, xpix, ypix;
    wire [16:0] rom_addr1, rom_addr2;
    reg spriteon, R, G, B;
    assign c = {2'b00, sw[3:0], 5'b00001};
    assign r = {2'b00, sw[7:4], 5'b00001};
    assign ypix = vc - vbp - r;
    assign xpix = hc - hbp - c;
    // rom_addr1 = y*(128+64+32+16) = y*240
    assign rom_addr1 = {ypix, 7'b0000000} + {1'b0, ypix, 6'b000000} +
                       {2'b00, ypix, 5'b00000} + {3'b000, ypix, 4'b0000};
    // rom_addr2 = y*240 + x
    assign rom_addr2 = rom_addr1 + {8'b00000000, xpix};
    assign rom_addr16 = rom_addr2[15:0];
    // Enable sprite video out when within the sprite region
    always @ ( * )
        begin
            if((hc >= c + hbp) && (hc < c + hbp + W) &&
               (vc >= r + vbp) && (vc < r + vbp + H))
                spriteon = 1;
            else
                spriteon = 0;
        end
    // Output video color signals
    always @ (*)
        begin
            red = 0;
            green = 0;
            blue = 0;
            if ((spriteon == 1) && (vidon == 1))
                begin
                    red = M[11:8];
                    green = M[7:4];
                    blue = M[3:0];
                end
        end
endmodule
```

程序 6.14c 给出了图 6.56 所示的顶层设计的 Verilog 程序。它和例 6.13（图 6.51）中所描述的模块 vga_initials 相似。主要的不同之处在于：rom_addr[15:0]现在需要用如下公式来计算：

rom_addrl6 = ypix * 240+xpix

这里 xpix 和 ypix 是斑马图像像素的坐标，它的颜色字节由块 zebra240x160 的地址 rom_addrl6 给出。

（3）程序 6.14c：vga_bsprite 顶层模块程序。

```verilog
module vga_bsprite_top(
    input wire clk_100M,
    input wire [3:3] btn,
    input wire [7:0] sw,
    output wire hsync,
    output wire vsync,
    output wire [3:0] red,green,blue
);
    wire clr, clk_25M, vidon,ena;
    wire [9:0] hc, vc;
    wire [11:0] M;
    wire [15:0]dina, rom_addr16;
    wire wea;
    assign wea=0;

    clkdiv U1   ( .clk(clk_100M),
                  .clr(clr),
                  .clk_25M(clk_25M)
    );
    vga_640x480 U2 ( .clk(clk_25M),
                     .clr(clr),
                     .hsync(hsync),
                     .vsync(vsync),
                     .hc(hc),
                     .vc(vc),
                     .vidon(vidon)
    );
    vga_bsprite U3 ( .vidon(vidon),
                     .hc(hc),
                     .vc(vc),
                     .M(M),
                     .sw(sw),
                     .rom_addr16(rom_addr16),
                     .red(red),
                     .green(green),
                     .blue(blue)
    );
    zebra240x160 U4 ( .clka(clk_25M),// input wire clka
```

```
        .wea(wea),
        .dina(dina),
        .addra(rom_addr16),   // input
        .douta(M)    // output
    );
endmodule
```

例 6.15 屏幕保护。

在本例中，我们将修改例 6.14 的程序，利用斑马图片制作一个屏幕保护应用，即图像移动到屏幕边界后，将以与边界呈 45°角的方式被反弹。图片的左上角位于 r 行 c 列。当启动程序（按下 btn[3]）时，图像显示在其初始位置 c=80 和 r=140 处。按下 btn[0]，将使得图片按照图 6.57 所示的路径移动。

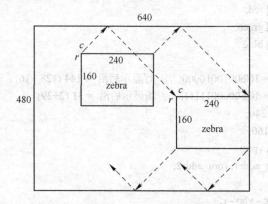

图 6.57　屏幕保护程序中图片的运动方向

从图 6.57 中可以清楚地看到，要想移动图片，只需要改变 c 和 r 的值即可。在例 6.14 中由拨码开关控制，但是在本例中，我们使用一个单独的模块 bounce（如图 6.58 所示的顶层模

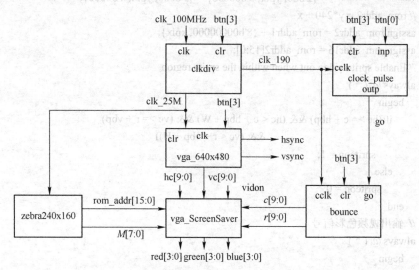

图 6.58　屏幕保护程序顶层模块设计

块设计）来控制 c 和 r 的值。因此，例 6.14 中 vga_bsprite 模块的输入 sw[7:0]在本例中被 vga_ScreenSaver 模块中的两个输入信号 $c[9:0]$ 和 $r[9:0]$ 替代，其 Verilog 程序如例 6.15a 所示。

（1）程序 6.15a：vga_ScreenSaver 模块程序。

```verilog
module vga_ScreenSaver(
    input wire vidon,
    input wire [9:0] hc,
    input wire [9:0] vc,
    input wire [11:0] M,
    input wire [9:0] c,
    input wire [9:0] r,
    output wire [15:0] rom_addr16,
    output reg [3:0] red,
    output reg [3:0] green,
    output reg [3:0] blue
);
    parameter hbp = 10'b0010010000;   // 行显示后沿 = 144 (128 +16)
    parameter vbp = 10'b0000011111;   // 场显示后沿 = 31 (2+29)
    parameter W = 240;
    parameter H = 160;
    wire [9:0] xpix, ypix;
    wire [16:0] rom_addr1, rom_addr2;
    reg spriteon;
    assign ypix = vc - vbp - r;
    assign xpix = hc - hbp - c;
    // rom_addr1 = y*(128+64+32+16) = y*240
    assign rom_addr1 = {ypix, 7'b0000000} + {1'b0, ypix, 6'b000000} +
                       {2'b00, ypix, 5'b00000} + {3'b000, ypix, 4'b0000};
    // rom_addr2 = y*240 + x
    assign rom_addr2 = rom_addr1 + {8'b00000000, xpix};
    assign rom_addr16 = rom_addr2[15:0];
    // Enable sprite video out when within the sprite region
    always @ ( * )
      begin
        if((hc >= c + hbp) && (hc < c + hbp + W) && (vc >= r + vbp)
                           && (vc < r + vbp + H))
            spriteon = 1;
        else
            spriteon = 0;
      end
    // 输出视频色彩信号
    always @ ( * )
      begin
        red = 0;
        green = 0;
```

```
                blue = 0;
                if((spriteon == 1) && (vidon == 1))
                    begin
                        red = M[11:8];
                        green = M[7:4];
                        blue = M[3:0];
                    end
            end
endmodule
```

根据图 6.59 所示的算法，可见模块 bounce 将改变 c 和 r 的值。从初始位置 $c=80$ 和 $r=140$ 开始，c 的值将增加 Δc，r 的值将减少 Δr。这将会引起图片从上面移到右边。如果选择 Δr 和 Δr 的大小为 1，那么图片将产生平缓的移动。移动图片的速度取决于图 6.59 中的算法指令执行的速度。

```
bounce:
    c = 80;
    r = 140;
    Δc = 1;
    Δr = -1;
    while（1） {
        c = c+Δc;
        r = r+Δr;
        if(c <0 or c >= cmax)
            Δc= -Δc;
        if(r <0 or r >= rmax)
            Δr= -Δr;
```

图 6.59 模块 bounce 的算法

当 r 变为 0 时，图像将到达屏幕的顶部；当 r 变为 rmax = 480−160 = 320 时，图像将会到达屏幕的底部。当 c 变为 0 时，图像将到达屏幕的左边；当 c 变为 cmax = 640−240= 400 时，图像将会到达屏幕的右边。根据图 6.59 中的算法，当图像到达屏幕的边缘时，Δc 和 Δr 的值将取反，这样图像就可以与边界呈 45°角的方式被反弹。例 6.15b 给出了 vga_bounce 模块程序。

（2）程序 6.15b：vga_bounce 模块程序。

```
module bounce (
    input wire cclk,
    input wire clr,
    input wire go,
    output wire [9:0] c,
    output wire [9:0] r
    );
    parameter cmax = 400;
    parameter rmax = 320;
    reg [9:0] cv, rv, dcv, drv;
```

```
reg calc;
always @ (posedge cclk or posedge clr)
begin
  if(clr == 1)
    begin
      cv = 80;
      rv = 140;
      dcv = 1;
      drv = -1;
      calc = 0;
    end
  else
    if(go == 1)
      calc = 1;
    else
      begin
        if(calc == 1)
          begin
            cv = cv + dcv;
            rv = rv + drv;
            if((cv < 1) || (cv >= cmax))
              dcv = 0 - dcv;
            if((rv < 1) || (rv >= rmax))
              drv = 0 - drv;
          end
      end
end
assign c = cv;
assign r = rv;
endmodule
```

在程序 6.15b 中，c 和 r 的值在每个时钟信号 cclk 的上升沿得到更新。如果这里使用频率 190Hz 的时钟信号 clk_190，那么图像从屏幕的顶部(r=0)移到屏幕的底部(r= rmax = 320)将需要 320/190 =1.7s 的时间，这个时间是比较合适的。

程序 6.15c 中，当输入信号 go 第一次变为高电平时，变量 calc 被设置为 1。在下一个时钟的上升沿，信号 go 必须变为 0。此时，calc=1，bounce 算法中相关的语句将被执行。这就意味着，当按下 btn[0]时，输入信号 go 必须是个只持续一个时钟周期的单脉冲信号。程序 5.13 中 clock_pulse 模块可以很好地实现该功能。程序 6.15c 给出了图 6.58 所示顶层模块的 Verilog 程序。

（3）程序 6.15c：屏幕保护程序顶层模块程序。

```
module vga_ScreenSaver_top(
  input wire clk_100M,
  input wire [3:0] btn,
```

```
        output wire hsync,
        output wire vsync,
        output wire [3:0] red,
        output wire [3:0] green,
        output wire [3:0] blue
    );
        wire clr, clk_25M, clk_190, vidon, go;
        wire [9:0] hc, vc, c, r;
        wire [11:0] M;
        wire [15:0] rom_addr16;
        assign clr = btn[3];
        clkdiv U1    ( .clk(clk_100M),
                        .clr(clr),
                        .clk_190(clk_190),
                        .clk_25M(clk_25M)
        );
        vga_640x480 U2 ( .clk(clk_25M),
                        .clr(clr),
                        .hsync(hsync),
                        .vsync(vsync),
                        .hc(hc),
                        .vc(vc),
                        .vidon(vidon)
        );
        vga_ScreenSaver U3 ( .vidon(vidon),
                        .hc(hc),
                        .vc(vc),
                        .M(M),
                        .c(c),
                        .r(r),
                        .rom_addr16(rom_addr16),
                        .red(red),
                        .green(green),
                        .blue(blue)
        );
        zebra240x160 U4 ( .clka(clk_25M),         // input wire clka
                        .addra(rom_addr16),   // input
                        .douta(M)    // output
        );
        clock_pulse U5 ( .inp(btn[0]),
                        .cclk(clk_190),
                        .clr(clr),
                        .outp(go)
        );
        bounce U6 ( .cclk(clk_190),
```

```
            .clr(clr),
            .go(go),
            .c(c),
            .r(r)
    );
endmodule
```

6.6 键盘和鼠标接口

常见的鼠标键盘接口有两种，分别为 PS/2 接口和 USB 接口。其中，PS/2 接口为传统的鼠标键盘接口；USB 接口为目前主流的鼠标键盘接口。XUP A7 板卡集成了一个 USB 鼠标键盘接口转 PS/2 接口的硬件模块。实际使用时，需要将 USB 接口的鼠标键盘插到板卡的 USB 接口上；接口转换模块将 USB 信号转换成 PS/2 信号并连接到 FPGA 芯片上。这样，对于 FPGA 来说，外部连接的鼠标键盘就是 PS/2 接口的。因此，需要根据 PS/2 接口的协议来编写鼠标键盘程序，本节将用例 6.16 和例 6.17 说明如何用 PS/2 接口来连接键盘和鼠标。

PS/2 接口采用一种双向的同步串行协议。当数据从设备送往主机（现在是送往 FPGA）时，称为设备-主机通信；如果主机需要向设备发送命令，称为主机-设备通信。无论哪种通信方式，时钟总是由设备产生，频率为 10~16.7kHz。数据传输方式为每次一字节，用 11 位的帧来传送，它由起始位、8 位数据、奇偶检验位和停止位构成。

图 6.60 给出了设备-主机通信方式的时序图。在这种情况下，由设备产生时钟和数据。在空闲状态时，时钟和数据线都处于高电平。主机在时钟下降沿记录从设备发送过来的数据。

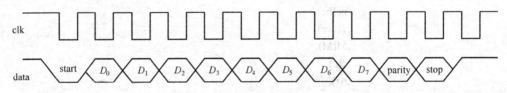

图 6.60 设备-主机通信方式的时序图

主机-设备通信方式复杂一些。因为此时主机要向设备发送请求，使设备产生时钟。另外，因为时钟和数据线都是双向的，必须在每根线上加上三态门，如图 6.61 所示。当三态门的使能信号为高电平时，其输出等于输入；当使能信号为低电平时，输出为高阻态。通过这种方式，主机释放对时钟/数据线的控制权，从而让设备能够驱动时钟/数据线。

主机-设备通信方式的时序图如图 6.62 所示。通信开始时，主机将时钟线拉低(t_1)并持续至少 100μs。在 t_2 时刻，主机拉低数据线。接着在 t_3 时刻，主机通过将三态门使能信号设为 0 释放对时钟线的控制权，使设备读入开始位。接下来主机等待设备驱动时钟线，在 t_4 时刻，设备开始驱动时钟线，主机将 D_0 送入数据线 PS2D，设备在时钟上升沿读入数据并将时钟线重新拉低。检测到时钟下降沿后，主机送入下一个数据 D_1，D_1 将在下一个时钟上升沿被设备读入。这个过程一直持续到主机送出奇偶检验位（奇数检验）和停止位（1）为止。

在送出停止位后（设备在 t_5 时刻读入），主机通过将信号线上三态门的使能信号设为 0 释放对数据线的控制权。接着主机等待设备拉低数据线、时钟线（时刻 t_6 和 t_7）。最后，主机等待设备释放时钟线和数据线，这发生在时刻 t_8 和 t_9。

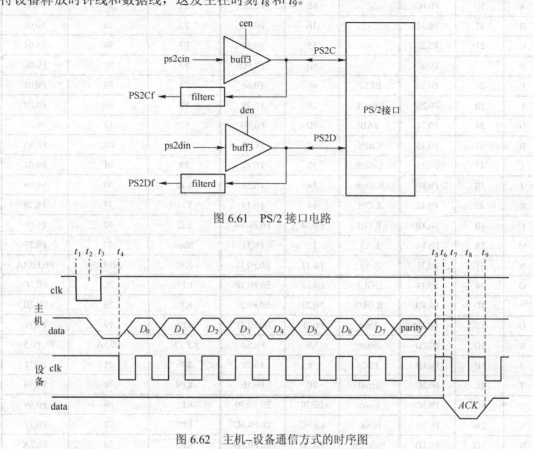

图 6.61 PS/2 接口电路

图 6.62 主机–设备通信方式的时序图

主机接收到的时钟、数据信号常常含有噪声信号。为了准确读取输入信号，通常需要将输入信号过滤，如图 6.61 所示。过滤输入信号的方法有很多种。在程序 6.16 和程序 6.17 中，我们采用频率为 25MHz 的时钟，将输入信号送入移位寄存器，并规定连续出现 8 个"1"时确认输入信号为高电平，连续出现 8 个"0"时确认输入信号为低电平。

6.6.1 键盘

对于键盘来说，可通过扫描编码来识别按键输入。键盘的每个按键都有不同的编码。每个按键的编码还分为通码和断码。当按下键盘上的按键时，通码被发送到 PS/2 接口；当释放按键时，断码被发送到 PS/2 接口。

对所有的字母和数字来说，通码是一个单字节码，而其断码则是在相同的单字节前面加上 F0。但有些按键拥有两字节的通码，它们以 E0 开始的。而按键 PrnScrn 和 Pause 非常特殊，它们分别有 4 字节和 8 字节的通码。表 6.5 给出了键盘上所有按键的通码和断码。

表 6.5 键盘扫描编码

key	通码	断码	key	通码	断码	key	通码	断码
A	1C	F0,1C	`	0E	F0,0E	F1	05	F0,05
B	32	F0,32	-	4E	F0,4E	F2	06	F0,06
C	21	F0,21	=	55	F0,55	F3	04	F0,04
D	23	F0,23	\	5D	F0,5D	F4	0C	F0,0C
E	24	F0,24	BKSP	66	F0,66	F5	03	F0,03
F	2B	F0,2B	SPACE	29	F0,29	F6	0B	F0,0B
G	34	F0,34	TAB	0D	F0,0D	F7	83	F0,83
H	33	F0,33	CAPS	58	F0,58	F8	0A	F0,0A
I	43	F0,43	L-Shift	12	F0,12	F9	01	F0,01
J	3B	F0,3B	R-Shift	59	F0,59	F10	09	F0,09
K	42	F0,42	L Ctrl	14	F0,14	F11	78	F0,78
L	4B	F0,4B	R Ctrl	E0,14	F0,E0,14	F12	07	F0,07
M	3A	F0,3A	L Alt	11	F0,11	Num	77	F0,77
N	31	F0,31	R Alt	E0,11	E0,F0,11	KP/	E0,4A	E0,F0,4A
O	44	F0,44	L GUI	E0,1F	E0,F0,1F	KP*	7C	F0,7C
P	4D	F0,4D	R GUI	E0,27	E0,F0,27	KP-	7B	F0,7B
Q	15	F0,15	Apps	E0,2F	E0,F0,2F	KP+	79	F0,79
R	2D	F0,2D	Enter	5A	F0,5A	KP EN	E0,5A	E0,F0,5A
S	1B	F0,1B	ESC	76	F0,76	KP.	71	F0,71
T	2C	F0,2C	Scroll	7E	F0,7E	KP0	70	F0,70
U	3C	F0,3C	Insert	E0,70	E0,F0,70	KP1	69	F0,69
V	2A	F0,2A	Home	E0,6C	E0,F0,6C	KP2	72	F0,72
W	1D	F0,1D	Page Up	E0,7D	E0,F0,7D	KP3	7A	F0,7A
X	22	F0,22	Page Dn	E0,7A	E0,F0,7A	KP4	6B	F0,6B
Y	35	F0,35	Delete	E0,71	E0,F0,71	KP5	73	F0,73
Z	1A	F0,1A	End	E0,69	E0,F0,69	KP6	74	F0,74
0	45	F0,45	[	54	F0,54	KP7	6C	F0,6C
1	16	F0,16	]	5B	F0,5B	KP8	75	F0,75
2	1E	F0,1E	;	4C	F0,4C	KP9	7D	F0,7D
3	26	F0,26	'	52	F0,52	U Arrow	E0,75	E0,F0,75
4	25	F0,25	,	41	F0,41	L Arrow	E0,6B	E0,F0,6B
5	2E	F0,2E	.	49	F0,49	D Arrow	E0,72	E0,F0,72
6	36	F0,36	/	4A	F0,4A	R Arrow	E0,74	E0,F0,74
7	3D	F0,3D	PrntScrn	E0,7C E0,12	E0,F0,7C E0,F0,12	Pause	E1,14,77,E1 F0,14,F0,77	None
8	3E	F0,3E						
9	46	F0,46						

例 6.16 键盘操作。

在本例中，只读取键盘发送给主机的数据，因此，不需要使用图 6.61 所示的三态门。但是，需要对键盘输入的数据和时钟信号进行过滤。过滤后的数据信号 PS2Df 将被送入两个 11 位移位寄存器中，如图 6.63 所示。注意：当两个帧都被移位寄存器寄存后，第一字节在 shift2[8:1]中，第二字节在 shift1[8:1]中。

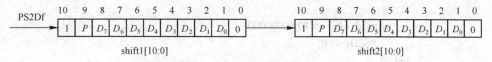

图 6.63　PS2Df 信号存储区域

程序 6.16a 给出了键盘接口的 Verilog 代码。输出信号 xkey[15:0]包含按下按键后产生的两字节扫描编码。程序 6.16b 为顶层模块的 Verilog 程序，利用 7 段显示管显示按键的扫描编码。

（1）程序 6.16a：键盘模块程序。

```
module keyboard(
    input wire clk_25M,
    input wire clr,
    input wire PS2C,
    input wire PS2D,
    output wire [15:0] xkey
);
    reg PS2Cf, PS2Df;
    reg [7:0] ps2c_filter, ps2d_filter;
    reg [10:0] shift1, shift2;
    assign xkey = {shift2[8:1],shift1[8:1]};
    //filter for PS2 clock and data
    always @(posedge clk_25M or posedge clr)
        begin
            if(clr == 1)
                begin
                    ps2c_filter <= 0;
                    ps2d_filter <= 0;
                    PS2Cf <= 1;
                    PS2Df <= 1;
                end
            else
                begin
                    ps2c_filter[7] <= PS2C;
                    ps2c_filter[6:0] <= ps2c_filter[7:1];
                    ps2d_filter[7] <= PS2D;
                    ps2d_filter[6:0] <= ps2d_filter[7:1];
                    if(ps2c_filter == 8'b11111111)
```

```
                    PS2Cf <= 1;
                else
                    if(ps2c_filter == 8'b00000000)
                        PS2Cf <= 0;
                    if(ps2d_filter == 8'b11111111)
                        PS2Df <= 1;
                    else
                        if(ps2d_filter == 8'b00000000)
                            PS2Df <= 0;
            end
        end
    //Shift register used to clock in scan codes from PS2
    always @(negedge PS2Cf or posedge clr)
        begin
            if(clr == 1)
                begin
                    shift1 <= 0;
                    shift2 <= 1;
                end
            else
                begin
                    shift1 <= {PS2Df,shift1[10:1]};
                    shift2 <= {shift1[0],shift2[10:1]};
                end
        end
endmodule
```

（2）程序 6.16b：键盘顶层模块程序。

```
module keyboard_top(
    input wire clk_100M,
    input wire PS2C,
    input wire PS2D,
    input wire [3:0] btn,
    output wire [6:0] a_to_g,
    output wire dp,
    output wire [3:0] an
);
    wire pclk, clk_25M, clk_190, clr;
    wire [15:0] xkey;
    assign clr = btn[3];
    clkdiv U1 (.clk(clk_100M),.clr(clr), .clk_190(clk_190), .clk_25M(clk_25M)
    );
    keyboard U2 (.clk_25M(clk_25M),. clr(clr),
                .PS2C(PS2C), .PS2D(PS2D), .xkey(xkey)
    );
```

```
                    x7segbc U3 (.x(xkey),.cclk(clk_190),.clr(clr),
                        .a_to_g(a_to_g),.an(an), .dp(dp)
                        );
                endmodule
```

（3）PS2 部分引脚约束。

```
set_property PACKAGE_PIN C17 [get_ports PS2C]
set_property PACKAGE_PIN B17 [get_ports PS2D]
set_property IOSTANDARD LVCMOS33 [get_ports PS2C]
set_property IOSTANDARD LVCMOS33 [get_ports PS2D]
set_property PULLUP true [get_ports PS2C]
set_property PULLUP true [get_ports PS2D]
```

6.6.2 鼠标

鼠标和 FPGA（主机）之间的通信方式同键盘的通信方式一样，采用 11 位帧格式，如图 6.59 所示。当鼠标和主机通信时，由鼠标产生频率为 10~16.7kHz 的时钟。

鼠标有如下 4 种基本的操作模式。

（1）Reset 模式：这是鼠标的初始模式，此模式下鼠标进行初始化和自检。

（2）Stream 模式：这是鼠标的默认模式，鼠标初始化后进入此模式。

（3）Remote 模式：主机向鼠标申请发送设置命令时进入此模式。

（4）Wrap 模式：这是诊断模式，此时鼠标将主机发来的数据回传给主机。

主机-鼠标通信时，主机需要先向鼠标发送指令 0xF4，使鼠标开始发送数据。鼠标发送 0xFA 响应指令并在其后发送鼠标动作数据包。在鼠标移动或鼠标按键状态改变时向主机发送三帧的数据；鼠标动作数据包有 3 个 11 位的帧。其中，第一帧包含鼠标状态字节；其后两帧分别包含鼠标在 x 轴和 y 轴的移动信息。鼠标动作数据包所包含的三帧数据可以分别存入移位寄存器 shift1[10:0]，shift2[10:0]和 shift3 [10:0]，如图 6.64 所示。

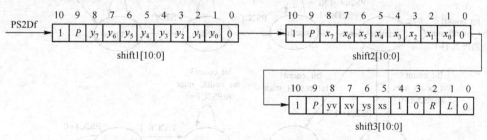

图 6.64 用 3 字节存储鼠标动作数据

鼠标在 y 轴方向的移动信息存储在 shift1[8:1]中，在 x 轴方向的移动信息存储在 shift2[8:1]中。这些数据代表了鼠标在 x 轴和 y 轴方向的移动速率，其移动方向由状态字节 shift3[8:1]中位 shift3[5]和 shift3[6]中的 xs 和 ys 标志决定。因此，完整的鼠标移动信息字节其实由 9 位的二进制补码描述，对应–256~+255 的取值范围。如果超过这个取值范围，状态字节中的溢出标志 xv 或 yv 被置 1。当鼠标左键被按下时，状态字节中的 L 标志被置 1；

当右键被按下时，R 标志被置 1。在 Stream 模式中，开启数据发送后，每当鼠标被移动或按键被按下时，鼠标都将向主机发送由这三帧组成的数据包。

标准鼠标接口还定义了很多其他指令。例如，0xF5 用于取消数据发送；0xF3 用于启动一组特殊序列的发送，来为鼠标设置采样频率；0xE8 将启动另一组特殊序列的发送，用于设置鼠标移动的最小单位，也就是在 x 或 y 轴每加 1 所对应的移动距离（单位为 mm）。对鼠标发送任意指令后，鼠标都会向主机发送 0xFA 响应。鼠标可以通过 0xFE 向主机申请重新发送数据，或者用 0xFC 表明有错误发生。

图 6.65 给出了鼠标控制器的状态转换图。程序 6.17a 给出了实现该状态图的 Verilog 代码。整个流程由状态 start 开始，此时时钟使能信号 cen 被置为高电平，使得主机可以控制时钟线。信号 ps2cin 被置 0 从而将时钟线拉低。这是初始化主机-设备通信的第一步。在下一个状态中计数器将计数 5000 个时钟，从而保持时钟线低电平 100μs。100μs 过后，den 被置 1（主机得以控制数据线），时钟线被释放。在状态 sndbyt 中，主机向鼠标发送字节 0xF4，以及校验位和停止位。接下来的两个状态 wtack 和 wtclklo，主机分别等待数据线和时钟线被拉低，从而接收到来自鼠标的正确响应脉冲。接着在状态 wtclklo1 和状态 wtclkhi1，主机接收鼠标对指令的响应 0xFA，因为鼠标从读取停止位到发送开始位需要额外的一个时钟，所以为正确读取 0xFA，在状态 wtclklo1 和 wtclkhi1 进行读取操作时需计数 12 位。在状态 getack 时 0xFA 被存入 y_mouse 并显示，时钟线被拉高。此后，在状态 wtclklo2 和 wtclkhi2 接收鼠标动作数据包。接着，在时钟下降沿（状态 wtclklo2）数据被送入主机。状态 wtclk

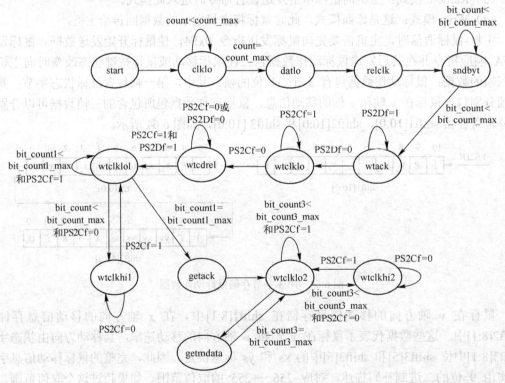

图 6.65 鼠标控制器的状态转换图

lo2 和 wtclkhi2 之间的操作循环进行 33 次，直到 3 个 11 位的数据帧都被送入主机寄存。鼠标移动信息被保存在 x_mouse_v[8:0]和 y_mouse_v [8:0]中，鼠标状态信息则被保存在 byte3[7:0]中。在状态 gemdata 中，9 位的鼠标位移值 x_mouse_d[8:0]、y_mouse_d [8:0]通过累加得到。状态 wtclklo2、wtclkhi2 和 getmdata 之间的操作一直进行，从而使主机能够持续收集鼠标动作信息。

模块 mouse_ctrl 的输出 x_data[8:0]和 y_data[8:0]可以是鼠标的移动速率或位移量，这取决于多路复用器的 sel 信号，即程序 6.17a 最后一个 always 块。程序 6.17b 所示的顶层模块可以用来测试鼠标控制器，它将鼠标移动速率显示在 7 段显示管上，按下 btn[0]后则将显示鼠标位移量。LED 灯用来显示状态字节 byte3。

（1）程序 6.17a：模块 mouse_ctrl 程序。

```
module mouse_ctrl(
    input wire clk_25M,
    input wire clr,
    input wire sel,
    inout wire PS2C,
    inout wire PS2D,
    output reg [7:0] byte3,
    output reg [8:0] x_data,
    output reg [8:0] y_data
);
    reg [3:0] state;
    parameter start = 4'b0000, clklo = 4'b0001, datlo = 4'b0010,
              relclk = 4'b0011, sndbyt = 4'b0100, wtack = 4'b0101,
              wtclklo = 4'b0110, wtcdrel = 4'b0111, wtclklo1 = 4'b1000,
              wtclkhi1 = 4'b1001, getack = 4'b1010, wtclklo2 = 4'b1011,
              wtclkhi2 = 4'b1100, getmdata = 4'b1101;
    reg PS2Cf, PS2Df, cen, den, sndflg;
    reg ps2cin, ps2din, ps2cio, ps2dio;
    reg [7:0] ps2c_filter, ps2d_filter;
    reg [8:0] x_mouse_v, y_mouse_v, x_mouse_d, y_mouse_d;
    reg [10:0] Shift1, Shift2, Shift3;
    reg [9:0] f4cmd;
    reg [3:0] bit_count, bit_count1;
    reg [5:0] bit_count3;
    reg [11:0] count;
    parameter COUNT_MAX = 12'h9C4;    // 2500 100us
    parameter BIT_COUNT_MAX =4'b1010;   // 10
    parameter BIT_COUNT1_MAX = 4'b1100;   // 12
    parameter BIT_COUNT3_MAX = 6'b100001;    // 33
    //tri-state buffers
    always @(*)
      begin
        if(cen == 1)
```

```verilog
            ps2cio = ps2cin;
        else
            ps2cio = 1'bz;
        if(den == 1)
            ps2dio = ps2din;
        else
            ps2dio = 1'bz;
    end
    assign PS2C = ps2cio;
    assign PS2D = ps2dio;
    //filter for PS2 clock and data
    always @(posedge clk_25M or posedge clr)
        begin
            if(clr == 1)
                begin
                    ps2c_filter <= 0;
                    ps2d_filter <= 0;
                    PS2Cf <= 1;
                    PS2Df <= 1;
                end
            else
                begin
                    ps2c_filter[7] <= PS2C;
                    ps2c_filter[6:0] <= ps2c_filter[7:1];
                    ps2d_filter[7] <= PS2D;
                    ps2d_filter[6:0] <= ps2d_filter[7:1];
                    if(ps2c_filter == 8'b11111111)
                        PS2Cf <= 1;
                    else
                        if(ps2c_filter == 8'b00000000)
                            PS2Cf <= 0;
                    if(ps2d_filter == 8'b11111111)
                        PS2Df <= 1;
                    else
                        if(ps2d_filter == 8'b00000000)
                            PS2Df <= 0;
                end
        end
    // State machine for reading mouse
    always @(posedge clk_25M or posedge clr)
        begin
            if(clr == 1)
                begin
                    state <= start;
                    cen <= 0;
```

```
            den <= 0;
            ps2cin <= 0;
            count <= 0;
            bit_count3 <= 0;
            bit_count1 <= 0;
            Shift1 <= 0;
            Shift2 <= 0;
            Shift3 <= 0;
            x_mouse_v <= 0;
            y_mouse_v <= 0;
            x_mouse_d <= 0;
            y_mouse_d <= 0;
            sndflg <= 0;
        end
    else
        case(state)
            start:
                begin
                    cen <= 1;                // enable clock output
                    ps2cin <= 0;             // start bit
                    count <= 0;
                    state <= clklo;
                end
            clklo:
                if(count < COUNT_MAX)
                    begin
                        count <= count + 1;
                        state <= clklo;
                    end
                else
                    begin
                        state <= datlo;
                        den <= 1;            //enable data output
                    end
            datlo:
                begin
                    state <= relclk;
                    cen <= 0;                // release clock
                end
            relclk:
                begin
                    sndflg <= 1;
                    state <= sndbyt;
                end
            sndbyt:
```

```
        if(bit_count < BIT_COUNT_MAX)
          state <= sndbyt;
        else
          begin
            state <= wtack;
            sndflg <= 0;
            den <= 0;                        // release data
          end
      wtack:                                 // wait for data low
        if(PS2Df == 1)
          state <= wtack;
        else
          state <= wtclklo;
      wtclklo:                               // wait for clock low
        if(PS2Cf == 1)
          state <= wtclklo;
        else
          state <= wtcdrel;
      wtcdrel:                               // wait to release clock and data
        if((PS2Cf == 1)&&(PS2Df == 1))
          begin
            state <= wtclklo1;
            bit_count1 <= 0;
          end
        else
          state <= wtcdrel;
      wtclklo1:                              // wait for clock low
        if(bit_count1 < BIT_COUNT1_MAX)
          if(PS2Cf == 1)
            state <= wtclklo1;
          else
            begin
              state <= wtclkhi1;             //get ack byte FA
              Shift1 <= {PS2Df, Shift1[10:1]};
            end
        else
          state <= getack;
      wtclkhi1:                              // wait for clock high
        if(PS2Cf == 0)
          state <= wtclkhi1;
        else
          begin
            state <= wtclklo1;
            bit_count1 <= bit_count1 + 1;
          end
```

第6章 数字逻辑设计和接口实验

```
            getack:                                    // get ack FA
              begin
                y_mouse_v <= Shift1[9:1];
                x_mouse_v <= Shift2[8:0];
                byte3 <= {Shift1[10:5], Shift1[1:0]};
                state <= wtclklo2;
                bit_count3 <= 0;
              end
            wtclklo2:                                  //wait for clock low
              if(bit_count3 < BIT_COUNT3_MAX)
                if(PS2Cf == 1)
                  state <= wtclklo2;
                else
                  begin
                    state <= wtclkhi2;
                    Shift1 <= {PS2Df, Shift1[10:1]};
                    Shift2 <= {Shift1[0], Shift2[10:1]};
                    Shift3 <= {Shift2[0], Shift3[10:1]};
                  end
              else
                begin
                  x_mouse_v <= {Shift3[5], Shift2[8:1]};    //x velocity
                  y_mouse_v <= {Shift3[6], Shift1[8:1]};    //y velocity
                  byte3 <= Shift3[8:1];
                  state <= getmdata;
                end
            wtclkhi2:
              if(PS2Cf == 0)
                state <= wtclkhi2;
              else
                begin
                  state <= wtclklo2;
                  bit_count3 <= bit_count3 + 1;
                end
            getmdata:                                  // read mouse data and keep going
              begin
                x_mouse_d <= x_mouse_d + x_mouse_v;    //x distance
                y_mouse_d <= y_mouse_d + y_mouse_v;    //y distance
                bit_count3 <= 0;
                state <= wtclklo2;
              end
            default;
          endcase
    end
// send F4 command to mouse
```

```verilog
        always @(negedge PS2Cf or posedge clr)
          begin
            if(clr == 1)
              begin
                f4cmd <= 10'b1011110100;    //stop-parity-F4
                ps2din <= 0;
                bit_count <= 0;
              end
            else
              if(sndflg == 1)
                begin
                  ps2din <= f4cmd[0];
                  f4cmd[8:0] <= f4cmd[9:1];
                  f4cmd[9] <= 0;
                  bit_count <= bit_count + 1;
                end
          end
    //Output select
        always @(*)
          begin
            if(sel == 0)
              begin
                x_data <= x_mouse_v;
                y_data <= y_mouse_v;
              end
            else
              begin
                x_data <= x_mouse_d;
                y_data <= y_mouse_d;
              end
          end
    endmodule
```

(2) 程序 6.17b：程序 6.17a 顶层模块 Verilog 程序。

```verilog
    module mouse_top(
        input wire clk_100M,
        inout wire PS2C,
        inout wire PS2D,
        input wire [3:0] btn,
        output wire [3:0] ld,
        output wire [6:0] a_to_g,
        output wire dp,
        output wire [3:0] an
    );
        wire clk_25M, clk_190, cllr;
```

```verilog
        wire [7:0] byte3;
        wire [8:0] x_data, y_data;
        wire [15:0] xmouse;
        assign clr = btn[3];
        assign xmouse = {x_data[7:0], y_data[7:0]};
        assign ld[0] = y_data[8];
        assign ld[1] = x_data[8];
        assign ld[2] = byte3[1];        //right button
        assign ld[3] = byte3[0];        //left button
        clkdiv U1 (.clk_100M(clk_100M),
                   .clr(clr),
                   .clk_190(clk_190),
                   .clk_25M(clk_25M)
        );
        mouse_ctrl U2 (.clk_25M(clk_25M),
                       .clr(clr),
                       .sel(btn[0]),
                       .PS2C(PS2C),
                       .PS2D(PS2D),
                       .byte3(byte3),
                       .x_data(x_data),
                       .y_data(y_data)
        );

        x7segbc U3 (.x(xmouse),
                    .cclk(clk_190),
                    .clr(clr),
                    .a_to_g(a_to_g),
                    .an(an),
                    .dp(dp)
        );
endmodule
```

第7章 数字逻辑综合实验

XUP A7 板卡资源丰富,利用板上资源可以实现很多综合设计型实验项目,除此之外,板卡上还设置了 4 个 Pmod 接口,包括 3 个数字接口 JA、JB、JC 和 1 个模拟接口 JXADC,用于连接一些外设,大大拓展了其应用范围。另外,Xilinx 大学计划还开发了大量的功能模块,且很多具有 A7 板卡上兼容的标准 Pmod 接口,将这些功能模块与此开发板结合应用,可以实现更多的综合设计型实验项目。在这一章将通过几个实际的综合设计型实验例程,来进一步学习 Xilinx Vivado 开发环境、FPGA、XUP A7 板卡及一些功能模块的使用方法和技巧。

7.1 数字钟

1. 实验任务

设计制作一个数字钟。

2. 实验内容

利用 XUP A7 板卡板上资源设计一个数字钟。要求利用板上 4 位数码管进行数字钟时间显示。

3. 实验方法及原理介绍

在第 3 章,介绍了基于原理图方式,通过添加 IP 和调用 IP 的方法实现简易数字钟的实验流程。本实验将通过 Verilog HDL 的方式设计数字钟。

由于板卡的数码管只有 4 位,因此要求数字钟只需实现计分和秒的功能即可。要实现秒计数,需要设计一个 60 进制的秒计数器;要实现分计数,需要设计一个 60 进制的分计数器。

(1)源程序

板卡的系统时钟信号为 100MHz,因此设定常数 N 为 99999999。在系统时钟 clk 的上升沿时,count 开始计数,当计数到 99999999 次时,clk_1s 为 1,然后 count 清零,下一个系统时钟后,clk_1s 也清零。该模块程序如下:

```
module clk_1s #(parameter N = 99_999999)(
    input wire clk, reset,
    output reg clk_1s);
    reg [31:0]count;
    always@(posedge clk, posedge reset)
    begin
        if (reset)
```

```
                count <= 0;
            else begin
                clk_1s <= 0;
                if(count < N)
                    count <= count + 1;
                else begin
                    count <= 0;
                    clk_1s <= 1;
                end
            end
        end
endmodule
```

计数程序如下，包含两个子模块，分别是计数模块和二进制码转换为 BCD8421 码模块。

```
////////////////////////////////////////////////////////////////////
module bcd_counter #(parameter N=60)(
        input wire clk, reset,
        input wire cin,
        output wire [9:0] bcd,
        output wire cout);
    wire [7:0]count;
    counter#(.count_max(N))U1(.clk(clk),.reset(reset),.cin(cin),.count(count),.cout(cout));
    binbcd8 U2(.bin(count),.bcd(bcd));
endmodule
////////////////////////////////////////////////////////////////////
module counter #(parameter count_max = 60)(
    input wire clk, reset,
    input wire cin,
    output reg [7:0] count,
    output reg cout);
    always@(posedge clk, posedge reset)
        if(reset)
            count <= 0;
        else begin
            cout <= 0;
            if(cin)begin
                if(count < count_max - 1)
                    count <= count + 1;
                else begin
                    count <= 0;
                    cout <= 1;
                end
            end
```

        end
    endmodule
//

显示模块用于将数据通过数码管进行显示，具体设计方法参加本书第 4.4 节数码显示部分。显示模块程序如下，其中包含了 7 段数码显示模块。

```verilog
module display(
    input wire clk,reset,
    input wire [7:0]bcd_s,bcd_m,bcd_h,
    output wire [6:0]seg,
    output reg [3:0]ans
    );
    reg [20:0]count;
    reg [3:0]digit;
    always@(posedge clk,posedge reset)
    if(reset)
        count = 0;
    else
        count = count + 1;
    always @(posedge clk)
    case(count[20:18])
        1:begin
            ans = 4'b0111;
            digit = bcd_m[7:4];
        end
        2:begin
            ans = 4'b1011;
            digit = bcd_m[3:0];
        end
        3:begin
            ans = 4'b1101;
            digit = bcd_s[7:4];
        end
        4:begin
            ans = 4'b1110;
            digit = bcd_s[3:0];
        end
    endcase
    seg7 U4(.din(digit),.dout(seg));
endmodule
```
//
7 段数码显示模块
```verilog
module seg7(
    input wire [3:0]din,
```

```
        output reg [6:0]dout
        );
        always@(*)
        case(din)
            0:dout = 7'b000_0001;
            1:dout = 7'b100_1111;
            2:dout = 7'b001_0010;
            3:dout = 7'b000_0110;
            4:dout = 7'b100_1100;
            5:dout = 7'b010_0100;
            6:dout = 7'b010_0000;
            7:dout = 7'b000_1111;
            8:dout = 7'b000_0000;
            9:dout = 7'b000_0100;
            default:dout = 7'b000_0001;
        endcase
endmodule
//////////////////////////////////////////////////////////////////
```

顶层文件如下：

```
    module count_top(
            input wire clk, reset,
            output wire [6:0] seg,
            output wire [3:0] ans );
    wire clk_1s;
    clk_1s #(.N(9999_9999)) U1(.clk(clk),.reset(reset),.clk_1s(clk_1s));
    wire cout_s;
    wire [9:0] bcd_s;
    bcd_counter U2_s(.clk(clk),.reset(reset),.cin(clk_1s),.bcd(bcd_s),.cout(cout_s));
    wire cout_m;
    wire [9:0] bcd_m;
    bcd_counter U2_m(.clk(clk),.reset(reset),.cin(cout_s),.bcd(bcd_m),.cout(cout_m));
    wire [9:0] bcd_h;
    bcd_counter#(.N(24)) U2_h(.clk(clk),.reset(reset),.cin(cout_m),.bcd(bcd_h),.cout());
    displayU3(.clk(clk),.reset(reset),.bcd_s(bcd_s),.bcd_m(bcd_m),.bcd_h(bcd_h),.ans(ans),.seg(seg));
    endmodule
```

（2）约束文件

```
    set_property IOSTANDARD LVCMOS33 [get_ports {seg[6]}]
    set_property IOSTANDARD LVCMOS33 [get_ports {seg[5]}]
    set_property IOSTANDARD LVCMOS33 [get_ports {seg[4]}]
    set_property IOSTANDARD LVCMOS33 [get_ports {seg[3]}]
    set_property IOSTANDARD LVCMOS33 [get_ports {seg[1]}]
    set_property IOSTANDARD LVCMOS33 [get_ports {seg[2]}]
```

```
set_property IOSTANDARD LVCMOS33 [get_ports {seg[0]}]
set_property IOSTANDARD LVCMOS33 [get_ports reset]
set_property IOSTANDARD LVCMOS33 [get_ports clk]
set_property IOSTANDARD LVCMOS33 [get_ports {ans[1]}]
set_property IOSTANDARD LVCMOS33 [get_ports {ans[0]}]
set_property IOSTANDARD LVCMOS33 [get_ports {ans[3]}]
set_property IOSTANDARD LVCMOS33 [get_ports {ans[2]}]
set_property PACKAGE_PIN W5 [get_ports clk]
set_property PACKAGE_PIN U18 [get_ports reset]
set_property PACKAGE_PIN U2 [get_ports {ans[0]}]
set_property PACKAGE_PIN U4 [get_ports {ans[1]}]
set_property PACKAGE_PIN V4 [get_ports {ans[2]}]
set_property PACKAGE_PIN W4 [get_ports {ans[3]}]
set_property PACKAGE_PIN U7 [get_ports {seg[0]}]
set_property PACKAGE_PIN V5 [get_ports {seg[1]}]
set_property PACKAGE_PIN U5 [get_ports {seg[2]}]
set_property PACKAGE_PIN V8 [get_ports {seg[3]}]
set_property PACKAGE_PIN U8 [get_ports {seg[4]}]
set_property PACKAGE_PIN W6 [get_ports {seg[5]}]
set_property PACKAGE_PIN W7 [get_ports {seg[6]}]
```

7.2 数字频率计

1. 实验任务

设计一个数字频率计。

2. 实验内容

利用 XUP A7 板卡板上资源设计一个数字频率计。要求利用开发板上数码管实时显示测量的频率值。

3. 实验方法及原理介绍

板卡上的晶振频率为 100MHz，因此理论上可以设计一个最高可测 100MHz 的频率计。而板上数码管只有 4 位，显示最大值为 9999，即可以显示的频率最高为 9999Hz。当然，如果对显示精度没有特殊要求，可以只在数码管显示高位，而舍去低位，就可以利用此开发板设计一个可以测量更高频率的数字频率计。

（1）频率计频率读取策略

测量一个信号的频率主要有两种方法，即直接测率方法和测周方法。直接测频方法是指在指定的时间段内测量信号的频率次数，再通过计算获得所测信号的频率；测周方法是指通过测量信号周期，通过计算获得所测信号的频率。

本实验采用测周方法获得信号频率值。首先，获得信号的周期参数，本实验设计过程中测量信号的两个上升沿的时间间隔作为信号的一个周期。相应程序代码如下：

```
always @(posedge sig_source) begin
```

第7章 数字逻辑综合实验

```
        sig_state=~sig_state;
    end
```

即在信号的每一个上升沿，变量 sig_state 进行一次反转，即在信号的一个时钟周期内，sig_state 完成一次上升和一次下降变化，因此只要测量到变量 sig_state 上升沿和下降沿之间的时间间隔，就可以获得信号的周期。本实验测量方法为测量在这个时间间隔内系统时钟个数 n，那么信号的周期 $T=n \times t$，（t 为系统时钟周期）。测量系统时钟个数程序如下：

```
always@(posedge clk) begin
    if(sig_state)
        sig_count=sig_count+1;
    else
        sig_count=0;
end
```

（2）信号频率计算及数码显示

测得信号一个周期内系统时钟个数 n，可以很容易获得信号的频率。同时将相应频率转换成数码管显示的内容，关于数码管工作原理及电路原理图，可以查看本书第 4 章的内容。

（3）频率计完整程序代码

```
module hz_counter(
    input wire clk,reset,
    input wire sig_source,
    output wire [6:0]seg,
    output reg [7:0]ans
    );
    reg [20:0]count;
    parameter N=99_999_999;
    reg [3:0]digit;
    reg [7:0] bcd_s,bcd_m,bcd_h;
    reg [28:0] sig_bcd;
    reg sig_state;
    reg [28:0] sig_count,sig_hz;    //记录一个周期内时钟数
    initial begin
        sig_state<=0;
        count<=0;
        bcd_s<=0;
        bcd_m<=0;
        bcd_h<=0;
        end
    always @(posedge sig_source) begin
        sig_state=~sig_state;
    end
    always @(negedge sig_state) begin
        sig_hz=sig_count;
```

```
            sig_hz=N/sig_hz;
            sig_bcd=sig_hz%10;
            bcd_s[3:0]=sig_bcd[3:0];      //个位 Hz

            sig_hz=sig_hz/10;
            sig_bcd=sig_hz%10;
            bcd_s[7:4]=sig_bcd[3:0];      //十位 10Hz

            sig_hz=sig_hz/10;
            sig_bcd=sig_hz%10;
            bcd_m[3:0]=sig_bcd[3:0];      //百位 100Hz

            sig_hz=sig_hz/10;
            sig_bcd=sig_hz%10;
            bcd_m[7:4]=sig_bcd[3:0];      //千位 kHz

            sig_hz=sig_hz/10;
            sig_bcd=sig_hz%10;
            bcd_h[3:0]=sig_bcd[3:0];      //十 kHz

            sig_hz=sig_hz/10;
            sig_bcd=sig_hz%10;
            bcd_h[7:4]=sig_bcd[3:0];      //百 kHz
        end
    always@(posedge clk) begin
        if(sig_state)
            sig_count=sig_count+1;
        else
            sig_count=0;
    end
always@(posedge clk,posedge reset)
    if(reset)
        count = 0;
    else
        count = count + 1;
always @(posedge clk)
    case(count[20:18])
        1:begin
            ans = 8'b1101_1111;
            digit = bcd_h[7:4];
        end
        2:begin
            ans = 8'b1110_1111;
            digit = bcd_h[3:0];
        end
```

第7章 数字逻辑综合实验

```
            3:begin
                ans = 8'b1111_0111;
                digit = bcd_m[7:4];
            end
            4:begin
                ans = 8'b1111_1011;
                digit = bcd_m[3:0];
            end
            5:begin
                ans = 8'b1111_1101;
                digit = bcd_s[7:4];
            end
            6:begin
                ans = 8'b1111_1110;
                digit = bcd_s[3:0];
            end
        endcase
    seg7 U1(.din(digit),.dout(seg));
endmodule
```

（4）约束文件

```
set_property PACKAGE_PIN W7 [get_ports {seg[6]}]
set_property PACKAGE_PIN W6 [get_ports {seg[5]}]
set_property PACKAGE_PIN U8 [get_ports {seg[4]}]
set_property PACKAGE_PIN V8 [get_ports {seg[3]}]
set_property PACKAGE_PIN U5 [get_ports {seg[2]}]
set_property PACKAGE_PIN V5 [get_ports {seg[1]}]
set_property PACKAGE_PIN U7 [get_ports {seg[0]}]
set_property PACKAGE_PIN W5 [get_ports clk]
set_property PACKAGE_PIN U18 [get_ports reset]
set_property PACKAGE_PIN R2 [get_ports {ans[7]}]
set_property PACKAGE_PIN T1 [get_ports {ans[6]}]
set_property PACKAGE_PIN U1 [get_ports {ans[5]}]
set_property PACKAGE_PIN W2 [get_ports {ans[4]}]
set_property PACKAGE_PIN W4 [get_ports {ans[3]}]
set_property PACKAGE_PIN V4 [get_ports {ans[2]}]
set_property PACKAGE_PIN U4 [get_ports {ans[1]}]
set_property PACKAGE_PIN U2 [get_ports {ans[0]}]
set_property PACKAGE_PIN A16 [get_ports sig_source]
set_property IOSTANDARD LVCMOS33 [get_ports {seg[6]}]
set_property IOSTANDARD LVCMOS33 [get_ports {seg[5]}]
set_property IOSTANDARD LVCMOS33 [get_ports {seg[4]}]
set_property IOSTANDARD LVCMOS33 [get_ports {seg[3]}]
set_property IOSTANDARD LVCMOS33 [get_ports {seg[1]}]
set_property IOSTANDARD LVCMOS33 [get_ports {seg[2]}]
```

set_property IOSTANDARD LVCMOS33 [get_ports {seg[0]}]
set_property IOSTANDARD LVCMOS33 [get_ports clk]
set_property IOSTANDARD LVCMOS33 [get_ports reset]
set_property IOSTANDARD LVCMOS33 [get_ports {ans[7]}]
set_property IOSTANDARD LVCMOS33 [get_ports {ans[6]}]
set_property IOSTANDARD LVCMOS33 [get_ports {ans[5]}]
set_property IOSTANDARD LVCMOS33 [get_ports {ans[4]}]
set_property IOSTANDARD LVCMOS33 [get_ports {ans[3]}]
set_property IOSTANDARD LVCMOS33 [get_ports {ans[2]}]
set_property IOSTANDARD LVCMOS33 [get_ports {ans[1]}]
set_property IOSTANDARD LVCMOS33 [get_ports {ans[0]}]
set_property IOSTANDARD LVCMOS33 [get_ports sig_source]
```

## 7.3 电梯控制器

**1. 实验任务**

设计一个5层楼的电梯控制器。

**2. 实验内容**

利用 BASYS 开发板上资源设计一个 5 层楼的电梯控制器系统，并能在开发板上模拟电梯运行状态。具体要求如下：

1）利用开发板的 5 个按键作为电梯控制器的呼叫按键，分别是 BTNU、BTNL、BTNC、BTNR 和 BTND；

2）利用数码管显示电梯运行时电梯所在的楼层；

3）使用 LED0、LED1、LED2、LED3、LED4 5 个 LED 指示灯分别显示楼层 1~5 的叫梯状态；

4）设计电梯控制器控制电梯每秒运行一层。

**3. 实验方法及原理介绍**

电梯控制器系统控制流程图如图 7.1 所示。

（1）系统输入/输出变量

对于一个系统，首先要有一个时钟输入，设为 clk；按键输入，设为 btn；数码管显示输出，设为 seg；叫梯楼层状态灯输出，设为 nfloor。

（2）按键设计

本实验使用板上 5 个按键按钮模拟电梯的叫梯按键，1 层按键为 BTNU，2 层按键为 BTNL，3 层按键为 BTNC，4 层按键为 BTNR，5 层按键为 BTND。所以，定义一个 5 位按键寄存器 btn_pre_re，同时考虑到防抖，在对按键寄存器进行赋值的时候要注意时间延时。

对于电梯按键，当没有叫梯时，按键相应的 LED 指示灯应处于熄灭状态；当有叫梯时，按键相应的 LED 指示灯应处于点亮状态；当在某一层已经叫梯，但是由于某种原因发现所叫梯不是自己想要的梯层时，能够取消此层的叫梯状态。按以上要求进行相应程序设计如下。
```

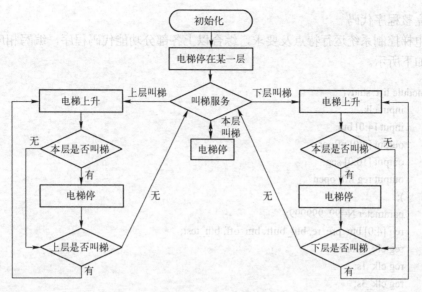

图 7.1 电梯控制流程图

防抖设计为每 200ms 读取一次叫梯按键信息,因此需要生成一个周期为 200ms 的时钟信号,程序代码如下:

```
parameter N=99_999999;
    always@(posedge clk) begin
        clk_200ms <= 0;
        if(count < N/5)
            count <= count + 1;
        else begin
            count <= 0;
            clk_200ms <= 1;
        end
    end
```

叫梯按键赋值程序如下:

```
reg [4:0] btn_pre_re, btn_off;          //按键记录变量
always @(posedge clk_200ms) begin
    btn_pre_re=btn_pre_re^btn;
    btn_pre_re=btn_pre_re&btn_off;
end
```

需要注意的是,重复进行叫梯按键操作,可以进行叫梯或取消叫梯服务,因此使用了一个异或代码。

(3)显示设计

电梯控制器包括两种显示,即数码管显示电梯所在楼层和 LED 灯显示所叫楼层服务。此部分内容前面章节已经介绍,这里不再赘述。

（4）完整程序代码

根据电梯控制系统运行特点及要求，综合以上各部分功能代码程序，编写相应电梯控制程序代码如下所示。

```verilog
module lift_study(
    input clk,
    input [4:0] btn,
    output [4:0] nfloor,
    output [10:0] seg,
    output reg lift_open
    );
    parameter N=99_999999;
    reg [4:0] btn_pre_re, btn_buff, btn_off, btn_test;
    reg clk_200ms;
    reg clk_1s;
    reg clk_3s;
    reg [31:0] count,count1,count3;
    reg [10:0] dout;
    reg [1:0] lift_state;
    reg [2:0] lift_num;
    initial begin
        btn_off<=5'b11111;
        btn_pre_re<=0;
        lift_num <= 3;
        lift_state<=0;
        lift_open<=1;
    end
    always@(posedge clk)begin
        clk_200ms <= 0;
        if(count < N/5)
            count <= count + 1;
        else begin
            count <= 0;
            clk_200ms <= 1;
        end
    end
    always@(posedge clk)begin
        clk_1s <= 0;
        if(count1 < N)
            count1 <= count1 + 1;
        else begin
            count1 <= 0;
            clk_1s <= 1;
        end
    end
```

```verilog
always@(posedge clk)begin
    clk_3s <= 0;
    if(count3 < (3*N-3))
        count3 <= count3 + 1;
    else begin
        count3 <= 0;
        clk_3s <= 1;
    end
end
always @(posedge clk_200ms) begin
    btn_pre_re=btn_pre_re^btn;
    btn_pre_re=btn_pre_re&btn_off;
end
always@(posedge clk_1s) begin
    btn_buff=btn_pre_re;
    case(lift_state)
        0:begin
            if((btn_buff>>lift_num)>0) begin
                #(5*N);
                lift_num=lift_num+1;
                lift_state=1;                             //上层有人叫梯
            end
            
            if((btn_buff&(1<<(lift_num-1)))>0) begin     //本层有人叫梯
                btn_buff=btn_buff&(~(1<<(lift_num-1)));
                btn_off=~(1<<(lift_num-1));
                lift_open=1;
                #(5*N);
                lift_open=0;
                lift_state=0;
            end
            
            if((1<<(lift_num-1))>btn_buff) begin          //下层有人叫梯
                if(btn_buff>0) begin
                    #(5*N);
                    lift_num=lift_num-1;
                    lift_state=2;
                end
            end
        end
        
        1:begin
            if((btn_buff>>lift_num)>0)begin
                if((btn_buff&(1<<(lift_num-1)))>0) begin
                    btn_buff=btn_buff&(~(1<<(lift_num-1)));
```

```
                            btn_off=~(1<<(lift_num-1));
                            lift_open=1;
                            #(5*N);
                            lift_open=0;
                            lift_num=lift_num+1;
                        end
                    else
                        lift_num=lift_num+1;
                end
            else begin
                    btn_buff=btn_buff&(~(1<<(lift_num-1)));
                    btn_off=~(1<<(lift_num-1));
                    lift_open=1;
                    #(5*N);
                    lift_open=0;
                    lift_state=0;
                end
        end

        2: begin
            btn_test=(btn_buff<<(6-lift_num));
            if(btn_test>0) begin
                if((btn_buff&(1<<(lift_num-1)))>0) begin
                    btn_buff=btn_buff&(~(1<<(lift_num-1)));
                    btn_off=~(1<<(lift_num-1));
                    lift_open=1;
                    #(5*N);
                    lift_open=0;
                    lift_num=lift_num-1;
                end
                else
                    lift_num=lift_num-1;
            end
            else begin
                btn_buff=btn_buff&(~(1<<(lift_num-1)));
                btn_off=~(1<<(lift_num-1));
                lift_open=1;
                #(5*N);
                lift_open=0;
                lift_state=0;
            end
        end
    endcase
end
always@(posedge clk) begin
```

```
            case(lift_num)
                0:dout = 11'b1110000_0001;
                1:dout = 11'b1110_1001111;
                2:dout = 11'b1110_0010010;
                3:dout = 11'b1110_0000110;
                4:dout = 11'b1110_1001100;
                5:dout = 11'b1110_0100100;
                6:dout = 11'b1110_0100000;
                7:dout = 11'b1110_0001111;
                8:dout = 11'b1110_0000000;
                9:dout = 11'b1110_0000100;
                default:dout = 11'b1110_0000001;
            endcase
        end
        assign nfloor=btn_pre_re;
        assign seg=dout;
endmodule
```

(5) 约束文件

```
set_property PACKAGE_PIN W5 [get_ports clk]
set_property IOSTANDARD LVCMOS33 [get_ports clk]
set_property IOSTANDARD LVCMOS33 [get_ports {btn[4]}]
set_property IOSTANDARD LVCMOS33 [get_ports {btn[3]}]
set_property IOSTANDARD LVCMOS33 [get_ports {btn[2]}]
set_property IOSTANDARD LVCMOS33 [get_ports {btn[1]}]
set_property IOSTANDARD LVCMOS33 [get_ports {btn[0]}]
set_property IOSTANDARD LVCMOS33 [get_ports {nfloor[4]}]
set_property IOSTANDARD LVCMOS33 [get_ports {nfloor[3]}]
set_property IOSTANDARD LVCMOS33 [get_ports {nfloor[2]}]
set_property IOSTANDARD LVCMOS33 [get_ports {nfloor[1]}]
set_property IOSTANDARD LVCMOS33 [get_ports {nfloor[0]}]
set_property PACKAGE_PIN T18 [get_ports {btn[0]}]
set_property PACKAGE_PIN W19 [get_ports {btn[1]}]
set_property PACKAGE_PIN U18 [get_ports {btn[2]}]
set_property PACKAGE_PIN T17 [get_ports {btn[3]}]
set_property PACKAGE_PIN U17 [get_ports {btn[4]}]
set_property PACKAGE_PIN U16 [get_ports {nfloor[0]}]
set_property PACKAGE_PIN E19 [get_ports {nfloor[1]}]
set_property PACKAGE_PIN U19 [get_ports {nfloor[2]}]
set_property PACKAGE_PIN V19 [get_ports {nfloor[3]}]
set_property PACKAGE_PIN W18 [get_ports {nfloor[4]}]
set_property IOSTANDARD LVCMOS33 [get_ports {seg[10]}]
set_property IOSTANDARD LVCMOS33 [get_ports {seg[9]}]
set_property IOSTANDARD LVCMOS33 [get_ports {seg[8]}]
set_property IOSTANDARD LVCMOS33 [get_ports {seg[7]}]
```

```
set_property IOSTANDARD LVCMOS33 [get_ports {seg[6]}]
set_property IOSTANDARD LVCMOS33 [get_ports {seg[5]}]
set_property IOSTANDARD LVCMOS33 [get_ports {seg[4]}]
set_property IOSTANDARD LVCMOS33 [get_ports {seg[3]}]
set_property IOSTANDARD LVCMOS33 [get_ports {seg[2]}]
set_property IOSTANDARD LVCMOS33 [get_ports {seg[1]}]
set_property IOSTANDARD LVCMOS33 [get_ports {seg[0]}]
set_property PACKAGE_PIN W4 [get_ports {seg[10]}]
set_property PACKAGE_PIN V4 [get_ports {seg[9]}]
set_property PACKAGE_PIN U4 [get_ports {seg[8]}]
set_property PACKAGE_PIN U2 [get_ports {seg[7]}]
set_property PACKAGE_PIN W7 [get_ports {seg[6]}]
set_property PACKAGE_PIN W6 [get_ports {seg[5]}]
set_property PACKAGE_PIN U8 [get_ports {seg[4]}]
set_property PACKAGE_PIN V8 [get_ports {seg[3]}]
set_property PACKAGE_PIN U5 [get_ports {seg[2]}]
set_property PACKAGE_PIN V5 [get_ports {seg[1]}]
set_property PACKAGE_PIN U7 [get_ports {seg[0]}]
set_property PACKAGE_PIN L1 [get_ports lift_open]
set_property IOSTANDARD LVCMOS33 [get_ports lift_open]
```

7.4 波形发生电路

1. 实验任务

设计一个波形发生电路，能够产生三角波、方波、锯齿波和正弦波。

2. 实验内容

利用 XUP A7 板卡构建了一个简易波形发生电路，能够产生频率波形可调的信号输出，具体要求如下：

1）频率范围 1～4999Hz，通过按键可以调整频率；
2）输出波形可选择三角波、方波、锯齿波及正弦波，通过拨码开关选择波形种类；
3）利用数码管显示频率值。

3. 实验方法及原理介绍

波形发生电路原理框图如图 7.2 所示。首先，通过按键设置波形的频率，并通过拨码开关设置波形的种类（一共有正弦波、三角波、方波和锯齿波四种）。频率值可以通过数码管显示。片上的输出时钟计算模块能够根据设置好的频率值，计算波形查找表的输出时钟，以及生成查找表的地址。查找表根据波形选择模块决定输出何种波形数据，并在输出时钟的驱使下输出波形数据。最后，片上的 D/A 模块将波形数据发送给外部 D/A。

本实验通过板卡外接 Pmod-DA1 模块进行 D/A 输出。

（1）波形产生设计

本实验采用查表的方法生成正弦波、方波、三角波和锯齿波。

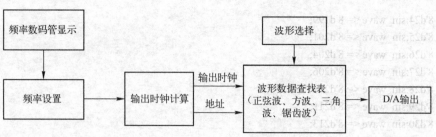

图 7.2　波形发生电路原理框图

1) 正弦波

正弦波查找表程序使用 case 语句，程序如下：

```
always@(posedge clk_data)begin
    if(sin_wave_cnt==255)
        sin_wave_cnt <= 0;
    else
        sin_wave_cnt <= sin_wave_cnt+1;
end
always@(*)begin
 case (sin_wave_cnt)
8'd0:sin_wave <= 8'd128;
8'd1:sin_wave <= 8'd131;
8'd2:sin_wave <= 8'd134;
8'd3:sin_wave <= 8'd137;
8'd4:sin_wave <= 8'd140;
8'd5:sin_wave <= 8'd143;
8'd6:sin_wave <= 8'd146;
8'd7:sin_wave <= 8'd149;
8'd8:sin_wave <= 8'd152;
8'd9:sin_wave <= 8'd156;
8'd10:sin_wave <= 8'd159;
8'd11:sin_wave <= 8'd162;
8'd12:sin_wave <= 8'd165;
8'd13:sin_wave <= 8'd168;
8'd14:sin_wave <= 8'd171;
8'd15:sin_wave <= 8'd174;
8'd16:sin_wave <= 8'd176;
8'd17:sin_wave <= 8'd179;
8'd18:sin_wave <= 8'd182;
8'd19:sin_wave <= 8'd185;
8'd20:sin_wave <= 8'd188;
8'd21:sin_wave <= 8'd191;
8'd22:sin_wave <= 8'd193;
8'd23:sin_wave <= 8'd196;
```

8'd24:sin_wave <= 8'd199;
8'd25:sin_wave <= 8'd201;
8'd26:sin_wave <= 8'd204;
8'd27:sin_wave <= 8'd206;
8'd28:sin_wave <= 8'd209;
8'd29:sin_wave <= 8'd211;
8'd30:sin_wave <= 8'd213;
8'd31:sin_wave <= 8'd216;
8'd32:sin_wave <= 8'd218;
8'd33:sin_wave <= 8'd220;
8'd34:sin_wave <= 8'd222;
8'd35:sin_wave <= 8'd224;
8'd36:sin_wave <= 8'd226;
8'd37:sin_wave <= 8'd228;
8'd38:sin_wave <= 8'd230;
8'd39:sin_wave <= 8'd232;
8'd40:sin_wave <= 8'd234;
8'd41:sin_wave <= 8'd236;
8'd42:sin_wave <= 8'd237;
8'd43:sin_wave <= 8'd239;
8'd44:sin_wave <= 8'd240;
8'd45:sin_wave <= 8'd242;
8'd46:sin_wave <= 8'd243;
8'd47:sin_wave <= 8'd245;
8'd48:sin_wave <= 8'd246;
8'd49:sin_wave <= 8'd247;
8'd50:sin_wave <= 8'd248;
8'd51:sin_wave <= 8'd249;
8'd52:sin_wave <= 8'd250;
8'd53:sin_wave <= 8'd251;
8'd54:sin_wave <= 8'd252;
8'd55:sin_wave <= 8'd252;
8'd56:sin_wave <= 8'd253;
8'd57:sin_wave <= 8'd254;
8'd58:sin_wave <= 8'd254;
8'd59:sin_wave <= 8'd255;
8'd60:sin_wave <= 8'd255;
8'd61:sin_wave <= 8'd255;
8'd62:sin_wave <= 8'd255;
8'd63:sin_wave <= 8'd255;
8'd64:sin_wave <= 8'd255;
8'd65:sin_wave <= 8'd255;
8'd66:sin_wave <= 8'd255;
8'd67:sin_wave <= 8'd255;
8'd68:sin_wave <= 8'd255;

第7章 数字逻辑综合实验

```
8'd69:sin_wave <= 8'd255;
8'd70:sin_wave <= 8'd254;
8'd71:sin_wave <= 8'd254;
8'd72:sin_wave <= 8'd253;
8'd73:sin_wave <= 8'd252;
8'd74:sin_wave <= 8'd252;
8'd75:sin_wave <= 8'd251;
8'd76:sin_wave <= 8'd250;
8'd77:sin_wave <= 8'd249;
8'd78:sin_wave <= 8'd248;
8'd79:sin_wave <= 8'd247;
8'd80:sin_wave <= 8'd246;
8'd81:sin_wave <= 8'd245;
8'd82:sin_wave <= 8'd243;
8'd83:sin_wave <= 8'd242;
8'd84:sin_wave <= 8'd240;
8'd85:sin_wave <= 8'd239;
8'd86:sin_wave <= 8'd237;
8'd87:sin_wave <= 8'd236;
8'd88:sin_wave <= 8'd234;
8'd89:sin_wave <= 8'd232;
8'd90:sin_wave <= 8'd230;
8'd91:sin_wave <= 8'd228;
8'd92:sin_wave <= 8'd226;
8'd93:sin_wave <= 8'd224;
8'd94:sin_wave <= 8'd222;
8'd95:sin_wave <= 8'd220;
8'd96:sin_wave <= 8'd218;
8'd97:sin_wave <= 8'd216;
8'd98:sin_wave <= 8'd213;
8'd99:sin_wave <= 8'd211;
8'd100:sin_wave <= 8'd209;
8'd101:sin_wave <= 8'd206;
8'd102:sin_wave <= 8'd204;
8'd103:sin_wave <= 8'd201;
8'd104:sin_wave <= 8'd199;
8'd105:sin_wave <= 8'd196;
8'd106:sin_wave <= 8'd193;
8'd107:sin_wave <= 8'd191;
8'd108:sin_wave <= 8'd188;
8'd109:sin_wave <= 8'd185;
8'd110:sin_wave <= 8'd182;
8'd111:sin_wave <= 8'd179;
8'd112:sin_wave <= 8'd176;
8'd113:sin_wave <= 8'd174;
```

```
8'd114:sin_wave <= 8'd171;
8'd115:sin_wave <= 8'd168;
8'd116:sin_wave <= 8'd165;
8'd117:sin_wave <= 8'd162;
8'd118:sin_wave <= 8'd159;
8'd119:sin_wave <= 8'd156;
8'd120:sin_wave <= 8'd152;
8'd121:sin_wave <= 8'd149;
8'd122:sin_wave <= 8'd146;
8'd123:sin_wave <= 8'd143;
8'd124:sin_wave <= 8'd140;
8'd125:sin_wave <= 8'd137;
8'd126:sin_wave <= 8'd134;
8'd127:sin_wave <= 8'd131;
8'd128:sin_wave <= 8'd128;
8'd129:sin_wave <= 8'd125;
8'd130:sin_wave <= 8'd122;
8'd131:sin_wave <= 8'd119;
8'd132:sin_wave <= 8'd116;
8'd133:sin_wave <= 8'd113;
8'd134:sin_wave <= 8'd110;
8'd135:sin_wave <= 8'd107;
8'd136:sin_wave <= 8'd104;
8'd137:sin_wave <= 8'd100;
8'd138:sin_wave <= 8'd97;
8'd139:sin_wave <= 8'd94;
8'd140:sin_wave <= 8'd91;
8'd141:sin_wave <= 8'd88;
8'd142:sin_wave <= 8'd85;
8'd143:sin_wave <= 8'd82;
8'd144:sin_wave <= 8'd80;
8'd145:sin_wave <= 8'd77;
8'd146:sin_wave <= 8'd74;
8'd147:sin_wave <= 8'd71;
8'd148:sin_wave <= 8'd68;
8'd149:sin_wave <= 8'd65;
8'd150:sin_wave <= 8'd63;
8'd151:sin_wave <= 8'd60;
8'd152:sin_wave <= 8'd57;
8'd153:sin_wave <= 8'd55;
8'd154:sin_wave <= 8'd52;
8'd155:sin_wave <= 8'd50;
8'd156:sin_wave <= 8'd47;
8'd157:sin_wave <= 8'd45;
8'd158:sin_wave <= 8'd43;
```

```
8'd159:sin_wave <= 8'd40;
8'd160:sin_wave <= 8'd38;
8'd161:sin_wave <= 8'd36;
8'd162:sin_wave <= 8'd34;
8'd163:sin_wave <= 8'd32;
8'd164:sin_wave <= 8'd30;
8'd165:sin_wave <= 8'd28;
8'd166:sin_wave <= 8'd26;
8'd167:sin_wave <= 8'd24;
8'd168:sin_wave <= 8'd22;
8'd169:sin_wave <= 8'd20;
8'd170:sin_wave <= 8'd19;
8'd171:sin_wave <= 8'd17;
8'd172:sin_wave <= 8'd16;
8'd173:sin_wave <= 8'd14;
8'd174:sin_wave <= 8'd13;
8'd175:sin_wave <= 8'd11;
8'd176:sin_wave <= 8'd10;
8'd177:sin_wave <= 8'd9;
8'd178:sin_wave <= 8'd8;
8'd179:sin_wave <= 8'd7;
8'd180:sin_wave <= 8'd6;
8'd181:sin_wave <= 8'd5;
8'd182:sin_wave <= 8'd4;
8'd183:sin_wave <= 8'd4;
8'd184:sin_wave <= 8'd3;
8'd185:sin_wave <= 8'd2;
8'd186:sin_wave <= 8'd2;
8'd187:sin_wave <= 8'd1;
8'd188:sin_wave <= 8'd1;
8'd189:sin_wave <= 8'd1;
8'd190:sin_wave <= 8'd1;
8'd191:sin_wave <= 8'd1;
8'd192:sin_wave <= 8'd1;
8'd193:sin_wave <= 8'd1;
8'd194:sin_wave <= 8'd1;
8'd195:sin_wave <= 8'd1;
8'd196:sin_wave <= 8'd1;
8'd197:sin_wave <= 8'd1;
8'd198:sin_wave <= 8'd2;
8'd199:sin_wave <= 8'd2;
8'd200:sin_wave <= 8'd3;
8'd201:sin_wave <= 8'd4;
8'd202:sin_wave <= 8'd4;
8'd203:sin_wave <= 8'd5;
```

```
8'd204:sin_wave <= 8'd6;
8'd205:sin_wave <= 8'd7;
8'd206:sin_wave <= 8'd8;
8'd207:sin_wave <= 8'd9;
8'd208:sin_wave <= 8'd10;
8'd209:sin_wave <= 8'd11;
8'd210:sin_wave <= 8'd13;
8'd211:sin_wave <= 8'd14;
8'd212:sin_wave <= 8'd16;
8'd213:sin_wave <= 8'd17;
8'd214:sin_wave <= 8'd19;
8'd215:sin_wave <= 8'd20;
8'd216:sin_wave <= 8'd22;
8'd217:sin_wave <= 8'd24;
8'd218:sin_wave <= 8'd26;
8'd219:sin_wave <= 8'd28;
8'd220:sin_wave <= 8'd30;
8'd221:sin_wave <= 8'd32;
8'd222:sin_wave <= 8'd34;
8'd223:sin_wave <= 8'd36;
8'd224:sin_wave <= 8'd38;
8'd225:sin_wave <= 8'd40;
8'd226:sin_wave <= 8'd43;
8'd227:sin_wave <= 8'd45;
8'd228:sin_wave <= 8'd47;
8'd229:sin_wave <= 8'd50;
8'd230:sin_wave <= 8'd52;
8'd231:sin_wave <= 8'd55;
8'd232:sin_wave <= 8'd57;
8'd233:sin_wave <= 8'd60;
8'd234:sin_wave <= 8'd63;
8'd235:sin_wave <= 8'd65;
8'd236:sin_wave <= 8'd68;
8'd237:sin_wave <= 8'd71;
8'd238:sin_wave <= 8'd74;
8'd239:sin_wave <= 8'd77;
8'd240:sin_wave <= 8'd80;
8'd241:sin_wave <= 8'd82;
8'd242:sin_wave <= 8'd85;
8'd243:sin_wave <= 8'd88;
8'd244:sin_wave <= 8'd91;
8'd245:sin_wave <= 8'd94;
8'd246:sin_wave <= 8'd97;
8'd247:sin_wave <= 8'd100;
8'd248:sin_wave <= 8'd104;
```

```
8'd249:sin_wave <= 8'd107;
8'd250:sin_wave <= 8'd110;
8'd251:sin_wave <= 8'd113;
8'd252:sin_wave <= 8'd116;
8'd253:sin_wave <= 8'd119;
8'd254:sin_wave <= 8'd122;
8'd255:sin_wave <= 8'd125;
endcase
end
```

2）方波

```
always@(posedge clk_data)begin
    if(square_wave_cnt==255)
        square_wave_cnt <= 0;
    else
        square_wave_cnt <= square_wave_cnt + 1;
end
always@(posedge clk_data)begin
    if(square_wave_cnt<128)
        square_wave <= 0;
    else
        square_wave <= 255;
end
```

3）三角波

```
always@(posedge clk_data)begin
    if(triangular_wave_sign==1) begin
        if(triangular_wave==255)begin
            triangular_wave_sign <= 0;
        end
        else
            triangular_wave <= triangular_wave+1;
    end
    else begin
        if(triangular_wave==0)begin
            triangular_wave_sign <= 1;
        end
        else
            triangular_wave <= triangular_wave-1;
    end
end
```

4）锯齿波

```
always@(posedge clk_data)begin
```

```verilog
            if(sawtooth_wave==255)
                sawtooth_wave <= 0;
            else
                sawtooth_wave <= sawtooth_wave+1;
        end
```

(2) 切换开关设计

本实验需要产生 4 个函数信号波形，需要 4 个状态量，因此以 SW0 和 SW1 两个拨码开关作为切换开关。程序如下，其中变量 wave_type 记录两个拨码开关的状态，4 个状态分别对应 4 种不同的波形输出。

```verilog
    always@(*)begin
        case (wave_type)
            2'b00: data_gen <= triangular_wave;
            2'b01: data_gen <= square_wave;
            2'b10: data_gen <= sawtooth_wave;
            2'b11: data_gen <= sin_wave;
            default: data_gen <= triangular_wave;
        endcase
    end
```

(3) 频率调节按钮设计

本实验要求输出函数信号频率可调，利用开发板上的 BTNL、BTNR、BTNU 和 BTND 4 个按键调节输出信号的频率，要求每按一次按键开关，相应位的频率增加 1。

```verilog
    //key debounce
    wire key_t_debounce;
    wire key_h_debounce;
    wire key_d_debounce;
    wire key_u_debounce;
    debounce_0 u_debounce_key_t(
        .i(key_t),
        .clr(1'b0),
        .clk(clk100),
        .o(key_t_debounce)
    );
        reg[3:0]key_t_cnt;
        always@(posedge key_t_debounce)begin
            if(key_t_cnt>=4)
                key_t_cnt <= 0;
            else
                key_t_cnt <= key_t_cnt+1;
        end
    debounce_0 u_debounce_key_h(
        .i(key_h),
```

```
    .clr(1'b0),
    .clk(clk100),
    .o(key_h_debounce)
);
    reg[3:0]key_h_cnt;
    always@(posedge key_h_debounce)begin
        if(key_h_cnt>=9)
        key_h_cnt <= 0;
        else
        key_h_cnt <= key_h_cnt+1;
    end
debounce_0 u_debounce_key_d(
.i(key_d),
.clr(1'b0),
.clk(clk100),
.o(key_d_debounce)
);
    reg[3:0]key_d_cnt;
    always@(posedge key_d_debounce)begin
        if(key_d_cnt>=9)
        key_d_cnt <= 0;
        else
        key_d_cnt <= key_d_cnt+1;
    end
debounce_0 u_debounce_key_u(
.i(key_u),
.clr(1'b0),
.clk(clk100),
.o(key_u_debounce)
);
    reg[3:0]key_u_cnt;
    always@(posedge key_u_debounce)begin
        if(key_u_cnt>=9)
        key_u_cnt <= 0;
        else
        key_u_cnt <= key_u_cnt+1;
    end
```

这里调用的一个按键防抖子程序 debounce_0。这个程序的作用保证了每按一次开关按键，相应的数值只增加 1，避免在按键时由于抖动产生的误操作。相应的防抖代码如下所示：

```
module debounce(
    input clk,clr,
    input i,
```

```
        output o
    );
    reg[3:0] delay1;
    reg[3:0] delay2;
    reg[3:0] delay3;
    reg cclk;
    reg[5:0] cnt;
    always@(posedge clk )begin
        if(cnt >=19)begin
            cnt <= 0;
            cclk <= ~cclk;
        end
        else
            cnt <= cnt+1;
    end
    always@(posedge cclk or posedge clr)
     begin
      if(clr==1)
       begin
         delay1<=4'b0000;
         delay2<=4'b0000;
         delay3<=4'b0000;
       end
      else
       begin
         delay1<=i;
         delay2<=delay1;
         delay3<=delay2;
       end
     end
    assign o=delay1&delay2&delay3;
    endmodule
```

（4）数码管显示

4 位数码管工作原理和设计方法请参加本书第 4 章的内容。

（5）D/A 模块通信

本实验利用 XUP A7 板卡生成了 4 种不同的函数信号波形，但输出的是数字信号，要产生可用于示波器测量的模拟信号，需要外加 D/A 转换模块 Pmod-DA1。在 Xilinx 公司大学计划网站，可以查询 Pmod 模块的原理图、说明书和示例代码。

4. 实验流程

本实验采用基于添加源文件和 IP 的方式实现，所需的源文件和 IP 核在哈工大电工电子实验教学中心网站可以下载。

1）新建工程项目 Signal_Generator。

第 7 章 数字逻辑综合实验

2）将本实验所需要的源文件 waveform_gen 和 DA1RefComp 下载后，复制到本工程文件夹下。

3）将本实验所需要的 IP 目录 Signal_IP_Catalog 下载后，复制到本工程文件夹下。

4）在 Vivado 设计主界面分别添加以下 IP：debounce、seg7decimal、xadc、clock 和 divider generator。

在时钟 IP 核设置 clocking wizard 界面，将时钟 IP 的名字由 clk_wiz_0 修改为 clock，然后设置两路时钟输出 clk_out1 和 clk_out2，频率分别是 100MHz 和 50MHz，并勾选掉 reset 和 locked 选项。

除法器 IP 设置界面如图 7.3 所示，操作数符号 Operand Sign 选择无符号 Unsigned，被除数数据长度 Dividend Width 选择 32，除数数据长度 Divisor Width 选择 24，关于除法器 IP 的具体设置请单击 Documentation 选项查看说明文档。

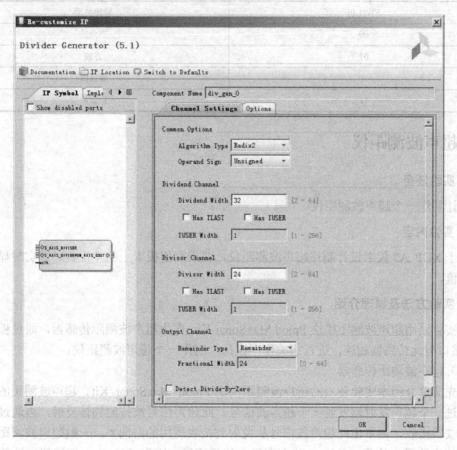

图 7.3 除法器 IP 设置界面

5）添加本工程项目所需的 Verilog 文件。
6）添加引脚约束文件。
7）运行综合、实现和生成编译文件。
8）下载 bit 文件到开发板。

9）进行板级验证，首先将 Pmod-DA1 模块添加到开发板 JC 端口，然后将示波器的测试端与 Pmod-DA1 模块的引脚 A1 和 GND 相连。如表 7.1 和表 7.2 所示，通过开发板的上下左右键进行频率调节，以及低两位的开关选择输出波形类型，利用示波器观察输出波形。

表 7.1 频率调节按键对应表

按键	功能
BTNL	频率千位调节
BTNU	频率百位调节
BTNR	频率十位调节
BTND	频率个位调节

表 7.2 波形选择表

SW[1:0]	输出波形
00	三角波
01	方波
10	锯齿波
11	正弦波

7.5 超声波测距仪

1. 实验任务

设计制作一个超声波测距仪。

2. 实验内容

基于 XUP A7 板卡设计制作超声波测距仪，要求利用板卡上的 4 位数码管实时显示所测的距离值。

3. 实验方法及原理介绍

本实验采用超声波测距模块 Pmod MaxSonar Kit 作为超声波测距传感器，通过板卡上的 Pmod 接口与此传感器相连，进行相关程序设计，制作一个超声波测距仪。

（1）超声波测距传感器

首先简单介绍本实验使用的超声波测距模块 Pmod MaxSonar Kit。超声波测距的原理主要是通过一个超声发射器发射一个超声波信号，此超声信号被待测物体反射，再通过一个超声波接收器接收，测量出此超声波信号从发射到接收所用的时间 τ。一般超声波测距传感器发射的超声波频率约为 40kHz，其在空气中传播速度 v 约为 340m/s，知道超声波的传播速度和传播时间，通过简单的计算就可以获得待测物体的距离，相应的计算如式（7-1）所示。

$$l = v \times \tau / 2 \tag{7-1}$$

式中，l 为待测距离，因为所测的超声波传播时间是超声波信号从发射器发射到待测物体再返回到接收器的时间，所以测量结果要除以 2。

本实验用到的超声波测距模块集成超声波发射与接收装置，并通过模块上集成芯片进行处理，可以直接输出超声波测距信息。测距信息输出方式有三种，即模拟电压输出、脉宽输出和串口输出。下面对这三种输出方式进行介绍。

1）模拟电压输出

Pmod MaxSonar Kit 模块通过一个模拟输出端口把所测量的测距信息输出到主控制器，输出端口为引脚 AN。输出分辨率为 $(V_{cc}/512)$，即模块的供电电源为 5V 时，输出分辨率约为 9.8mV/in；当此模块的供电电源为 3.3V 时，输出分辨率约为 6.4mV/in。因此可以通过测量该模拟输出端口的电压值计算获得相应的测量距离。

2）串口输出

Pmod MaxSonar Kit 模块可以通过串口输出测量信号，输出端口为引脚 TX，串口协议设置：波特率 9600，8 位，无奇偶校验，一位停止位。

3）脉冲输出

Pmod MaxSonar Kit 模块通过输出一个矩形脉冲信号输出测量信息，此脉冲的宽度代表测量信息，分辨率为 147μS/in，通过测量此脉冲宽度 τ 获得测量距离。即测量距离 $l = \tau /147$ in。

此超声波测距模块测量信息输出频率为每 50ms 发出一次测量信息，供电电压范围为 2.5～5.5V，测量距离为 6～254in，当测量物体距离小于 6 英寸时，输出信息为 6 英寸，测量精度为 1 英寸。

Pmod MaxSonar Kit 超声波测量模块共有 6 个引脚，除了前面介绍的模拟电压输出引脚 AN、串口输出引脚 TX、脉冲输出引脚 PW 之外，还有三个引脚，分别为供电电源引脚 V_{cc}、GND 和控制引脚 RX。这里需要注意的是只有当引脚 RX 为高电平或悬空时，此模块才正常工作，即进行距离测量和测量信息输出。

（2）程序设计

下面对本实验的程序设计进行介绍。

1）显示程序

本实验使用板卡上的 4 位数码管，相应程序代码如下所示：

```
module seg7_show(
input [15:0] x,
input clk,
input clr,
output reg [6:0] a_to_g,
output reg [3:0] an,
output wire dp
);
wire [1:0] s;
reg [3:0] digit;
wire [3:0] aen;
reg [19:0] clkdiv;
assign dp = 1;
```

```verilog
assign s = clkdiv[19:18];
assign aen = 4'b1111; // all turned off initially
    always @(posedge clk)// or posedge clr)
    case(s)
      0:digit = x[3:0]; // s is 00 -->0 ;   digit gets assigned 4 bit value assigned to x[3:0]
      1:digit = x[7:4]; // s is 01 -->1 ;   digit gets assigned 4 bit value assigned to x[7:4]
      2:digit = x[11:8]; // s is 10 -->2 ;  digit gets assigned 4 bit value assigned to x[11:8]
      3:digit = x[15:12]; // s is 11 -->3 ; digit gets assigned 4 bit value assigned to x[15:12]
      default:digit = x[3:0];
    endcase
    //decoder or truth-table for 7a_to_g display values
    always @(*)
        case(digit)
            0:a_to_g = 7'b1000000;         //0000
            1:a_to_g = 7'b1111001;         //0001
            2:a_to_g = 7'b0100100;         //0010
            3:a_to_g = 7'b0110000;         //0011
            4:a_to_g = 7'b0011001;         //0100
            5:a_to_g = 7'b0010010;         //0101
            6:a_to_g = 7'b0000010;         //0110
            7:a_to_g = 7'b1111000;         //0111
            8:a_to_g = 7'b0000000;         //1000
            9:a_to_g = 7'b0010000;         //1001
            'hA:a_to_g = 7'b0001000;
            'hB:a_to_g = 7'b0000011;       // dash-(g)
            'hC:a_to_g = 7'b1000110;       // all turned off
            'hD:a_to_g = 7'b0100001;
            'hE:a_to_g = 7'b0000110;       // dash-(g)
            'hF:a_to_g = 7'b0001110;       // all turned off
            default: a_to_g = 7'b0000000;
        endcase
    always @(*)begin
        an=4'b1111;
        if(aen[s] == 1)
            an[s] = 0;
    end
//clkdiv
    always @(posedge clk or posedge clr) begin
        if ( clr == 1)
            clkdiv <= 0;
        else
            clkdiv <= clkdiv+1;
    end
endmodule
```

2）主程序

超声波测距主程序如下所示：

```verilog
module ultr_rang(
    input clk,
    input pwm_in,
    output   [6:0] seg,
    output   [3:0] an,
    output wire dp
    );
    reg pwm_state;
    reg [23:0] pwm_count,pwm_time;
    reg [3:0] m_cnt,dm_cnt,cm_cnt,mm_cnt;
    reg [8:0] num;
    reg clk1;
    initial begin
        pwm_count<=0;
        pwm_time<=0;
    end
    always @(posedge clk) begin
        if (num<99)
            num=num+1;
        else
            num=0;
    end
    always @(posedge clk) begin
        if(num==99)
            clk1=1;
        else
            clk1=0;
    end
    always @(posedge clk) begin
        if(pwm_in)
            pwm_state=1;
        else
            pwm_state=0;
    end
    always @(posedge clk1) begin
        if (pwm_state)
            pwm_count=pwm_count+1;
        else
            pwm_count=0;
    end
    always @(negedge pwm_state) begin
        pwm_time=pwm_count;
```

```
                    pwm_time=pwm_time*254/1470;    //单位毫米
                    mm_cnt=pwm_time%10;            //个位
                    pwm_time=pwm_time/10;
                    cm_cnt=pwm_time%10;            //十位
                    pwm_time=pwm_time/10;
                    dm_cnt=pwm_time%10;            //百位
                    pwm_time=pwm_time/10;
                    m_cnt=pwm_time%10;             //千位
                end
                //segment display
                seg7_show u_seg(
                . x({m_cnt,dm_cnt,cm_cnt,mm_cnt}),
                .clk(clk),
                .clr(1'b0),
                .a_to_g(seg),
                .an(an),
                .dp (dp)
                );
            endmodule
```

3) 约束程序

```
                #main clock 100MHz
                set_property PACKAGE_PIN W5 [get_ports clk]
                set_property IOSTANDARD LVCMOS33 [get_ports clk]
                #PWM_in
                set_property PACKAGE_PIN B16 [get_ports pwm_in]
                set_property IOSTANDARD LVCMOS33 [get_ports pwm_in]
                #7 segment display
                set_property PACKAGE_PIN W7 [get_ports {seg[0]}]
                set_property IOSTANDARD LVCMOS33 [get_ports {seg[0]}]
                set_property PACKAGE_PIN W6 [get_ports {seg[1]}]
                set_property IOSTANDARD LVCMOS33 [get_ports {seg[1]}]
                set_property PACKAGE_PIN U8 [get_ports {seg[2]}]
                set_property IOSTANDARD LVCMOS33 [get_ports {seg[2]}]
                set_property PACKAGE_PIN V8 [get_ports {seg[3]}]
                set_property IOSTANDARD LVCMOS33 [get_ports {seg[3]}]
                set_property PACKAGE_PIN U5 [get_ports {seg[4]}]
                set_property IOSTANDARD LVCMOS33 [get_ports {seg[4]}]
                set_property PACKAGE_PIN V5 [get_ports {seg[5]}]
                set_property IOSTANDARD LVCMOS33 [get_ports {seg[5]}]
                set_property PACKAGE_PIN U7 [get_ports {seg[6]}]
                set_property IOSTANDARD LVCMOS33 [get_ports {seg[6]}]
                set_property PACKAGE_PIN V7 [get_ports dp]
                set_property IOSTANDARD LVCMOS33 [get_ports dp]
                set_property PACKAGE_PIN U2 [get_ports {an[0]}]
```

```
set_property IOSTANDARD LVCMOS33 [get_ports {an[0]}]
set_property PACKAGE_PIN U4 [get_ports {an[1]}]
set_property IOSTANDARD LVCMOS33 [get_ports {an[1]}]
set_property PACKAGE_PIN V4 [get_ports {an[2]}]
set_property IOSTANDARD LVCMOS33 [get_ports {an[2]}]
set_property PACKAGE_PIN W4 [get_ports {an[3]}]
set_property IOSTANDARD LVCMOS33 [get_ports {an[3]}]
```

（3）连接方式

实验操作时，将超声波测距模块与板卡的 Pmod 接口 JB 引脚 1～6 相连。注意供电电源引脚，以免损坏相应的实验设备。

7.6 手机电池保护板

1. 实验任务

设计制作一个手机电池保护板。

2. 实验内容

利用 XUP A7 板卡设计制作一个手机电池保护板。要求利用开发板上的 4 位数码管显示电池电压及电流信息，并在出现过压、欠压、过流时利用板上 LED 进行点亮警示。

3. 实验方法与原理

对于一个完整的手机电池保护板，主要包括电池信息显示及各类警示保护等功能。本实验内容只需要完成几项主要功能，即电池电压、电流显示及电池过压、欠压、过流警示功能。

板卡有 4 个 AD 差分输入接口，本次实验用到其中的两个差分输入接口：JXADC1 和 JXADC3。根据板上芯片的特点，设置这两个差分输入端口测量范围为 0～1V。对于手机电池而言，电池电压范围一般在 2.7～4.2V 之间，所以在进行电池电压测量时，需要在电池与差分 AD 输入接口之间桥接一个电压转换电路。对于电池电流测量，一般通过电流电压转换电路把电流信号转换成可测电压信号，再利用板卡上差分 AD 输入接口测量该电压信号，然后通过计算获得电池电流信息。下面介绍本实验的设计制作过程。

（1）电池电压电流转换器

测量电池电压时，需要把电池电压转换至板卡差分 AD 输入端口可测量范围内，此转换电路可以利用比例运算电路实现，当然，对于一些要求比较特殊的场合，可能需要输入与输出隔离，可以采用磁隔离或光隔离，具体的实验方法可以在一些文献中查阅到，本实验使用一个比例运算电路，对电池电压进行等比例的降压，从而让其达到差分 AD 输入端口可直接测量的范围。比例跟随运算电路如图 7.4 所示。

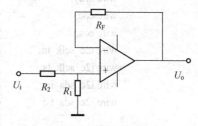

图 7.4 比例跟随运算电路

此比例运算电路的输入电压 U_i 和输出 U_o 的关系如式（7-2）所示：

$$U_o = \frac{R_1}{R_1 + R_2} U_i \qquad (7-2)$$

根据实际电路的特点，设置 R_1 和 R_2 的值，使得输出 U_o 可以利用差分 AD 输入端口直接测量，再通过计算获得电池实际电压值。

对于电流电压转换器，可以使用分流器或电流电压转换模块来实现，若转换后的电压不能满足差分 AD 输入接口要求，同样可以桥接一个比例跟随运算电路进行电压的转换，让其可以被差分 AD 输入端口实际测量，再通过计算获得电池的实际电流值。

（2）手机电池保护板程序设计

1）数码管显示程序

数码管的原理和设计方法请参见第 4 章内容，这里不再赘述。

2）AD 转换程序

差分 AD 转换程序如下所示：

```
module ug480 (
    input DCLK,              // Clock input for DRP
    input RESET,
    input [3:0] VAUXP, VAUXN,  // Auxiliary analog channel inputs
    input VP, VN,            // Dedicated and Hardwired Analog Input Pair

    output reg [15:0] MEASURED_TEMP, MEASURED_VCCINT,
    output reg [15:0] MEASURED_VCCAUX, MEASURED_VCCBRAM,
    output reg [15:0] MEASURED_AUX0, MEASURED_AUX1,
    output reg [15:0] MEASURED_AUX2, MEASURED_AUX3,
    output wire [7:0] ALM,
    output wire [4:0]   CHANNEL,
    output wire         OT,
    output wire         EOC,
    output wire         EOS
);
    wire busy;
    wire [5:0] channel;
    wire drdy;
    wire eoc;
    wire eos;
    wire i2c_sclk_in;
    wire i2c_sclk_ts;
    wire i2c_sda_in;
    wire i2c_sda_ts;

    reg [6:0] daddr;
    reg [15:0] di_drp;
    wire [15:0] do_drp;
```

```verilog
wire [15:0] vauxp_active;
wire [15:0] vauxn_active;
wire dclk_bufg;
reg [1:0]   den_reg;
reg [1:0]   dwe_reg;
reg [7:0]   state = init_read;
            parameter init_read    = 8'h00,
                      read_waitdrdy = 8'h01,
                      write_waitdrdy = 8'h03,
                      read_reg00 = 8'h04,
                      reg00_waitdrdy = 8'h05,
                      read_reg01 = 8'h06,
                      reg01_waitdrdy = 8'h07,
                      read_reg02 = 8'h08,
                      reg02_waitdrdy = 8'h09,
                      read_reg06 = 8'h0a,
                      reg06_waitdrdy = 8'h0b,
                      read_reg10 = 8'h0c,
                      reg10_waitdrdy = 8'h0d,
                      read_reg11 = 8'h0e,
                      reg11_waitdrdy = 8'h0f,
                      read_reg12 = 8'h10,
                      reg12_waitdrdy = 8'h11,
                      read_reg13 = 8'h12,
                      reg13_waitdrdy = 8'h13;
BUFG i_bufg (.I(DCLK), .O(dclk_bufg));
always @(posedge dclk_bufg)
    if (RESET) begin
        state <= init_read;
        den_reg <= 2'h0;
        dwe_reg <= 2'h0;
        di_drp <= 16'h0000;
    end
    else
        case (state)
        init_read : begin
            daddr <= 7'h40;
            den_reg <= 2'h2;            // performing read
            if (busy == 0 ) state <= read_waitdrdy;
        end
        read_waitdrdy :
            if (eos ==1)      begin
                di_drp <= do_drp    & 16'h03_FF;   //Clearing AVG bits for Configreg0
                daddr <= 7'h40;
                den_reg <= 2'h2;
```

```
            dwe_reg <= 2'h2;    // performing write
            state <= write_waitdrdy;
        end
    else begin
        den_reg <= { 1'b0, den_reg[1] } ;
        dwe_reg <= { 1'b0, dwe_reg[1] } ;
        state <= state;
    end
write_waitdrdy :
    if (drdy ==1) begin
        state <= read_reg00;
        end
    else begin
        den_reg <= { 1'b0, den_reg[1] } ;
        dwe_reg <= { 1'b0, dwe_reg[1] } ;
        state <= state;
    end
read_reg00 : begin
    daddr <= 7'h00;
    den_reg <= 2'h2;     // performing read
    if (eos == 1)    state <=reg00_waitdrdy;
    end
reg00_waitdrdy :
    if (drdy ==1)        begin
        MEASURED_TEMP <= do_drp;
        state <=read_reg01;
        end
    else begin
        den_reg <= { 1'b0, den_reg[1] } ;
        dwe_reg <= { 1'b0, dwe_reg[1] } ;
        state <= state;
    end
read_reg01 : begin
    daddr <= 7'h01;
    den_reg <= 2'h2;     // performing read
    state <=reg01_waitdrdy;
    end
 reg01_waitdrdy :
    if (drdy ==1)        begin
        MEASURED_VCCINT = do_drp;
        state <=read_reg02;
        end
    else begin
        den_reg <= { 1'b0, den_reg[1] } ;
        dwe_reg <= { 1'b0, dwe_reg[1] } ;
```

第 7 章 数字逻辑综合实验

```
            state <= state;
        end
    read_reg02 : begin
        daddr <= 7'h02;
        den_reg <= 2'h2;        // performing read
        state <=reg02_waitdrdy;
        end
    reg02_waitdrdy :
        if (drdy ==1)      begin
            MEASURED_VCCAUX<=do_drp;
            state <=read_reg06;
            end
        else begin
            den_reg <= { 1'b0, den_reg[1] } ;
            dwe_reg <= { 1'b0, dwe_reg[1] } ;
            state <= state;
        end
    read_reg06 : begin
        daddr <= 7'h06;
        den_reg <= 2'h2;        // performing read
        state <=reg06_waitdrdy;
        end
    reg06_waitdrdy :
        if (drdy ==1)      begin
            MEASURED_VCCBRAM <= do_drp;
            state <= read_reg10;
            end
        else begin
            den_reg <= { 1'b0, den_reg[1] } ;
            dwe_reg <= { 1'b0, dwe_reg[1] } ;
            state <= state;
        end
    read_reg10 : begin
        daddr <= 7'h14;
        den_reg <= 2'h2;        // performing read
        state <= reg10_waitdrdy;
        end
    reg10_waitdrdy :
        if (drdy ==1)      begin
            MEASURED_AUX0 <= do_drp;
            state <= read_reg11;
            end
        else begin
            den_reg <= { 1'b0, den_reg[1] } ;
            dwe_reg <= { 1'b0, dwe_reg[1] } ;
```

```verilog
                    state <= state;
                end
            read_reg11 : begin
                daddr <= 7'h15;
                den_reg <= 2'h2;      // performing read
                state <= reg11_waitdrdy;
            end
            reg11_waitdrdy :
                if (drdy ==1)         begin
                    MEASURED_AUX1 <= do_drp;
                    state <= read_reg12;
                end
                else begin
                    den_reg <= { 1'b0, den_reg[1] } ;
                    dwe_reg <= { 1'b0, dwe_reg[1] } ;
                    state <= state;
                end
            read_reg12 : begin
                daddr <= 7'h16;
                den_reg <= 2'h2;      // performing read
                state <= reg12_waitdrdy;
            end
            reg12_waitdrdy :
                if (drdy ==1)         begin
                    MEASURED_AUX2 <= do_drp;
                    state <= read_reg13;
                end
                else begin
                    den_reg <= { 1'b0, den_reg[1] } ;
                    dwe_reg <= { 1'b0, dwe_reg[1] } ;
                    state <= state;
                end
            read_reg13 : begin
                daddr <= 7'h17;
                den_reg <= 2'h2;      // performing read
                state <= reg13_waitdrdy;
            end
            reg13_waitdrdy :
                if (drdy ==1)         begin
                    MEASURED_AUX3 <= do_drp;
                    state <=read_reg00;
                    daddr <= 7'h00;
                end
                else begin
                    den_reg <= { 1'b0, den_reg[1] } ;
```

第7章 数字逻辑综合实验

```verilog
            dwe_reg <= { 1'b0, dwe_reg[1] } ;
            state <= state;
        end
     default : begin
        daddr <= 7'h40;
        den_reg <= 2'h2;        // performing read
        state <= init_read;
     end
   endcase

XADC #(           // Initializing the XADC Control Registers
    .INIT_40(16'h9000),    // averaging of 16 selected for external channels
    .INIT_41(16'h2ef0),    // Continuous Seq Mode, Disable unused ALMs, Enable calibration
    .INIT_42(16'h0400),    // Set DCLK divides
    .INIT_48(16'h4701),    // CHSEL1 - enable Temp VCCINT, VCCAUX, VCCBRAM, and calibration
    .INIT_49(16'h00f0),    // CHSEL2 - enable aux analog channels 0 - 3
    .INIT_4A(16'h0000),    // SEQAVG1 disabled
    .INIT_4B(16'h0000),    // SEQAVG2 disabled
    .INIT_4C(16'h0000),    // SEQINMODE0
    .INIT_4D(16'h0000),    // SEQINMODE1
    .INIT_4E(16'h0000),    // SEQACQ0
    .INIT_4F(16'h0000),    // SEQACQ1
    .INIT_50(16'hb5ed),    // Temp upper alarm trigger- see Thermal Management
    .INIT_51(16'h5999),    // Vccint upper alarm limit 1.05V
    .INIT_52(16'hA147),    // Vccaux upper alarm limit 1.89V
    .INIT_53(16'hddddd),   // OT upper alarm limit - see Thermal Management
    .INIT_54(16'ha93a),    // Temp lower alarm reset- see Thermal Management
    .INIT_55(16'h5111),    // Vccint lower alarm limit 0.95V
    .INIT_56(16'h91Eb),    // Vccaux lower alarm limit 1.71V
    .INIT_57(16'hae4e),    // OT lower alarm reset- see Thermal Management
    .INIT_58(16'h5999),    // VCCBRAM upper alarm limit 1.05V
    .SIM_MONITOR_FILE("design.txt"))// Analog Stimulus file for simulation
)
XADC_INST ( // Connect up instance IO. See UG480 for port descriptions
    .CONVST (1'b0),    // not used
    .CONVSTCLK (1'b0),    // not used
    .DADDR (daddr),
    .DCLK (dclk_bufg),
    .DEN (den_reg[0]),
    .DI (di_drp),
    .DWE (dwe_reg[0]),
    .RESET (RESET),
    .VAUXN (vauxn_active ),
    .VAUXP (vauxp_active ),
    .ALM (ALM),
```

```
        .BUSY (busy),
        .CHANNEL (CHANNEL),
        .DO (do_drp),
        .DRDY (drdy),
        .EOC (eoc),
        .EOS (eos),
        .JTAGBUSY (),          // not used
        .JTAGLOCKED (),        // not used
        .JTAGMODIFIED (),      // not used
        .OT (OT),
        .MUXADDR (),           // not used
        .VP (VP),
        .VN (VN)
    );
    assign vauxp_active = {8'h00, VAUXP[3:0],4'b0000};
    assign vauxn_active = {8'h00, VAUXN[3:0],4'b0000};
    assign EOC = eoc;
    assign EOS = eos;
endmodule
```

3）主程序

主程序如下所示：

```
module xadc_top(
    input clk100, RESET,
    output [15:0] temp,
    output [11:0] seg,
    input[2:0] sw,
    input  A_VAUXP,A_VAUXN,B_VAUXP,B_VAUXN//A_VAUX is from   JXADC3,B_VAUX is from   JXADC1
    );
    wire DCLK;
    wire[15:0]MEASURED_TEMP,MEASURED_VCCINT,MEASURED_VCCAUX,MEASURED_VCCBRAM,MEASURED_AUX_A,MEASURED_AUX_B;
    wire[15:0]MEASURED_AUX;
    reg [3:0] led_show;
    reg [15:0] ADC_out;
    initial led_show<=4'b0001;
        always @(posedge clk100) begin
            ADC_out=MEASURED_AUX;
            if (sw[0]==1) begin
                if (ADC_out>(4096/5*4))
                    led_show=4'b1000;
                else if(ADC_out<(4096/5))
                    led_show=4'b0100;
```

第7章 数字逻辑综合实验

```verilog
                else
                    led_show=led_show&4'b0001;
            end
            else
                if(ADC_out>(4096/5))
                    led_show=4'b0010;
                else
                    led_show=4'b0001;
    end
    clk_wiz_0 u_clk(
        .clk_in1(clk100),
        .clk_out1(DCLK)
    );

    ug480 u_xadc(
        .DCLK(DCLK),
        .RESET(RESET),
        .VAUXP({A_VAUXP,B_VAUXP,2'b00}),
        .VAUXN({A_VAUXN,B_VAUXN,2'b00}),   // Auxiliary analog channel inputs
        .VP(),
        .VN(),// Dedicated and Hardwired Analog Input Pair
        .MEASURED_TEMP(MEASURED_TEMP),
        .MEASURED_VCCINT(MEASURED_VCCINT),
        .MEASURED_VCCAUX(MEASURED_VCCAUX),
        .MEASURED_VCCBRAM(MEASURED_VCCBRAM),
        .MEASURED_AUX0(),
        .MEASURED_AUX1(),
        .MEASURED_AUX2(MEASURED_AUX_B),
        .MEASURED_AUX3(MEASURED_AUX_A),
        .ALM(),
        .CHANNEL(),
        .OT(),
        .EOC(),
        .EOS()
    );
    wire[3:0] Units,decimal1,decimal2,decimal3;
    assign Units = MEASURED_AUX[15:4]/4096;
    assign decimal1 = MEASURED_AUX[15:4]*10/4096;
    assign decimal2 = (MEASURED_AUX[15:4]*10 - (MEASURED_AUX[15:4]*10/4096*4096))*10/4096;

    assign decimal3 = (MEASURED_AUX[15:4]*100 - (MEASURED_AUX[15:4]*10/4096)*4096*10 - ( (MEASURED_AUX[15:4]*10 - (MEASURED_AUX[15:4]*10/4096*4096))*10/4096)*4096)*10/4096;

    //segment display
    smg_disp u_seg_disp(
```

```
        .clk50mhz(DCLK),
        .keycount({Units,decimal1,decimal2,decimal3}),
        .ledouta(seg)
    );
    assign MEASURED_AUX = sw[0]==1? MEASURED_AUX_A:MEASURED_AUX_B;
    assign temp[3:0]= led_show;
endmodule
```

4) 约束文件

```
set_property PACKAGE_PIN L1 [get_ports {temp[15]}]
set_property PACKAGE_PIN P1 [get_ports {temp[14]}]
set_property PACKAGE_PIN N3 [get_ports {temp[13]}]
set_property PACKAGE_PIN P3 [get_ports {temp[12]}]
set_property PACKAGE_PIN U3 [get_ports {temp[11]}]
set_property PACKAGE_PIN W3 [get_ports {temp[10]}]
set_property PACKAGE_PIN V3 [get_ports {temp[9]}]
set_property PACKAGE_PIN V13 [get_ports {temp[8]}]
set_property PACKAGE_PIN V14 [get_ports {temp[7]}]
set_property PACKAGE_PIN U14 [get_ports {temp[6]}]
set_property PACKAGE_PIN U15 [get_ports {temp[5]}]
set_property PACKAGE_PIN W18 [get_ports {temp[4]}]
set_property PACKAGE_PIN V19 [get_ports {temp[3]}]
set_property PACKAGE_PIN U19 [get_ports {temp[2]}]
set_property PACKAGE_PIN E19 [get_ports {temp[1]}]
set_property PACKAGE_PIN U16 [get_ports {temp[0]}]
set_property IOSTANDARD LVCMOS33 [get_ports {temp[15]}]
set_property IOSTANDARD LVCMOS33 [get_ports {temp[14]}]
set_property IOSTANDARD LVCMOS33 [get_ports {temp[13]}]
set_property IOSTANDARD LVCMOS33 [get_ports {temp[12]}]
set_property IOSTANDARD LVCMOS33 [get_ports {temp[11]}]
set_property IOSTANDARD LVCMOS33 [get_ports {temp[10]}]
set_property IOSTANDARD LVCMOS33 [get_ports {temp[9]}]
set_property IOSTANDARD LVCMOS33 [get_ports {temp[8]}]
set_property IOSTANDARD LVCMOS33 [get_ports {temp[7]}]
set_property IOSTANDARD LVCMOS33 [get_ports {temp[6]}]
set_property IOSTANDARD LVCMOS33 [get_ports {temp[5]}]
set_property IOSTANDARD LVCMOS33 [get_ports {temp[4]}]
set_property IOSTANDARD LVCMOS33 [get_ports {temp[3]}]
set_property IOSTANDARD LVCMOS33 [get_ports {temp[2]}]
set_property IOSTANDARD LVCMOS33 [get_ports {temp[1]}]
set_property IOSTANDARD LVCMOS33 [get_ports {temp[0]}]
set_property PACKAGE_PIN W5 [get_ports clk100]
set_property IOSTANDARD LVCMOS33 [get_ports clk100]
set_property PACKAGE_PIN T18 [get_ports RESET]
set_property IOSTANDARD LVCMOS33 [get_ports RESET]
```

```
set_property PACKAGE_PIN W16 [get_ports {sw[2]}]
set_property PACKAGE_PIN V16 [get_ports {sw[1]}]
set_property PACKAGE_PIN V17 [get_ports {sw[0]}]
set_property IOSTANDARD LVCMOS33 [get_ports {sw[2]}]
set_property IOSTANDARD LVCMOS33 [get_ports {sw[1]}]
set_property IOSTANDARD LVCMOS33 [get_ports {sw[0]}]
set_property PACKAGE_PIN M2 [get_ports A_VAUXP]
set_property PACKAGE_PIN J3 [get_ports B_VAUXP]
set_property PACKAGE_PIN M1 [get_ports A_VAUXN]
set_property PACKAGE_PIN K3 [get_ports B_VAUXN]
set_property IOSTANDARD LVCMOS33 [get_ports A_VAUXP]
set_property IOSTANDARD LVCMOS33 [get_ports B_VAUXP]
set_property IOSTANDARD LVCMOS33 [get_ports A_VAUXN]
set_property IOSTANDARD LVCMOS33 [get_ports B_VAUXN]
#7 segment display
set_property PACKAGE_PIN W7 [get_ports {seg[7]}]
set_property IOSTANDARD LVCMOS33 [get_ports {seg[7]}]
set_property PACKAGE_PIN W6 [get_ports {seg[6]}]
set_property IOSTANDARD LVCMOS33 [get_ports {seg[6]}]
set_property PACKAGE_PIN U8 [get_ports {seg[5]}]
set_property IOSTANDARD LVCMOS33 [get_ports {seg[5]}]
set_property PACKAGE_PIN V8 [get_ports {seg[4]}]
set_property IOSTANDARD LVCMOS33 [get_ports {seg[4]}]
set_property PACKAGE_PIN U5 [get_ports {seg[3]}]
set_property IOSTANDARD LVCMOS33 [get_ports {seg[3]}]
set_property PACKAGE_PIN V5 [get_ports {seg[2]}]
set_property IOSTANDARD LVCMOS33 [get_ports {seg[2]}]
set_property PACKAGE_PIN U7 [get_ports {seg[1]}]
set_property IOSTANDARD LVCMOS33 [get_ports {seg[1]}]
set_property PACKAGE_PIN V7 [get_ports {seg[0]}]
set_property IOSTANDARD LVCMOS33 [get_ports {seg[0]}]
set_property PACKAGE_PIN U2 [get_ports {seg[8]}]
set_property IOSTANDARD LVCMOS33 [get_ports {seg[8]}]
set_property PACKAGE_PIN U4 [get_ports {seg[9]}]
set_property IOSTANDARD LVCMOS33 [get_ports {seg[9]}]
set_property PACKAGE_PIN V4 [get_ports {seg[10]}]
set_property IOSTANDARD LVCMOS33 [get_ports {seg[10]}]
set_property PACKAGE_PIN W4 [get_ports {seg[11]}]
set_property IOSTANDARD LVCMOS33 [get_ports {seg[11]}]
```

4. 实验流程

1）新建工程项目，注意选择正确的 FPGA 芯片。

2）将前述三个源文件添加到此工程下。

3）添加时钟 IP 核，在时钟 IP 核设置 clocking wizard 界面，将 clk_out1 设置成 50MHz

输出,并取消选择 reset 及 locked 复选框。

4)添加约束文件。

5)进行综合、实现,生成编译文件。

6)下载 bit 文件到开发板,进行板级验证。

在进行硬件电路连接时,注意以下几点。

1)差分 AD 转换输入接口采用的是 XADC1 和 XADC3,对应电路图中 JXADC 接口中的 1、7、3、9 号引脚。引脚 7、9 为差分 AD 转换输入接口的低电平输入端,把这两引脚与地相连。

2)通过一个开关 SW0 来实现两个差分 AD 输入接口的电压采集切换,当 SW0 接地时,采集的是 XADC1 接口的值,即 JXADC 接口的引脚 1、7 的差分输入电压,当 SW0 为高电平时,差分 AD 输入端口采集的是 JXADC 接口的引脚 3、9 的差分输入电压。

3)本实验中两个差分 AD 转换输入端口采集电压范围是 0~1V,必须把相应的输入电压转换到此范围之内,再连接硬件电路。

附录 A Basys3 电路图

1. PMOD，I/O 部分电路

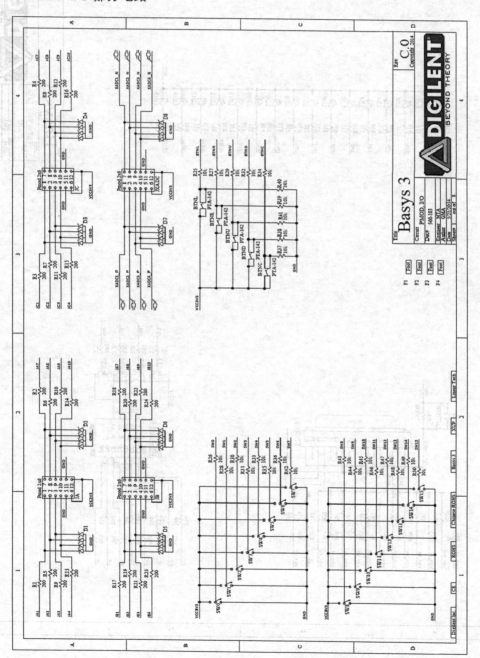

2. 7段数码管、VGA 和 LED 指示灯电路

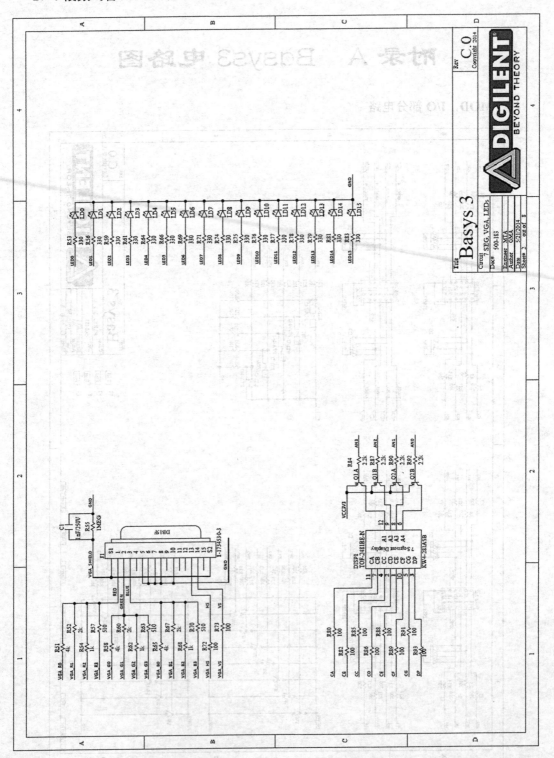

3. USB HID 电路

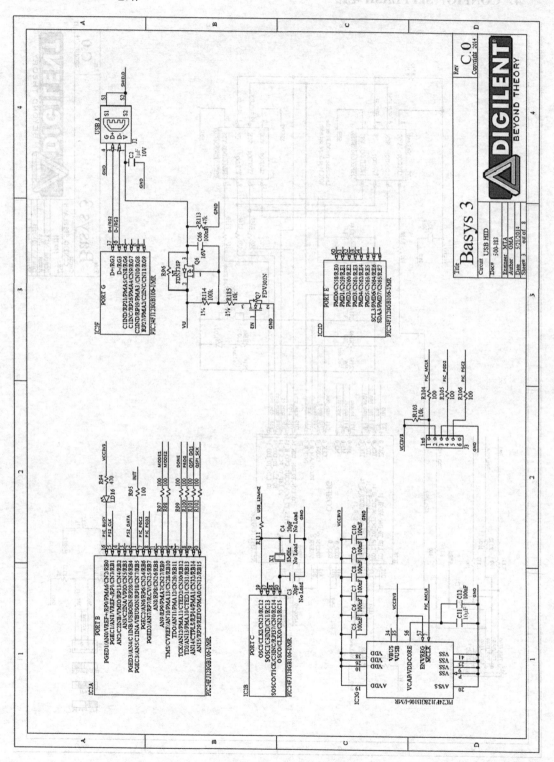

4. CONFIG,SPI FLASH 电路

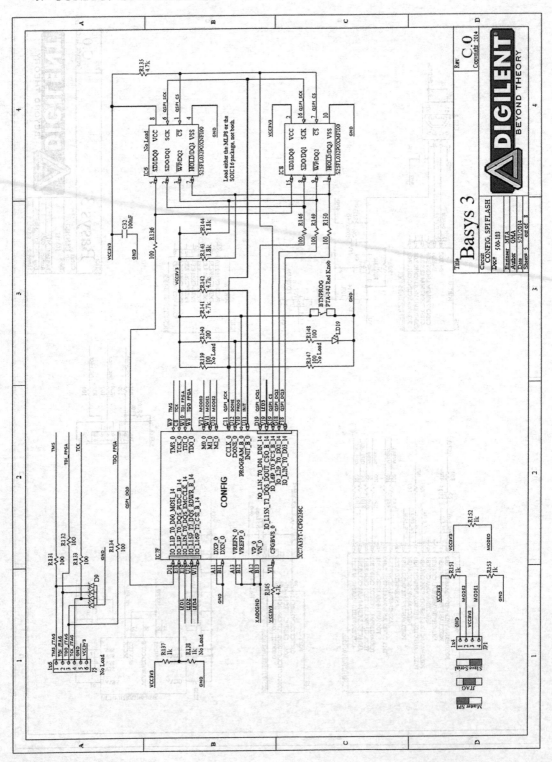

5. FPGA 块电路

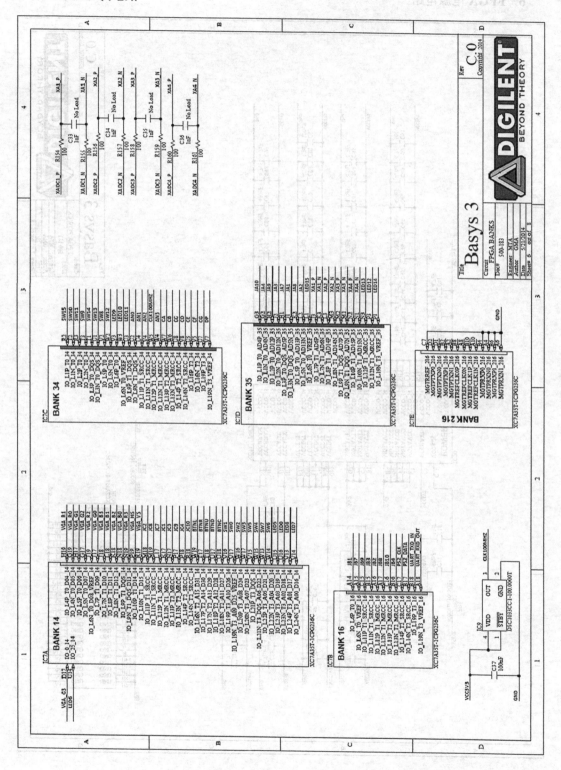

6. FPGA 电源电路

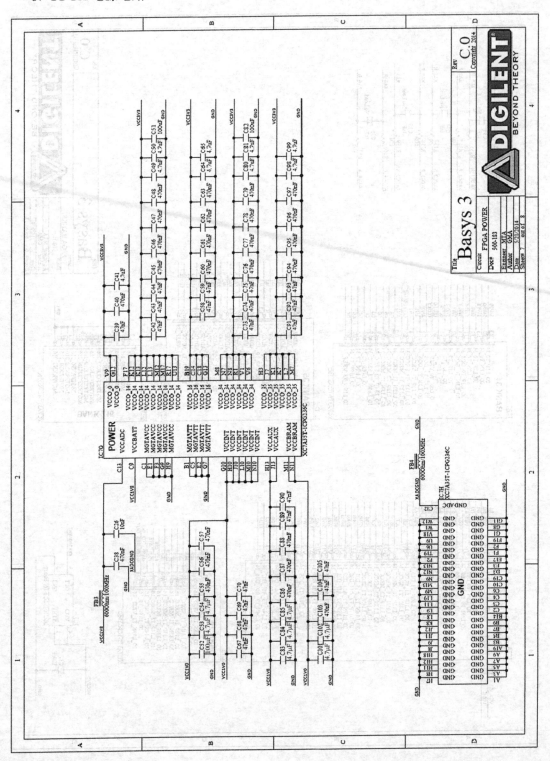

附录 A Basys3 电路图

7. Basys3 电源电路

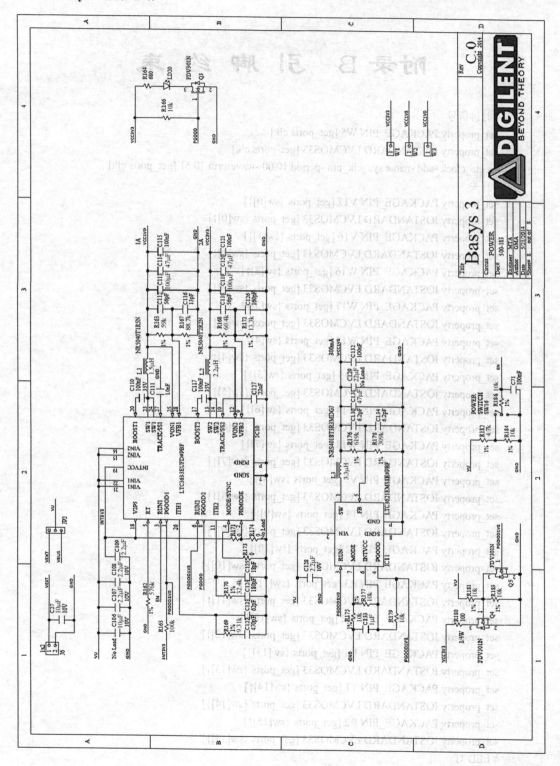

附录 B 引 脚 约 束

#时钟信号
set_property PACKAGE_PIN W5 [get_ports clk]
set_property IOSTANDARD LVCMOS33 [get_ports clk]
create_clock -add -name sys_clk_pin -period 10.00 -waveform {0 5} [get_ports clk]
#开关
set_property PACKAGE_PIN V17 [get_ports {sw[0]}]
set_property IOSTANDARD LVCMOS33 [get_ports {sw[0]}]
set_property PACKAGE_PIN V16 [get_ports {sw[1]}]
set_property IOSTANDARD LVCMOS33 [get_ports {sw[1]}]
set_property PACKAGE_PIN W16 [get_ports {sw[2]}]
set_property IOSTANDARD LVCMOS33 [get_ports {sw[2]}]
set_property PACKAGE_PIN W17 [get_ports {sw[3]}]
set_property IOSTANDARD LVCMOS33 [get_ports {sw[3]}]
set_property PACKAGE_PIN W15 [get_ports {sw[4]}]
set_property IOSTANDARD LVCMOS33 [get_ports {sw[4]}]
set_property PACKAGE_PIN V15 [get_ports {sw[5]}]
set_property IOSTANDARD LVCMOS33 [get_ports {sw[5]}]
set_property PACKAGE_PIN W14 [get_ports {sw[6]}]
set_property IOSTANDARD LVCMOS33 [get_ports {sw[6]}]
set_property PACKAGE_PIN W13 [get_ports {sw[7]}]
set_property IOSTANDARD LVCMOS33 [get_ports {sw[7]}]
set_property PACKAGE_PIN V2 [get_ports {sw[8]}]
set_property IOSTANDARD LVCMOS33 [get_ports {sw[8]}]
set_property PACKAGE_PIN T3 [get_ports {sw[9]}]
set_property IOSTANDARD LVCMOS33 [get_ports {sw[9]}]
set_property PACKAGE_PIN T2 [get_ports {sw[10]}]
set_property IOSTANDARD LVCMOS33 [get_ports {sw[10]}]
set_property PACKAGE_PIN R3 [get_ports {sw[11]}]
set_property IOSTANDARD LVCMOS33 [get_ports {sw[11]}]
set_property PACKAGE_PIN W2 [get_ports {sw[12]}]
set_property IOSTANDARD LVCMOS33 [get_ports {sw[12]}]
set_property PACKAGE_PIN U1 [get_ports {sw[13]}]
set_property IOSTANDARD LVCMOS33 [get_ports {sw[13]}]
set_property PACKAGE_PIN T1 [get_ports {sw[14]}]
set_property IOSTANDARD LVCMOS33 [get_ports {sw[14]}]
set_property PACKAGE_PIN R2 [get_ports {sw[15]}]
set_property IOSTANDARD LVCMOS33 [get_ports {sw[15]}]
#LED 灯

附录 B 引脚约束

set_property PACKAGE_PIN U16 [get_ports {led[0]}]
set_property IOSTANDARD LVCMOS33 [get_ports {led[0]}]
set_property PACKAGE_PIN E19 [get_ports {led[1]}]
set_property IOSTANDARD LVCMOS33 [get_ports {led[1]}]
set_property PACKAGE_PIN U19 [get_ports {led[2]}]
set_property IOSTANDARD LVCMOS33 [get_ports {led[2]}]
set_property PACKAGE_PIN V19 [get_ports {led[3]}]
set_property IOSTANDARD LVCMOS33 [get_ports {led[3]}]
set_property PACKAGE_PIN W18 [get_ports {led[4]}]
set_property IOSTANDARD LVCMOS33 [get_ports {led[4]}]
set_property PACKAGE_PIN U15 [get_ports {led[5]}]
set_property IOSTANDARD LVCMOS33 [get_ports {led[5]}]
set_property PACKAGE_PIN U14 [get_ports {led[6]}]
set_property IOSTANDARD LVCMOS33 [get_ports {led[6]}]
set_property PACKAGE_PIN V14 [get_ports {led[7]}]
set_property IOSTANDARD LVCMOS33 [get_ports {led[7]}]
set_property PACKAGE_PIN V13 [get_ports {led[8]}]
set_property IOSTANDARD LVCMOS33 [get_ports {led[8]}]
set_property PACKAGE_PIN V3 [get_ports {led[9]}]
set_property IOSTANDARD LVCMOS33 [get_ports {led[9]}]
set_property PACKAGE_PIN W3 [get_ports {led[10]}]
set_property IOSTANDARD LVCMOS33 [get_ports {led[10]}]
set_property PACKAGE_PIN U3 [get_ports {led[11]}]
set_property IOSTANDARD LVCMOS33 [get_ports {led[11]}]
set_property PACKAGE_PIN P3 [get_ports {led[12]}]
set_property IOSTANDARD LVCMOS33 [get_ports {led[12]}]
set_property PACKAGE_PIN N3 [get_ports {led[13]}]
set_property IOSTANDARD LVCMOS33 [get_ports {led[13]}]
set_property PACKAGE_PIN P1 [get_ports {led[14]}]
set_property IOSTANDARD LVCMOS33 [get_ports {led[14]}]
set_property PACKAGE_PIN L1 [get_ports {led[15]}]
set_property IOSTANDARD LVCMOS33 [get_ports {led[15]}]
#7 段数码管显示
set_property PACKAGE_PIN W7 [get_ports {seg[0]}]
set_property IOSTANDARD LVCMOS33 [get_ports {seg[0]}]
set_property PACKAGE_PIN W6 [get_ports {seg[1]}]
set_property IOSTANDARD LVCMOS33 [get_ports {seg[1]}]
set_property PACKAGE_PIN U8 [get_ports {seg[2]}]
set_property IOSTANDARD LVCMOS33 [get_ports {seg[2]}]
set_property PACKAGE_PIN V8 [get_ports {seg[3]}]
set_property IOSTANDARD LVCMOS33 [get_ports {seg[3]}]
set_property PACKAGE_PIN U5 [get_ports {seg[4]}]
set_property IOSTANDARD LVCMOS33 [get_ports {seg[4]}]
set_property PACKAGE_PIN V5 [get_ports {seg[5]}]
set_property IOSTANDARD LVCMOS33 [get_ports {seg[5]}]

```
set_property PACKAGE_PIN U7 [get_ports {seg[6]}]
set_property IOSTANDARD LVCMOS33 [get_ports {seg[6]}]
set_property PACKAGE_PIN V7 [get_ports dp]
set_property IOSTANDARD LVCMOS33 [get_ports dp]
set_property PACKAGE_PIN U2 [get_ports {an[0]}]
set_property IOSTANDARD LVCMOS33 [get_ports {an[0]}]
set_property PACKAGE_PIN U4 [get_ports {an[1]}]
set_property IOSTANDARD LVCMOS33 [get_ports {an[1]}]
set_property PACKAGE_PIN V4 [get_ports {an[2]}]
set_property IOSTANDARD LVCMOS33 [get_ports {an[2]}]
set_property PACKAGE_PIN W4 [get_ports {an[3]}]
set_property IOSTANDARD LVCMOS33 [get_ports {an[3]}]
#按键
set_property PACKAGE_PIN U18 [get_ports btnC]
set_property IOSTANDARD LVCMOS33 [get_ports btnC]
set_property PACKAGE_PIN T18 [get_ports btnU]
set_property IOSTANDARD LVCMOS33 [get_ports btnU]
set_property PACKAGE_PIN W19 [get_ports btnL]
set_property IOSTANDARD LVCMOS33 [get_ports btnL]
set_property PACKAGE_PIN T17 [get_ports btnR]
set_property IOSTANDARD LVCMOS33 [get_ports btnR]
set_property PACKAGE_PIN U17 [get_ports btnD]
set_property IOSTANDARD LVCMOS33 [get_ports btnD]
#Pmod 接口 JA
#Sch name = JA1
set_property PACKAGE_PIN J1 [get_ports {JA[0]}]
set_property IOSTANDARD LVCMOS33 [get_ports {JA[0]}]
#Sch name = JA2
set_property PACKAGE_PIN L2 [get_ports {JA[1]}]
set_property IOSTANDARD LVCMOS33 [get_ports {JA[1]}]
#Sch name = JA3
set_property PACKAGE_PIN J2 [get_ports {JA[2]}]
set_property IOSTANDARD LVCMOS33 [get_ports {JA[2]}]
#Sch name = JA4
set_property PACKAGE_PIN G2 [get_ports {JA[3]}]
set_property IOSTANDARD LVCMOS33 [get_ports {JA[3]}]
#Sch name = JA7
set_property PACKAGE_PIN H1 [get_ports {JA[4]}]
set_property IOSTANDARD LVCMOS33 [get_ports {JA[4]}]
#Sch name = JA8
set_property PACKAGE_PIN K2 [get_ports {JA[5]}]
set_property IOSTANDARD LVCMOS33 [get_ports {JA[5]}]
#Sch name = JA9
set_property PACKAGE_PIN H2 [get_ports {JA[6]}]
set_property IOSTANDARD LVCMOS33 [get_ports {JA[6]}]
```

#Sch name = JA10
set_property PACKAGE_PIN G3 [get_ports {JA[7]}]
set_property IOSTANDARD LVCMOS33 [get_ports {JA[7]}]
#Pmod 接口 JB
#Sch name = JB1
set_property PACKAGE_PIN A14 [get_ports {JB[0]}]
set_property IOSTANDARD LVCMOS33 [get_ports {JB[0]}]
#Sch name = JB2
set_property PACKAGE_PIN A16 [get_ports {JB[1]}]
set_property IOSTANDARD LVCMOS33 [get_ports {JB[1]}]
#Sch name = JB3
set_property PACKAGE_PIN B15 [get_ports {JB[2]}]
set_property IOSTANDARD LVCMOS33 [get_ports {JB[2]}]
#Sch name = JB4
set_property PACKAGE_PIN B16 [get_ports {JB[3]}]
set_property IOSTANDARD LVCMOS33 [get_ports {JB[3]}]
#Sch name = JB7
set_property PACKAGE_PIN A15 [get_ports {JB[4]}]
set_property IOSTANDARD LVCMOS33 [get_ports {JB[4]}]
#Sch name = JB8
set_property PACKAGE_PIN A17 [get_ports {JB[5]}]
set_property IOSTANDARD LVCMOS33 [get_ports {JB[5]}]
#Sch name = JB9
set_property PACKAGE_PIN C15 [get_ports {JB[6]}]
set_property IOSTANDARD LVCMOS33 [get_ports {JB[6]}]
#Sch name = JB10
set_property PACKAGE_PIN C16 [get_ports {JB[7]}]
set_property IOSTANDARD LVCMOS33 [get_ports {JB[7]}]
#Pmod 接口 JC
#Sch name = JC1
set_property PACKAGE_PIN K17 [get_ports {JC[0]}]
set_property IOSTANDARD LVCMOS33 [get_ports {JC[0]}]
#Sch name = JC2
set_property PACKAGE_PIN M18 [get_ports {JC[1]}]
set_property IOSTANDARD LVCMOS33 [get_ports {JC[1]}]
#Sch name = JC3
set_property PACKAGE_PIN N17 [get_ports {JC[2]}]
set_property IOSTANDARD LVCMOS33 [get_ports {JC[2]}]
#Sch name = JC4
set_property PACKAGE_PIN P18 [get_ports {JC[3]}]
set_property IOSTANDARD LVCMOS33 [get_ports {JC[3]}]
#Sch name = JC7
set_property PACKAGE_PIN L17 [get_ports {JC[4]}]
set_property IOSTANDARD LVCMOS33 [get_ports {JC[4]}]
#Sch name = JC8

```
set_property PACKAGE_PIN M19 [get_ports {JC[5]}]
set_property IOSTANDARD LVCMOS33 [get_ports {JC[5]}]
#Sch name = JC9
set_property PACKAGE_PIN P17 [get_ports {JC[6]}]
set_property IOSTANDARD LVCMOS33 [get_ports {JC[6]}]
#Sch name = JC10
set_property PACKAGE_PIN R18 [get_ports {JC[7]}]
set_property IOSTANDARD LVCMOS33 [get_ports {JC[7]}]
#Pmod 接口 JXADC
#Sch name = XA1_P
set_property PACKAGE_PIN J3 [get_ports {JXADC[0]}]
set_property IOSTANDARD LVCMOS33 [get_ports {JXADC[0]}]
#Sch name = XA2_P
set_property PACKAGE_PIN L3 [get_ports {JXADC[1]}]
set_property IOSTANDARD LVCMOS33 [get_ports {JXADC[1]}]
#Sch name = XA3_P
set_property PACKAGE_PIN M2 [get_ports {JXADC[2]}]
set_property IOSTANDARD LVCMOS33 [get_ports {JXADC[2]}]
#Sch name = XA4_P
set_property PACKAGE_PIN N2 [get_ports {JXADC[3]}]
set_property IOSTANDARD LVCMOS33 [get_ports {JXADC[3]}]
#Sch name = XA1_N
set_property PACKAGE_PIN K3 [get_ports {JXADC[4]}]
set_property IOSTANDARD LVCMOS33 [get_ports {JXADC[4]}]
#Sch name = XA2_N
set_property PACKAGE_PIN M3 [get_ports {JXADC[5]}]
set_property IOSTANDARD LVCMOS33 [get_ports {JXADC[5]}]
#Sch name = XA3_N
set_property PACKAGE_PIN M1 [get_ports {JXADC[6]}]
set_property IOSTANDARD LVCMOS33 [get_ports {JXADC[6]}]
#Sch name = XA4_N
set_property PACKAGE_PIN N1 [get_ports {JXADC[7]}]
set_property IOSTANDARD LVCMOS33 [get_ports {JXADC[7]}]
#VGA
set_property PACKAGE_PIN G19 [get_ports {vgaRed[0]}]
set_property IOSTANDARD LVCMOS33 [get_ports {vgaRed[0]}]
set_property PACKAGE_PIN H19 [get_ports {vgaRed[1]}]
set_property IOSTANDARD LVCMOS33 [get_ports {vgaRed[1]}]
set_property PACKAGE_PIN J19 [get_ports {vgaRed[2]}]
set_property IOSTANDARD LVCMOS33 [get_ports {vgaRed[2]}]
set_property PACKAGE_PIN N19 [get_ports {vgaRed[3]}]
set_property IOSTANDARD LVCMOS33 [get_ports {vgaRed[3]}]
set_property PACKAGE_PIN N18 [get_ports {vgaBlue[0]}]
set_property IOSTANDARD LVCMOS33 [get_ports {vgaBlue[0]}]
set_property PACKAGE_PIN L18 [get_ports {vgaBlue[1]}]
```

set_property IOSTANDARD LVCMOS33 [get_ports {vgaBlue[1]}]
set_property PACKAGE_PIN K18 [get_ports {vgaBlue[2]}]
set_property IOSTANDARD LVCMOS33 [get_ports {vgaBlue[2]}]
set_property PACKAGE_PIN J18 [get_ports {vgaBlue[3]}]
set_property IOSTANDARD LVCMOS33 [get_ports {vgaBlue[3]}]
set_property PACKAGE_PIN J17 [get_ports {vgaGreen[0]}]
set_property IOSTANDARD LVCMOS33 [get_ports {vgaGreen[0]}]
set_property PACKAGE_PIN H17 [get_ports {vgaGreen[1]}]
set_property IOSTANDARD LVCMOS33 [get_ports {vgaGreen[1]}]
set_property PACKAGE_PIN G17 [get_ports {vgaGreen[2]}]
set_property IOSTANDARD LVCMOS33 [get_ports {vgaGreen[2]}]
set_property PACKAGE_PIN D17 [get_ports {vgaGreen[3]}]
set_property IOSTANDARD LVCMOS33 [get_ports {vgaGreen[3]}]
set_property PACKAGE_PIN P19 [get_ports Hsync]
set_property IOSTANDARD LVCMOS33 [get_ports Hsync]
set_property PACKAGE_PIN R19 [get_ports Vsync]
set_property IOSTANDARD LVCMOS33 [get_ports Vsync]
#USB-RS232 接口
set_property PACKAGE_PIN B18 [get_ports RsRx]
set_property IOSTANDARD LVCMOS33 [get_ports RsRx]
set_property PACKAGE_PIN A18 [get_ports RsTx]
set_property IOSTANDARD LVCMOS33 [get_ports RsTx]
#USB HID (PS/2)
set_property PACKAGE_PIN C17 [get_ports PS2Clk]
set_property IOSTANDARD LVCMOS33 [get_ports PS2Clk]
set_property PULLUP true [get_ports PS2Clk]
set_property PACKAGE_PIN B17 [get_ports PS2Data]
set_property IOSTANDARD LVCMOS33 [get_ports PS2Data]
set_property PULLUP true [get_ports PS2Data]
#串口 Flash
#Note that CCLK_0 cannot be placed in 7 series devices. You can access it using theSTARTUPE2
#primitive.
set_property PACKAGE_PIN D18 [get_ports {QspiDB[0]}]
set_property IOSTANDARD LVCMOS33 [get_ports {QspiDB[0]}]
set_property PACKAGE_PIN D19 [get_ports {QspiDB[1]}]
set_property IOSTANDARD LVCMOS33 [get_ports {QspiDB[1]}]
set_property PACKAGE_PIN G18 [get_ports {QspiDB[2]}]
set_property IOSTANDARD LVCMOS33 [get_ports {QspiDB[2]}]
set_property PACKAGE_PIN F18 [get_ports {QspiDB[3]}]
set_property IOSTANDARD LVCMOS33 [get_ports {QspiDB[3]}]
set_property PACKAGE_PIN K19 [get_ports QspiCSn]
set_property IOSTANDARD LVCMOS33 [get_ports QspiCSn]

反侵权盗版声明

电子工业出版社依法对本作品享有专有出版权。任何未经权利人书面许可，复制、销售或通过信息网络传播本作品的行为；歪曲、篡改、剽窃本作品的行为，均违反《中华人民共和国著作权法》，其行为人应承担相应的民事责任和行政责任，构成犯罪的，将被依法追究刑事责任。

为了维护市场秩序，保护权利人的合法权益，本社将依法查处和打击侵权盗版的单位和个人。欢迎社会各界人士积极举报侵权盗版行为，本社将奖励举报有功人员，并保证举报人的信息不被泄露。

举报电话：（010）88254396；（010）88258888
传　　真：（010）88254397
E-mail：dbqq@phei.com.cn
通信地址：北京市海淀区万寿路173信箱
　　　　　电子工业出版社总编办公室
邮　　编：100036